高等职业教育土木建筑类专业新形态教材

工程项目招投标与合同管理

（第3版）

主　编　方洪涛　宋丽伟

副主编　赵恩亮　单明荟　魏　丽

参　编　谭　莉　洪　帅

北京理工大学出版社

BEIJING INSTITUTE OF TECHNOLOGY PRESS

内 容 提 要

本书根据《标准施工招标资格预审文件》和《标准施工招标文件》等相关标准文件编写，详细阐述了工程项目招投标与合同管理的基础理论与方法。全书共分为8章，主要内容包括工程项目管理与工程建设法规、工程项目招标、工程项目投标、工程项目合同管理基础知识、工程项目设计施工总承包合同管理、工程项目勘察设计合同管理、工程项目施工合同管理、FIDIC合同等。

本书注重理论联系实际，可作为高等院校土建类相关专业的教材，也可作为工程建设相关管理人员学习项目管理知识的参考书。

图书在版编目（CIP）数据

工程项目招投标与合同管理 / 方洪涛，宋丽伟主编.—3版.—北京：北京理工大学出版社，2020.7（2020.9重印）

ISBN 978-7-5682-8781-4

Ⅰ.①工…　Ⅱ.①方…　②宋…　Ⅲ.①建筑工程－招标－高等学校－教材　②建筑工程－投标－高等学校－教材　③建筑工程－经济合同－管理－高等学校－教材　Ⅳ.①TU723

中国版本图书馆CIP数据核字（2020）第134596号

出版发行 / 北京理工大学出版社有限责任公司
社　　址 / 北京市海淀区中关村南大街5号
邮　　编 / 100081
电　　话 / （010）68914775（总编室）
（010）82562903（教材售后服务热线）
（010）68948351（其他图书服务热线）
网　　址 / http://www.bitpress.com.cn
经　　销 / 全国各地新华书店
印　　刷 / 天津久佳雅创印刷有限公司
开　　本 / 787毫米 ×1092毫米　1/16
印　　张 / 15
字　　数 / 353千字
版　　次 / 2020年7月第3版　2020年9月第2次印刷
定　　价 / 39.00元

责任编辑 / 孟祥雪
文案编辑 / 孟祥雪
责任校对 / 周瑞红
责任印制 / 边心超

第3版前言

招投标与合同管理已成为工程建设过程中一项必不可少的内容，也是现代化工程建设企业发展过程的产物。为了确保工程建设项目公平、有序进行，就要对工程建设项目进行招标、投标；为了确保工程建设合同的权威性、有效性和约束性，就要进行合同管理。因此，在工程项目中，招投标与合同管理的重要性不容忽视。

目前，我国工程建设行业规范已经逐渐完善，而在工程中招投标与合同管理的作用尤为重要。对于高等院校土建类相关专业的学生而言，学习并掌握工程招投标与合同管理方面的相关知识是今后从事招投标与合同管理工作的基础，具备一定的工程发、承包能力与合同管理能力是日后更好地从事工程项目管理工作必备的核心竞争能力。

本次修订坚持以理论知识够用为度，遵循“立足实用、打好基础、强化能力”的原则，以培养面向生产第一线的应用型人才为目的，强调提升学生的实践能力和动手能力，进一步体现高等教育的特点，力求理论联系实际，并对原有章节内容进行补充，从而进一步强化了本书的实用性和可操作性，能够更好地满足高等院校教学工作的需要。各章后的本章小结和思考题有利于学生课后复习参考，强化应用所学理论知识解决工程实际问题的能力。

本书修订后共分为8章，主要内容包括工程项目管理与工程建设法规、工程项目招标、工程项目投标、工程项目合同管理基础知识、工程项目设计施工总承包合同管理、工程项目勘察设计合同管理、工程项目施工合同管理、FIDIC合同等。

本书由辽源职业技术学院方洪涛、吉林电子信息职业技术学院宋丽伟担任主编，由吉林省经济管理干部学院赵恩亮、辽宁城市建设职业技术学院单明荟、山东英才学院魏丽担任副主编，由黑龙江农垦职业学院谭莉、黑龙江农垦职业学院洪帅参与编写。本书在修订过程中，参阅了国内同行多部著作，部分高职高专院校老师提出了很多宝贵意见供我们参考，在此表示衷心的感谢！

限于编者的学识及专业水平和实践经验，修订后的教材仍难免有疏漏或不妥之处，恳请广大读者指正。

编　者

第2版前言

随着我国法律制度的不断完善和我国工程建设领域对外合作范围的不断扩大，招投标与合同管理已为工程项目管理中一项重要的管理内容。在市场经济条件下，工程招投标也已成为建筑市场工程发、承包的主要交易方式，而对于高等院校土建类相关专业的学生而言，学习并掌握工程招投标与合同管理方面的相关知识是今后从事招投标与合同管理工作的基础，具备一定的工程发、承包能力与合同管理能力是日后更好地从事工程项目管理工作必备的核心竞争能力。

本书第1版自出版发行以来，经有关院校教学使用，反映较好。根据各院校使用者的建议，结合近年来高等教育教学改革的动态，我们对本书进行了修订。

本次修订秉承第1版的编写主旨，结合《中华人民共和国招标投标法》《中华人民共和国招标投标法实施条例》《中华人民共和国合同法》《标准施工招标资格预审文件》和《标准施工招标文件》，并根据国内市场和社会需要，贯彻“以服务为宗旨、以就业为导向”的职业教育办学方针进行。本次修订力求能进一步体现高等教育的特点，力求理论联系实际，对原有章节未进行大的改动，主要是在内容上进行了较大幅度的修改与充实，从而进一步强化了本书的实用性和可操作性，能更好地满足高等院校教学工作的需要。

本次修订主要进行了以下工作：

1. 增加了建设工程施工招标文件的编制、建设工程招标控制价的编制、工期索赔、费用索赔、建设工程施工合同违约责任及争议处理等章节内容，增加了实用技能的讲解，方便学生掌握具体招标文件的编制方法以及处理合同纠纷、工程索赔的方法，达到学以致用的教学目的。

2. 完善相关细节，在原有编写基础上，增补了与实际工作密切相关的知识点，摒弃落后陈旧的资料信息，增强了实用性和易读性，方便学生理解和掌握。

3. 依据国家最新招投标与合同管理相关规范，结合具体工作实例，对相关知识进行了更新，并补充了一些范例，以保证内容的先进性、准确性与指导性。

本书由方洪涛、王铁、吕宗斌担任主编，由杨露江、卫爱民、宋丽伟、胡威凛担任副主编，由张云清担任主审。本书在修订过程中，参阅了国内同行多部著作，部分高等院校老师提出了很多宝贵意见供我们参考，在此表示衷心的感谢！对于参与本书第1版编写但未参加本次修订的老师、专家和学者，本书所有编写人员向你们表示敬意，感谢你们对高等教育教学改革所做出的不懈努力，希望你们对本书保持持续关注并多提宝贵意见。

限于编者的学识及专业水平和实践经验，本书修订后仍难免有疏漏或不妥之处，恳请广大读者指正。

编　者

第1版前言

工程建设事关国计民生，依法对其进行管理，使其高效优质地形成使用价值或生产能力，为国民经济的发展和人民生活水平的提高提供物质基础，具有十分重要的意义。通过三十余年的努力，我国的建设法规体系已初步形成以《建筑法》《招标投标法》《合同法》等法律为主，由相关行政法规、部门规章和地方性法规、地方规章组成的工程建设法规体系。

我国工程建设领域的招投标制度以及合同管理是改革开放的产物，也是建筑企业健康有序发展及参与国际建筑市场竞争的保障。随着社会主义市场经济体制改革的逐步深入，以及对外开放的持续深化，建筑市场领域的部门协作日益加强，合同文本逐渐完善，招投标市场也不断壮大，“依法办事”的观念已经深入人心。作为当代建设行业的技术管理人员，没有招投标与合同管理方面的知识和技能，就无法面对高风险的建筑市场。为适应当前建筑市场对人才的需求，我们特组织编写了本书。

本书严格依据现行法律法规及相关国家标准规范编写而成，且针对工程建设招投标及合同管理中的常见问题给出了解决方案，不仅具有原理性、基础性，还具有较强的实用性。另外，本教材的编写倡导实践性，注重可行性，注意淡化细节，强调对学生综合能力的培养，既考虑到了教学内容的相互关联性和体系的完整性，又考虑到了教学实践的需要，能较好地促进“教”与“学”的良好互动。

本书共分七章，内容包括：建设项目招标；施工项目投标；合同法原理；建设工程施工合同示范文本；FIDIC土木工程施工合同条件；施工合同的签订与管理；施工索赔。此外，绪论部分还对建筑市场、建设法规及项目管理进行了介绍。全书结构清晰，内容全面，便于学生理解和掌握。

为方便教学，本书在各章前设置了“学习重点”和“培养目标”，“学习重点”以章节提要的形式概括了本章的重点内容，“培养目标”则对需要学生了解和掌握的知识要点进行了提示，对学生学习和老师教学进行引导；在各章后面设置了“本章小结”和“思考与练习”，“本章小结”以学习重点为框架，对各章知识做了归纳，“思考与练习”以简答题的形式，从更深的层次给学生提供思考和复习的切入点，从而构建了一个“引导—学习—总结—练习”的教学全过程。

本教材由张云清、王铁、吕宗斌担任主编，吴志强、郭雪丹、南建桥、王恩广担任副主编。本书在编写过程中，参考了国内学者和同行的多部著作，得到了很多高等院校老师的支持，在此一并表示由衷的感谢。由于编者水平有限，书中难免存在疏漏与不足之处，恳请读者批评指正。

编　者

Contents

目　录

第一章　工程项目管理与工程建设法规

能力目标

通过本章内容的学习，能够懂得工程建设法律法规的运用与实施，理解如何根据法律法规的要求进行工程项目管理。

知识目标

了解工程建设法规体系，熟悉项目与工程项目的特点，掌握工程项目管理任务及工程建设法规地位、作用与实施。

案例导入

20××年4月，某大学为建设学生公寓，与某建筑公司签订了一份建设工程合同。合同约定：工程采用固定总价合同形式，主体工程和内外承重砖一律使用国家标准砌块，每层加水泥圈梁；某大学须预付工程款(合同价款的10%)；工程的全部费用于验收合格后一次付清；交付使用后，如果在6个月内发生严重质量问题，由承包人负责修复等。1年后，学生公寓如期完工，在某大学和某建筑公司共同进行竣工验收时，某大学发现工程3～5层的内承重墙体裂缝较多，要求某建筑公司修复后再验收，某建筑公司认为不影响使用而拒绝修复。因为很多新生急待入位，故某大学接收了宿舍楼。在使用了8个月之后，公寓楼5层内承重墙倒塌，致使1人死亡，3人受伤，其中1人致残。受害者与某大学要求某建筑公司赔偿损失，并修复倒塌工程。某建筑公司以使用不当且已过保修期为由拒绝赔偿。无奈之下，受害者与某大学诉至法院，请法院主持公道。

法院在审理期间对工程事故原因进行了鉴定，鉴定结论为某建筑公司偷工减料致宿舍楼内承重墙倒塌。因此，法院对某建筑公司以保修期已过为由拒绝赔偿的主张不予支持，判决某建筑公司应当向受害者承担损害赔偿责任，并负责修复倒塌的部分工程。

请问：法院对此案件的审理与判决的依据是什么？某建筑公司能否在项目实施阶段通过规范的项目管理避免项目事故的发生？

第一节　工程项目管理

一、项目

1. 项目的定义

项目是指在一定约束条件下，通过项目组织机构进行相互协调、生产和控制来实现计划生产目标的一次性工作。它有一个明确的预期目标，还有明确的可利用的资源范围，并需要运用多种学科的知识来解决问题，通常没有或很少有以往的经验可以借鉴。

2. 项目的特征

根据项目的定义，可以归纳出项目的四个主要特征：

(1)项目的一次性。项目的一次性是指就任务本身和最终成果而言，没有与这项任务完全相同的另一项任务。例如，建设一项工程或一项新产品的开发，不同于其他工业产品的批量性，也不同于其他生产过程的重复性。

(2)项目的唯一性。每个项目都有其唯一性，即便使用功能相同或者采用同一设计文件，但由于地理位置、生产时间和环境的不同也各不相同。

(3)项目具有一定的约束条件。所有项目都有一定的约束条件，项目只有在满足约束条件下才能获得成功。因此，约束条件是项目目标完成的前提。在一般情况下，项目的约束条件为限定的质量、限定的时间和限定的投资，通常称这三个约束条件为项目的三大目标。对于一个项目而言，这些目标应是具体的、可检查的，实现目标的措施也应是明确的、可操作的。因此，合理、科学地确定项目的约束条件，对保证项目的完成十分重要。

(4)项目具有生命周期。项目的单件性和项目过程的一次性决定了每个项目都具有生命周期。任何项目都有其产生时间、发展时间和结束时间，在不同的阶段中都有特定的任务、程序和工作内容。掌握和了解项目的生命周期，就可以有效地对项目实施科学的管理和控制。成功的项目管理是对项目全过程的管理和控制，是对整个项目生命周期的管理。

二、工程项目

1. 工程项目的定义

工程项目是指工程建设领域中的项目，一般是指为某种特定的目的而进行投资建设并含有一定建筑或建筑安装工程的建设项目。例如，建造具有一定生产能力的流水线，建设具有一定生产能力的工厂或车间，建设具有一定长度和等级的公路，建设具有一定规模的医院、文化娱乐设施，建设具有一定规模的住宅小区等。

2. 工程项目的生命周期

工程项目的生命周期是指项目自始至终的连续整体过程。一个完整的工程项目生命周期包括工程项目从投资机会分析、项目建议书开始到工程竣工使用及保修期满所经历的时间，可分为启动、规划设计、实施和完工收尾四个阶段。

(1)项目启动阶段。启动阶段的主要工作一般包括项目的投资机会分析，以及根据投资机会分析，进一步完成项目建议书、可行性研究报告，成立项目基本组织。

(2)项目规划设计阶段。成立的项目组根据批准的可行性研究报告进行项目的规划设计招标，实施方案的招标并委托设计形成设计文件。

(3)项目实施阶段。这一阶段主要是通过招投标选择合适的建造商和监理咨询机构，按照制定的项目基本目标推进项目建设，同时在整个实施过程中进行有效监控，最终完成项目的生产并对工程成果进行验收确认。

建筑全生命周期及其应用

(4)项目完工收尾阶段。这一阶段主要包括项目的竣工验收、试生产、交付使用和保修服务；为了更好地总结经验和形成有效的管理标准程序，交付使用后应对项目建设进行绩效评价。

三、项目管理

1. 项目管理的概念

项目管理是指在一定的约束条件下(在规定的时间和预算费用内)，为达到项目目标要求的质量而对项目所实施的计划、组织、指挥、协调和控制的过程。

一定的约束条件是制定项目目标的依据，也是项目控制的依据。项目管理的目的就是保证项目目标的实现。项目管理的对象是项目，由于项目具有单件性和一次性的特点，故要求项目管理具有针对性、系统性、程序性和科学性。只有选用系统工程的观点、理论和方法对项目进行管理，才能保证项目的顺利完成。

2. 项目管理的特征

(1)每个项目具有特定的管理程序和管理步骤。项目的一次性、单件性决定了每个项目都有其特定的目标，而项目管理的内容和方法要针对项目目标而定。项目目标的不同，决定了每个项目都有自己的管理程序和管理步骤。

(2)项目管理是以项目经理为中心的管理。由于项目管理具有较大的责任和风险，其管理涉及人力、技术、设备、材料、资金等多方面因素，故为了更好地进行计划、组织、指挥、协调和控制，必须实施以项目经理为中心的管理模式，在项目实施过程中应授予项目经理较宽的权利，以使其能够及时处理项目实施过程中出现的各种问题。

(3)应用现代管理方法和技术手段进行项目管理。现代项目大多数属于先进科学的产物或者是涉及多学科的系统工程，要使项目圆满完成，就必须综合运用现代化管理方法和科学技术，如决策技术、网络计划技术、价值工程、系统工程、目标管理等。

(4)在项目管理过程中实施动态控制。为了保证项目目标的实现，在项目实施过程中应采用动态控制的方法，阶段性地检查实际完成值与计划目标值的差异，采取措施纠正偏差，制订新的计划目标值，使项目的实施结果逐步向最终目标逼近。

四、工程项目管理

1. 工程项目管理的概念

工程项目管理是指通过一定的组织形式，用系统工程的观点、理论和方法对工程建设项目生命周期内的所有工作，包括项目建议书、可行性研究、项目决策、设计、设备询价、施工、签证、验收等系统运动过程进行计划、组织、指挥、协调和控制，以达到保证工程质量、缩短工期、提高投资效益的目的。由此可见，工程项目管理是以工程项目目标控制（质量控制、进度控制和投资控制）为核心的管理活动。

2. 工程项目管理的任务

工程项目管理在工程建设过程中具有十分重要的意义，其任务主要表现为以下几个方面：

（1）合同管理。建设工程合同是业主和参与项目实施的各主体之间明确责任、权利关系且具有法律效力的协议文件，也是运用市场经济体制、组织项目实施的基本手段。从某种意义上讲，项目的实施过程就是建设工程合同订立和履行的过程。一切合同所赋予的责任、权利履行到位之日，也就是建设工程项目实施完成之时。

建设工程合同管理，主要是指对各类合同的依法订立过程和履行过程的管理，包括合同文本的选择，合同条件的协商、谈判，合同书的签署，合同履行、检查、变更和违约、纠纷的处理，总结评价等。

（2）组织协调。组织协调是实现项目目标必不可少的方法和手段。在项目实施过程中，各个项目参与单位需要处理和调整众多复杂的业务组织关系。

（3）目标控制。目标控制是项目管理的重要职能，它是指项目管理人员在不断变化的动态环境中为保证既定计划目标的实现而进行的一系列检查和调整活动。工程项目目标控制的主要任务就是在项目前期策划、勘察设计、施工、竣工交付等各个阶段采用规划、组织、协调等手段，从组织、技术、经济、合同等方面采取措施，确保项目总目标的顺利实现。

（4）风险管理。风险管理是一个确定和度量项目风险，以及制订、选择和管理风险处理方案的过程。其目的是通过风险分析减少项目决策的不确定性，以便使决策更加科学，以及在项目实施阶段，保证目标控制的顺利进行，更好地实现项目质量、进度和投资目标。

（5）信息管理。信息管理是工程项目管理的基础工作，是实现项目目标控制的保证。只有不断提高信息管理水平，才能更好地承担起项目管理的任务。

工程项目的信息管理主要是指对有关工程项目的各类信息的收集、储存、加工整理、传递与使用等一系列工作的总称。信息管理的主要任务是及时、准确地向项目管理各级领导、各参加单位及各类人员提供所需的综合程度不同的信息，以便在项目进展的全过程中动态地进行项目规划，迅速正确地进行各种决策，并及时检查决策执行结果，反映工程实施中暴露的各类问题，为项目总目标服务。

（6）环境保护。项目管理者必须充分研究和掌握国家和地区的有关环保法规和规定，对于环保方面有要求的工程建设项目，在项目可行性研究和决策阶段必须提出环境影响报告及其对策措施，并评估其措施的可行性和有效性，严格按建设程序向环保管理部门报批。在项目实施阶段，做到主体工程与环保措施工程同步设计、同步施工、同步投入运行。在工程施工承发包中，必须把依法做好环保工作列为重要的合同条件加以落实，并在施工方案的审查和施工过程中始终把落实环保措施、克服建设公害作为重要的内容予以密切关注。

工程项目管理与项目管理的区别

第二节　工程建设法规

一、建设法规的含义、法律地位及作用

1. 建设法规的含义

建设法规是指国家立法机关或其授权的行政机关制定的，旨在调整国家及其有关机构、企事业单位、社会团体、公民之间在建设活动中或建设行政管理活动中发生的各种社会关系的法律、法规的统称。

建设法规主要是由特定的活动或行业的规范内容构成，包括建设法律、建设行政法规和部门规章，以及地方性建设法规、规章。建设法律是内容集中的或专门的规范性文件，是我国建设法规主要的来源。此外，宪法、经济法、民法、刑法等各部门法律中有关建设活动及其建设关系的法律调整，也是建设法规的来源。

2. 建设法规的法律地位

法律地位是指法律在整个法律体系中所处的状态，具体来说，是指法律属于哪一个部门法、居于何等层次。确定建设法规的法律地位，就是确定建设法规属于哪一个部门法。部门法的划分是以某一类社会关系为共同的调整对象作为标准的。

建设法规主要调整建设活动中的行政管理关系、经济关系和民事关系。对于行政管理关系的调整采取的是行政手段；对于经济关系的调整采取的是行政的、经济的、民事的多种手段相结合的方式；对于民事关系的调整主要是采取民事手段。这表明建设法规是运用综合的手段对行政的、经济的、民事的社会关系加以规范调整的法规。就建设法规主要的法律规范性质来说，多数属于行政法或经济法调整的范围。

3. 建设法规的作用

(1)规范指导建设行为。建设活动应该遵循一定的行为规范即建设法律规范。建设法规对人们建设行为的规范性表现在：必须进行的一定的建设行为，如建设项目的立项申报、建设过程中各种强制性法规的执行；禁止进行的一定的建设行为，如违法分包、投标过程中的违法行为等。

(2)保护合法建设行为。建设法规的作用不仅在于对建设主体的行为加以规范和指导，还应对所有符合法规的建设行为给予确认和保护。这种确认和保护性规定一般是通过建设法规的原则规定反映的。

(3)处罚违法建设行为。建设法规要实现对建设行为的规范和指导作用，除保护合法的建设行为外，还必须对违法建设行为给予应有的处罚。一般的建设法规都有对违法建设行为的处罚规定。如原建设部于 1999 年 2 月 3 日发布的《建设行政处罚程序暂行规定》就是为了保障和监督建设行政执法机关有效实施行政管理，保护公民、法人和其他组织的合法权益，促进建设行政执法工作程序化、规范化而制定的。

4. 建设法规的调整对象

建设法规的调整对象就是指发生在各种建设活动中的各种社会关系，包括建设活动中的行政管理关系、经济协作关系及其相关的民事关系。具体介绍如下：

(1)建设活动中的行政管理关系。建设活动是社会经济发展中的重大活动，国家对此类活动必然要实行全面的严格管理，包括对建设工程的立项、计划、资金筹集、设计、施工、验收等进行严格的监督管理。这就形成了建设活动中的行政管理关系。

建设活动中的行政管理关系，是国家及建设行政主管部门同建设单位、设计单位、施工单位及有关单位之间发生的相应的管理与被管理的关系。它包括两个相互关联的方面：一方面是规划、指导、协调与服务；另一方面是检查、监督、控制与调节。这其中不但要明确各种建设行政管理部门相互间及内部各方面的责任、权利关系，而且还要科学地建立建设行政管理部门同各类建设活动主体及中介服务机构之间规范的管理关系。这些都必须纳入法律调整范围，并由有关的建设法规来承担。

(2)建设活动中的经济协作关系。在各项建设活动中，各种经济主体为了自身的生产和生活需要，或者为了实现一定的经济利益或目的，必然寻求协作伙伴，这就产生了相互间的建设协作经济关系。如投资主体与勘察设计单位的勘察设计关系，与建筑安装施工单位的施工关系等。

建设活动中的经济协作关系是一种平等自愿、互利互惠的横向协作关系。一般以合同的形式确定双方的协作关系。与一般合同不同的是，建设活动的合同关系大多具有较强的计划性，这是由建设关系自身的特点所决定的。

(3)建设活动中的民事关系。民事关系是指因从事建设活动而产生的国家、单位法人、公民之间的民事权利及民事义务关系。这主要包括：在建设活动中发生的有关自然人的损害、侵权、赔偿关系；建设领域从业人员的人身和经济权利保护关系；房地产交易中买卖、租赁、产权关系；土地征用、房屋拆迁导致的拆迁安置关系；等等。

建设活动中的民事关系既涉及国家社会利益，又关系着个人的权益和自由，因此，必须按照民法和建设法规中的民事法律规范予以调整。

二、建设法规的调整对象

建设法规的三种具体调整对象，既彼此互相联系，又各具自身属性。它们都是因从事建设活动所形成的社会关系，都必须以建设法规来加以规范和调整。不能或不应当撇开建设法规来处理建设活动中所发生的各种关系。同时这三种调整对象又是三种并行的社会关系，既不能混同，也不能相互取代。

三、建设法规立法的基本原则

建设法规立法的基本原则，是指建设法规立法时所必须遵循的基本准则及要求，主要有：

(1)遵循市场经济规律原则。市场经济是指价值规律对资源配置起基础性作用的经济体制。社会主义市场经济是指与社会主义基本制度相结合、市场在国家宏观调控下对资源配置起基础性作用的经济体制。建设法规的建立必须遵循市场经济规律，才能真正使建设法规服务于建设活动，发挥它的作用。

(2)法制统一原则。所有法律都有着统一的内在联系，并在此基础上构成国家的法律体系。建设法规体系是我国法律体系中的一个组成部分。组成本体系的每一个法律都必须符合宪法的精神与要求。该法律体系与其他法律体系也不能冲突。建设行政法规和部门规章以及地方性建设法规、规章必须遵循基本法律的有关规定，地位同等的法律、法规所确立的有关内容应相互协调而不应相互矛盾。建设法规系统内部高层次的法律、法规对低层次的法规、规章具有制约性和指导性。

(3)责权利相一致原则。责权利相一致是对建设行为主体的责任、义务、权利在建设立法上提出的一项基本要求。具体表现在：

1)建设法规主体享有的权利和履行的义务是统一的。

2)建设行政主管部门行使行政管理权既是其权利，也是其责任、义务。权利、义务和责任彼此相互结合。

四、建设法规的实施

建设法规的实施是指国家机关及其公务员、社会团体和公民贯彻、落实建设法规的活动，包括建设法规的执法、司法和守法三个方面。建设法规的司法又包括行政司法和专门机关司法两方面。

1. 建设行政执法

建设行政执法是指建设行政主管部门和被授权或被委托的单位，依法对各项建设活动和建设行为进行检查监督，并对违法行为执行行政处罚的行为，具体包括：建设行政决定、建设行政检查、建设行政处罚、建设行政强制执行。

2. 建设行政司法

建设行政司法是指建设行政机关依据法定的权限和法定的程序进行行政调解、行政复议和行政仲裁，以解决相应争议的行政行为。

建设法律，法规，规章的立法程序

3. 专门机关司法

专门机关司法主要是指人民法院依照诉讼程序对建设活动中的争议与违法建设行为做出的审理判决活动。

4. 建设法规守法

建设法规守法是指从事建设活动的单位与个人必须按照建设法律、法规等规范的要求实施建设行为，不得违反。

五、建设法规体系

1. 建设法规体系的概念

法规体系是指由一个国家的全部现行法律、规范按不同的法律部门分类组合而形成的有机联系的统一整体。

建设法规体系是指把已经制定和需要制定的建设法律、建设行政法规和建设部门规章衔接起来，形成一个相互联系、相互补充、相互协调的完整统一的体系。就广义的建设法规体系而言，还应包括地方性法规和规章。

建设法规体系是国家法律体系的重要组成部分。同时，建设法规体系又相对自成体系，具有相对独立性。根据法制统一原则，建设方面的法律必须与宪法和相关的法律保持一致，建设行政法规、部门规章和地方性法规、规章不得与宪法、法律及上一层次的法规相抵触。

2. 建设法规体系的构成

建设法规体系是由很多不同层次的法规组成的，它的结构形式一般分为宝塔形和梯形两种。我国建设法规体系采用的是梯形结构形式。

根据《中华人民共和国立法法》有关立法权限的规定，我国建设法规体系由五个层次组成：

(1)建设法律。建设法律是指由全国人民代表大会及其常务委员会审议发布的属于住房和城乡建设主管部主管业务范围的各项法律，它是建设法规体系的核心和基础。如 1997 年 11 月 1 日第八届全国人民代表大会常务委员会第二十八次会议通过的《中华人民共和国建筑法》(以下简称《建筑法》)，就是国务院建设行政主管部门对全国的建筑活动实施统一监督管理的法律。

(2)建设行政法规。建设行政法规是指国务院依法制定并颁布的属于住房和城乡建设部主管业务范围的各项法规。例如，国务院为了加强对建设工程质量的管理，保证建设工程质量，保护人民生命和财产安全，于 2000 年 1 月 30 日根据《建筑法》制定的《建设工程质量管理条例》。

(3)建设部门规章。建设部门规章是指住房和城乡建设部根据国务院规定的职责范围，依法制定并颁布的各项规章，或由住房和城乡建设部与国务院有关部门联合制定并发布的规章。这类部门规章主要是针对各部门行为，实施范围有一定的局限性。例如，原建设部发布的《建设工程勘察质量管理办法》《房屋建筑工程质量保修办法》，原交通部发布的《公路工程质量管理办法》等。

(4)地方性建设法规。地方性建设法规是指在不与宪法、法律、行政法规相抵触的前提下，由省、自治区、直辖市人大及其常委会制定并发布的建设方面的法规，包括省会城市和经国务院批准的较大的市人大及其常委会制定的，报经省、自治区人大或其常委会批准的各种法规。

(5)地方建设规章。地方建设规章指省、自治区、直辖市以及省会城市和经国务院批准的市人民政府，根据法律和国务院的行政法规制定并颁布的建设方面的规章。

其中，建设法律的法律效力最高，层次越往下的法规的法律效力越低。法律效力低的建设法规不得与比其法律效力高的建设法规相抵触；否则，其相应的规定将被视为无效。此外，与建设活动关系密切的相关法律、行政法规和部门规章，也起着调整一部分建设活动的作用；其所包含的内容或某些规定，也构成建设法规体系的内容。

3. 常见建设法规简介

(1)《建筑法》。为了加强对建筑业活动的监督管理，维护建筑市场秩序，保证建设工程的质量和安全，促进建筑业的健康发展，保障建筑活动当事人的合法权益，经全国人大常务委员会通过，于 1997 年 11 月 1 日发布了《建筑法》；《全国人民代表大会常务委员会关于修改〈中华人民共和国建筑法〉的决定》已由中华人民共和国第十一届全国人民代表大会常务委员会第二十次会议于 2011 年 4 月 22 日通过，并于 2011 年 7 月 1 日起施行。

《建筑法》共分八章。第一章为“总则”，共 6 条，是整部法律的纲领性规定，明确了为什么立法、立法要管什么以及由谁来管理等重大问题。第一条是本法的立法目的。第二条是本法的调整对象和适用范围。第三条是确保建筑工程质量和安全的原则。《建筑法》以建筑工程质量与安全为主线，对保证质量和安全做出了一些重要规定。第四条是建筑业扶持政策。第五条规定了建筑活动当事人的权利和义务。第六条是建筑管理体制。

第二章为“建筑许可”，分二节，共 8 条，是对建筑工程施工许可制度和从事建筑活动的单位及个人从业资格制度的规定。

第三章为“建筑工程发包与承包”，分三节，共 15 条，是有关建筑工程发包与承包活动的规定。

第四章为“建筑工程监理”，共 6 条，是对建筑工程监理的范围、程序、依据、内容及工程监理单位和工程监理人员的权利、义务与责任的规定。

第五章为“建筑安全生产管理”，共 16 条，是对建筑安全生产的方针、管理体制、安全责任制度、安全教育培训制度等的规定，目的在于保证建筑工程安全和建筑职工的人身安全。

第六章为“建筑工程质量管理”，共 12 条，确定了在建筑工程质量管理过程中的 5 项基本法律制度，即建筑工程政府质量监督制度、质量体系认证制度、质量责任制度、建筑工程竣工验收制度以及建筑工程质量保修制度，是《建筑法》所确立的法律制度较多的一章，也是在实践中最受关注的一章。本章所涉及的行为主体包括从事建筑活动的各方行为主体，包括建设单位，勘察设计单位，施工企业，建筑材料、构配件和设备供应单位。

第七章为“法律责任”，共 17 条，是对违反《建筑法》应承担的法律责任的规定，即建筑法律关系中的主体如果其行为违反了《建筑法》，按照法律规定必须承担的法律后果。

第八章为“附则”，共 5 条，是对《建筑法》的重要补充，主要规定了专业工程的适用、小型房屋建筑工程的适用、特别工程的除外、军事工程的实施办法、收费办法以及本法实施日期。本章与“总则”同样重要，甚至可以说是附则“总则化”。

(2)《中华人民共和国招标投标法》(以下简称《招标投标法》)。为了规范招标投标活动，保护国家利益、社会公共利益和招标投标活动当事人的合法权益，提高经济效益，保证项目质量，1999 年 8 月 30 日，全国人民代表大会通过了《中华人民共和国招标投标法》；2017 年 12 月 27 日，根据第十二届全国人民代表大会常务委员会第三十一次会议《关于修改〈中华人民共和国招标投标法〉〈中华人民共和国计量法〉的决定》对《招标投标法》进行修正。《招标投标法》共分 6 章，68 条。

第一章为“总则”，共 7 条，对法律适用范围、适用对象、应当遵循的原则、招标投标活动的实施监督进行了规定。

第二章为“招标”，共 17 条，规定了在我国进行建设工程招标的只能是具备一定条件的建设单位或招标代理机构，个人没有资格直接进行招标活动。同时对建设单位、招标代理机构、招标项目必须具备的条件、招标方式、信息发布的要求、禁止实行歧视待遇的要求、保证合理时间等进行了相应的规定。

第三章为“投标”，共 9 条，与招标相同，投标人必须是法人或其他经济组织，自然人不能成为建设工程的投标人。同时，对投标人的条件、投标时应提交的资料、投标文件内容要求、投标时间要求、投标行为要求及投标人数量的要求进行了相应的规定。

第四章为“开标、评标和中标”，共 15 条，主要内容是对开标时间与地点、开标的相应规定、评标委员会、评标的相关规定、评标结果、中标通知书、签订书面合同、提交招标投标报告等的相关要求进行了规定。

第五章为“法律责任”，共 16 条。对违反《招标投标法》规定进行招标的项目的处罚，如对招标代理机构违反规定，招标人、投标人、评标委员会违反规定，中标人转让中标项目都做出了相应处罚规定。

第六章为“附则”，共4条，对招标活动的监督、不进行招标项目的范围及实施日期进行了规定。

(3)《中华人民共和国合同法》(以下简称《合同法》)。为了保护合同当事人的合法权益，维护社会经济秩序，促进社会主义现代化建设，《合同法》经中华人民共和国第九届全国人民代表大会第二次会议于1999年3月15日通过，并于1999年10月1日起施行。《合同法》分为总则、分则和附则三部分，共23章。总则包括：一般规定，合同的订立、效力、履行、变更和转让，合同的权利、义务终止，违约责任等。15个分则对15类合同做出了相关的规定。本书将在第四章对《合同法》做进一步的介绍。

(4)《建设工程质量管理条例》。《建设工程质量管理条例》是2000年1月由国务院通过的，为了加强对建设工程的质量管理，保证建设工程的质量，保护人民生命财产安全，根据《建筑法》制定的，是建筑法的配套法规之一，共分为九章82条。2017年10月7日，根据中华人民共和国国务院令第687号《国务院关于修改部分行政法规的决定》修订本条例。《建设工程质量管理条例》主要内容包括条例适用范围，建设单位、勘察设计单位、施工单位、工程监理单位的质量责任和义务，以及建设工程质量保修、监督管理、违反条例规定的处罚等。

本章小结

项目是指在一定约束条件下，通过项目组织机构进行相互协调、生产和控制来实现计划生产目标的一次性工作。项目管理是指在一定的约束条件下(在规定的时间和预算费用内)，为达到项目目标要求的质量而对项目所实施的计划、组织、指挥、协调和控制的过程。工程项目是指工程建设领域中的项目，一般是指为某种特定的目的而进行投资建设并含有一定建筑或建筑安装工程的建设项目。工程项目管理是指通过一定的组织形式，用系统工程的观点、理论和方法对工程建设项目生命周期内的所有工作，包括项目建议书、可行性研究、项目决策、设计、设备询价、施工、签证、验收等系统运动过程进行计划、组织、指挥、协调和控制，以达到保证工程质量、缩短工期、提高投资效益的目的，因此，工程项目管理是以工程项目目标控制(质量控制、进度控制和投资控制)为核心的管理活动。建设法规主要调整建设活动中的行政管理关系、经济关系和民事关系，其作用包括：规范指导建设行为、保护合法建设行为及处罚违法建设行为，常见的建设法规有：《建筑法》《招标投标法》《合同法》《建设工程质量管理条例》等。

思考题

一、填空题

1. 一个完整的工程项目生命周期可分为__________、__________、__________和__________四个阶段。

2. 在项目管理过程中实施________控制。

3. 项目实施过程中，________是实现项目目标必不可少的方法和手段。

4. 工程项目的信息管理主要是指对有关工程项目的各类信息的________一系列工作的总称。

5. 建设法规主要调整建设活动中的________、________和________。

6. 建设活动中的经济协作关系是一种________、________的横向协作关系。

7. 建设法规的司法又包括________和________两方面。

8. 建设法规体系的结构形式一般有________和________两种。

二、选择题

1. 项目管理是以(　　)为中心的管理。

A. 项目　　B. 项目经理　　C. 工程师　　D. 工程监理

2. 下列说法正确的是(　　)。

A. 建设法规守法是指人民法院依照诉讼程序对建设活动中的争议与违法建设行为做出的审理判决活动

B. 建设行政司法是指从事建设活动的单位与个人必须按照建设法律、法规等规范的要求实施建设行为，不得违反

C. 专门机关司法是指建设行政机关依据法定的权限和法定的程序进行行政调解、行政复议和行政仲裁，以解决相应争议的行政行为

D. 建设行政执法具体包括：建设行政决定、建设行政检查、建设行政处罚、建设行政强制执行

3. 我国建设法规体系采用的是(　　)结构形式。

A. 宝塔形　　B. 梯形　　C. 宝塔形或梯形　　D. 二者都不是

三、问答题

1. 项目的特征是什么?

2. 什么是建设活动中的行政管理关系?

3. 什么是建设行政执法?

第二章　工程项目招标

能力目标

通过本章内容的学习，学生可以掌握组织工程项目招标的基本技能，并能够拟写招标公告、资格预审通知书，编制招标文件。

知识目标

了解建设工程招标投标制度及工程项目招标的概念；熟悉建设工程项目招标的范围、条件、分类、招标方案的基本内容及工程项目招标投标的基本原则；掌握工程项目招标方式、程序及工程项目招标工作要求、招标文件的编制内容与方法。

案例导入

某办公楼的设计已经完成，施工图纸齐全，施工现场已完成“三通一平”，已经具备招标条件，招标人委托招标代理人进行了公开招标。在招标过程中，招标人对投标人就招标文件所提出的问题统一做了书面答复，并以备忘录的形式分发给各投标人。

在书面答复提问后，招标人又组织了现场踏勘，在投标截止前5天，招标人书面通知各投标人要增加门卫房。

请问：该项目的招标过程是否符合招标程序的规定？

第一节　工程项目招标概述

为了规范招标投标活动，保护国家利益、社会公共利益和招标投标活动当事人的合法权益，提高经济效益，保证项目质量，1999年8月30日第九届全国人民代表大会常务委员会第十一次会议通过《中华人民共和国招标投标法》，2017年12月27日根据第十二届全国人民代表大会常务委员会第三十一次会议《关于修改〈中华人民共和国招标投标法〉〈中华人民共和国计量法〉的决定》修正。经国务院批准，国家发展改革委印发《必须招标的工程项目规定》(国家发展改革委令第16号)，大幅缩小必须招标的工程项目范围，该规定于2018年6月1日起正式实施。

一、工程项目招标投标制度及招标投标原则

1. 工程项目招标投标制度

招标投标是市场经济中的一种竞争方式，也是规范选择交易主体、订立交易合同的法律程序，通常适用于大宗交易；由唯一的买主(或卖主)设定标的，招请若干个卖主(或买主)，通过秘密报价进行竞争，从诸多报价者中选择满意的，与之达成交易协议，随后按协议实现标的。

工程项目实行招标投标制度，是使工程项目建设任务的委托纳入市场机制，通过竞争择优选定项目的工程承包单位、勘察设计单位、施工单位、监理单位、设备制造供应单位等，达到保证工程质量、缩短建设周期、控制工程造价、提高投资效益的目的，由发包人与承包人之间通过招标投标签订承包合同的经营制度。

工程招标投标是国际上广泛采用的达成工程建设交易的主要方式。我国建立社会主义市场经济体制，实行建筑业和基本建设管理体制改革，规定要大力推行招标投标制度。在我国推行招标投标制度具有重要的意义，具体体现在以下几个方面：

(1)推行招标投标制度有利于规范建筑市场主体的行为，促进合格市场主体的形成。在建设工程市场中，市场主体包括：建设单位、承包商以及各种类型的咨询服务机构。推行招标投标制度，为规范建筑市场主体的行为，促进其尽快成为合格的市场主体创造了条件。随着与招标投标制度相关的各项法规的健全与完善，执法力度的加强，投资体制改革的深化，多元化投资方式的发展，建设单位的投资行为将逐渐纳入科学、规范的轨道。真正的公平竞争、优胜劣汰的市场法则，将会迫使承包商必须通过各种措施提高其竞争能力，在质量、工期、成本等诸多方面创造企业生存与发展的空间。同时，招标投标制度又为咨询服务机构创造了良好的工作环境，促使咨询服务队伍尽快发展壮大，以适应市场日益发展的需求。

(2)推行招标投标制度有利于价格真实反映市场的供求状况，真正显示企业的实际消耗和工作效率，使实力强、素质高、经营好的承包商的产品更具竞争力，从而实现资源的优化配置。

(3)推行招标投标制度有利于促使承包商不断提高企业的管理水平。激烈的市场竞争，迫使承包商努力降低成本、提高质量、缩短工期，这就要求承包商苦练内功，进一步提高市场竞争力。

(4)推行招标投标制度有利于促进市场经济体制的进一步完善。推行招标投标制度，涉及计划、价格、物资供应、劳动工资等各个方面，客观上要求有与其相匹配的体制。对不适应招标投标的内容必须进行配套改革，从而有利于加快市场体制改革的步伐。

(5)推行招标投标制度有利于促进我国建筑业与国际接轨。国际建筑市场的竞争正日趋激烈，我国建筑业正在逐渐与国际接轨。建筑企业将面临国内、国际两个市场的挑战与竞争。由于招标投标是国际通用做法，故通过推行招标投标制度可使建筑企业逐渐掌握国际通行做法，寻找差距，不断提高自身素质与竞争能力，为进入国际市场奠定基础。

浅谈工程项目招投标现状及制度创新

《招标投标法》以立法形式明确规定了在我国境内进行项目建设，从项目的勘察、设计、施工、监理到与工程建设有关的重要设备、材料等的采购所必须进行招标的范围。而对于必须进行招标投标的项目，任何

单位和个人不得将其化整为零或规避招标；任何地区和部门不得限制招标投标活动，将招标投标制度以立法形式确定下来。

2. 工程项目招标投标原则

《招标投标法》规定："招标投标活动应当遵循公开、公平、公正和诚实信用原则。"

1. 公开原则

公开原则，要求建设工程招标投标活动具有较高的透明度。其具体包括以下几层含义：

(1)建设工程招标投标的信息公开。通过建立和完善建设工程项目报建登记制度，及时向社会发布建设工程招标投标信息，让有资格的投标者都能享受到同等的信息，便于进行投标决策。

(2)建设工程招标投标的条件公开。什么情况下可以组织招标，什么机构有资格组织招标，什么样的单位有资格参加投标等，必须向社会公开，便于社会监督。

(3)建设工程招标投标的程序公开。工程建设项目的招标投标应当经过哪些环节、哪些步骤，在每一环节、每一步骤有什么具体要求和时间限制，凡是适宜公开的，均应当予以公开；在建设工程招标投标的全过程中，招标单位的主要招标活动程序、投标单位的主要投标活动程序和招标投标管理机构的主要监管程序，必须公开。

(4)建设工程招标投标的结果公开。哪些单位参加了投标，最后哪个单位中了标，应当予以公开。

2. 公平原则

公平原则是指所有当事人和中介机构在建设工程招标投标活动中享有均等的机会，具有同等的权利，履行相应的义务，任何一方都不受歧视。主要体现在以下方面：

(1)工程建设项目，凡符合法定条件的，都一样通过招标投标进行市场交易，市场主体不仅包括承包方，也包括发包方，发包方进入市场的条件是一样的。

(2)在建设工程招标投标活动中，所有合格的投标人进入市场的条件和竞争机会都是一样的，招标人对投标人不得区别对待，厚此薄彼。

(3)建设工程招标投标涉及的各方主体，都负有与其享有的权利相适应的义务，因情事变迁(不可抗力)等原因造成各方权利和义务关系不均衡的，都可以而且也应当依法予以调整或解除。

(4)当事人和中介机构对建设工程招标投标中自己有过错而造成的损害，根据过错大小自己承担相应责任；对各方均无过错造成的损害，则根据实际情况分担责任。

3. 公正原则

公正原则是指在建设工程招标投标活动中，按照同一标准，实事求是地对待所有当事人和中介机构。如招标人按照统一的招标文件示范文本公正地表述招标条件和要求，按照事先经建设工程招标投标管理机构审查认定的评标定标办法，对投标文件进行公正评价，择优确定中标人等。

4. 诚实信用原则

诚实信用原则简称诚信原则，是指在建设工程招标投标活动中，当事人和有关中介机构应当以诚相待、讲求信义、实事求是，做到言行一致、遵守诺言、履行成约，不得见利忘义、投机取巧、弄虚作假、隐瞒欺诈、以次充好、掺杂使假、坑蒙拐骗，损害国家、集体和其他人的合法权益。诚信原则是建设工程招标投标活动中的重要道德规范，也是法律上的要求。诚信原则要求当事人和中介机构在进行招标投标活动时，必须具备诚实无欺、善意守信的品质，不得滥用权力损害他人，要在自己获得利益的同时充分尊重社会公德和国家的、社会的、他人的利益，自觉维护市场经济的正常秩序。

二、工程项目招标分类

1. 按工程项目建设程序分类

根据工程项目建设程序，招标可分为三类，即工程项目开发招标、工程勘察设计招标和工程施工招标。这是由建筑产品交易生产过程的阶段性决定的。

(1)工程项目开发招标。工程项目开发招标是建设单位(业主)邀请工程咨询单位对建设项目进行可行性研究，其标的物是可行性研究报告。中标的工程咨询单位必须对自己提供的研究成果认真负责，可行性研究报告应得到建设单位认可。

(2)工程勘察设计招标。工程勘察设计招标是指招标单位就拟建工程向勘察和设计任务发布通告，以法定方式吸引勘察单位或设计单位参加竞争，经招标单位审查获得投标资格的勘察、设计单位，按照招标文件的要求，在规定的时间内向招标单位填报投标书，招标单位从中择优确定中标单位完成工程勘察或设计任务。

(3)工程施工招标。工程施工招标是针对工程施工阶段的全部工作开展的招标，根据工程施工范围大小及专业不同，可分为全部工程招标、单项工程招标和专业工程招标等。

2. 按工程承包的范围分类

(1)项目总承包招标。项目总承包招标可分为两种类型，一种是工程项目实施阶段的全过程招标；另一种是工程项目全过程招标。前者是在设计任务书已经审完，从项目勘察、设计到交付使用进行一次性招标。后者是从项目的可行性研究到交付使用进行一次性招标，业主提供项目投资和使用要求及竣工、交付使用期限，其可行性研究、勘察设计、材料和设备采购、施工安装、职工培训、生产准备和试生产、交付使用都由一个总承包商负责承包，即所谓“交钥匙工程”。

(2)专项工程承包招标。专项工程承包招标是指在对工程承包招标中，对其中某项比较复杂，或专业性强，施工和制作要求特殊的单项工程，可以单独进行招标。

3. 按工程所属行业类别分类

按行业类别分类，工程项目招标可分为土木工程招标、勘察设计招标、货物设备采购招标、机电设备安装工程招标、生产工艺技术转让招标、咨询服务(工程咨询)招标。土木工程包括铁路、公路、隧道、桥梁、堤坝、电站、码头、飞机场、厂房、剧院、旅馆、医院、商店、学校、住宅等。货物设备采购包括建筑材料和大型成套设备的采购等。咨询服务包括项目开发性研究、可行性研究、工程监理等。我国财政部经世界银行同意，专门为世界银行贷款项目的招标采购制定了有关方面的标准文本，包括货物采购国内竞争性招标文件范本、土建工程国内竞争性招标文件范本、资格预审文件范本、货物采购国际竞争性招标文件范本、土建工程国际竞争性招标文件范本、生产工艺技术转让招标文件范本、咨询服务合同协议范本、大型复杂工厂与设备的供货和安装监督招标文件范本、总承包合同(交钥匙工程)招标文件范本，以便利用世界银行贷款来支持和帮助我国的国民经济建设。

4. 按工程建设项目的构成分类

按照工程建设项目的构成，建设工程招标投标可以分为全部工程招标投标、单项工程招标投标、单位工程招标投标、分部工程招标投标、分项工程招标投标。全部工程招标投标，是指对一个工程建设项目(如一所学校)的全部工程进行的招标投标。单项工程招标投标，是指对一个工程建设项目（如一所学校）中所包含的若干单项工程（如教学楼、图书馆、食堂等）进行的招标投标。单位工程招标投标，是指对一个单项工程所包含的若干单位工程（如一幢房屋）进行的招标投标。分部工程招标投标，是指对一个单位工程（如土建工程）所包含的若干分部工程（如土石方工程、深基坑工程、楼地面工程、装饰工程等）进行的招标投标。分项工程招标投标，是指对一个分部工程（如土石方工程）所包含的若干分项工程（如人工挖地槽、挖地坑、回填土等）进行的招标投标。

5. 按工程是否具有涉外因素分类

按照工程是否具有涉外因素，可以将建设工程招标投标分为国内工程招标投标和国际工程招标投标。国内工程招标投标，是指对本国没有涉外因素的建设工程进行的招标投标。国际工程招标投标，是指对有不同国家或国际组织参与的建设工程进行的招标投标。国际工程招标投标，包括本国的国际工程（习惯上称涉外工程）招标投标和国外的国际工程招标投标两个部分。国内工程招标投标和国际工程招标投标的基本原则是一致的，但在具体做法上有差异。随着社会经济的发展和国际工程交往的增多，国内工程招标投标和国际工程招标投标在做法上的区别已越来越小。

三、工程项目招标的范围和条件

（一）工程项目招标的范围

招标范围是指招标人必须和可以使用招标方式采购标的的范围。进行工程招标时，业主必须根据工程项目的特点，结合自身的管理能力，确定建设工程项目的招标范围。

1. 必须招标的范围和规模标准

为了确定必须招标的工程项目，规范招标投标活动，提高工作效率、降低企业成本、预防腐败，根据《中华人民共和国招标投标法》第三条和《必须招标的工程项目规定》的规定，确定建设工程项目必须招标的范围如下：

（1）大型基础设施、公用事业等关系社会公共利益、公众安全的项目；

（2）全部或者部分使用国有资金投资或者国家融资的项目，包括：

1）使用预算资金 200 万元以上，并且该资金占投资额 10%以上的项目；

2）使用国有企业事业单位资金，并且该资金占控股或者主导地位的项目。

（3）使用国际组织或者外国政府贷款、援助资金的项目，包括：

1）使用世界银行、亚洲开发银行等国际组织贷款、援助资金的项目；

2）使用外国政府及其机构贷款、援助资金的项目。

不属于上述规定情形的大型基础设施、公用事业等关系社会公共利益、公众安全的项目，必须招标的具体范围包括：

（1）煤炭、石油、天然气、电力、新能源等能源基础设施项目；

（2）铁路、公路、管道、水运，以及公共航空和 A1 级通用机场等交通运输基础设施项目；

（3）电信枢纽、通信信息网络等通信基础设施项目；

（4）防洪、灌溉、排涝、引（供）水等水利基础设施项目；

（5）城市轨道交通等城建项目。

上述规定范围内的项目，其勘察、设计、施工、监理以及与工程建设有关的重要设备、材料等的采购达到下列标准之一的，必须招标：

1)施工单项合同估算价在400万元以上；

2)重要设备、材料等货物的采购，单项合同估算价在200万元以上；

3)勘察、设计、监理等服务的采购，单项合同估算价在100万元以上。

同一项目中可以合并进行的勘察、设计、施工、监理以及与工程建设有关的重要设备、材料等的采购，合同估算价合计达到前款规定标准的，必须招标。

(6)上述(1)～(5)范围内的各类工程建设项目，包括项目的勘察、设计、施工、监理以及与工程建设有关的重要设备、材料等的采购，达到下列标准之一的，必须进行招标：

1)施工单项合同估算价在200万元以上的；

2)重要设备、材料等货物的采购，单项合同估算价在100万元以上的；

3)勘察、设计、监理等服务的采购，单项合同估算价在50万元以上的；

4)单项合同估算价低于第1)、2)、3)项规定的标准，但项目总投资额在3 000万元以上的。

2. 可以不进行招标的范围

按照《招标投标法》和有关规定，属于下列情形之一的，经县级以上地方人民政府住房和城乡建设主管部门批准，可以不进行招标：

(1)涉及国家安全、国家秘密的工程。

(2)抢险救灾工程。

(3)利用扶贫资金实行以工代赈、需要使用农民工等特殊情况的工程。

(4)采用不可替代的专利或者专有技术的；

(5)对建筑艺术造型有特殊要求，并经有关主管部门批准的；

(6)建设单位依法能够自行设计的；

(7)建筑工程项目的改建、扩建或者技术改造，需要由原设计单位设计，否则将影响功能配套要求的；

(8)国家规定的其他特殊情形。

(二)工程项目招标的条件

工程项目必须具备一定条件才可进行招标，按照《招标投标法》第九条规定：招标项目按照国家规定需要履行项目审批手续的，应当先履行审批手续，取得批准。招标人应当有进行招标项目的相应资金或者资金来源已经落实，并应当在招标文件中如实载明。

由此可见，履行项目审批手续和项目的相应资金或者资金来源已经落实是项目进行招标的必要条件。

第二节　工程项目招标方式与招标程序

一、建设工程项目招标方式

《招标投标法》规定，我国建设工程项目招标方式有公开招标和邀请招标两种。

1. 公开招标

公开招标又称无限竞争招标，是由招标人以招标公告的方式邀请不特定的法人或者其他组织投标，并通过国家指定的报刊、广播、电视及信息网络等媒介发布招标公告，有意的投标人接受资格预审、购买招标文件、参加投标。

公开招标的优点是：投标的承包商多，范围广，竞争激烈，建设单位有较大的选择余地，有利于降低工程造价、提高工程质量、缩短工期。公开招标的缺点是：因投标的承包商多，招标工作量大，组织工作复杂，故需要投入较多的人力、物力，招标过程所需时间较长。

在国际上，招标通常都是指公开招标。在某种程度上，公开招标已成为招标的代名词。《招标投标法》规定，凡法律法规要求招标的建设项目必须采用公开招标的方式，若因某些原因需要采用邀请招标，必须经招标投标管理机构批准。

2. 邀请招标

邀请招标又称有限竞争招标，是指招标人以投标邀请书的方式邀请特定的法人或其他组织投标。这种方式不发布公告，招标人根据自己的经验和所掌握的各种信息资料，向具备承接该项工程施工能力、资信良好的3个以上承包商发出投标邀请书，收到邀请书的单位参加投标。招标人采用邀请招标方式时，特邀的投标人必须能胜任招标工程项目的实施任务。

邀请招标的优点是：招标所需的时间较短，且招标费用较省；目标集中，招标的组织工作容易，程序比公开招标简化。邀请招标的缺点是：不利于招标人获得最优报价，取得最佳投资效益。因此《招标投标法》规定，国家重点项目和省、自治区、直辖市的地方重点项目不宜进行公开招标的，经批准后可进行邀请招标。

【提示】 工程建设项目如具有下列情形之一的，经批准可以进行邀请招标：

(1)项目技术复杂或有特殊要求，其潜在投标人数量少；

(2)自然地域环境限制；

(3)涉及国家安全、国家秘密、抢险救灾，不宜公开招标的；

(4)拟公开招标的费用与项目的价值相比不经济；

(5)法律、法规规定不宜公开招标的。

3. 公开招标与邀请招标的区别

(1)招标信息的发布方式不同。公开招标是利用招标公告发布招标信息，而邀请招标则是采用向3家以上具备实施能力的投标人发出投标邀请书，请他们参与投标竞争。

(2)公开程度不同。公开招标必须按规定程序和标准进行，透明度高；邀请招标的公开程度相对要低些。

(3)对投标人的资格审查时间不同。进行公开招标时，由于投标响应者较多，为了保证投标人具备相应的实施能力，以及缩短评标时间，突出投标的竞争性，通常设置资格预审程序。而邀请招标由于竞争范围较小，且招标人对邀请对象的能力有所了解，故不需要再进行资格预审，但评标阶段还要对各投标人的资格和能力进行审查和比较，通常称为资格后审。

(4)适用条件。公开招标方式适用范围广。若公开招标响应者少，达不到预期目的，可以采用邀请招标方式委托建设任务。

二、建设工程项目招标程序

建设工程项目招标的一般程序可分为招标、投标、开标、评标、定标和签订合同六个阶段。建设工程项目公开招标的程序如图 2-1 所示。

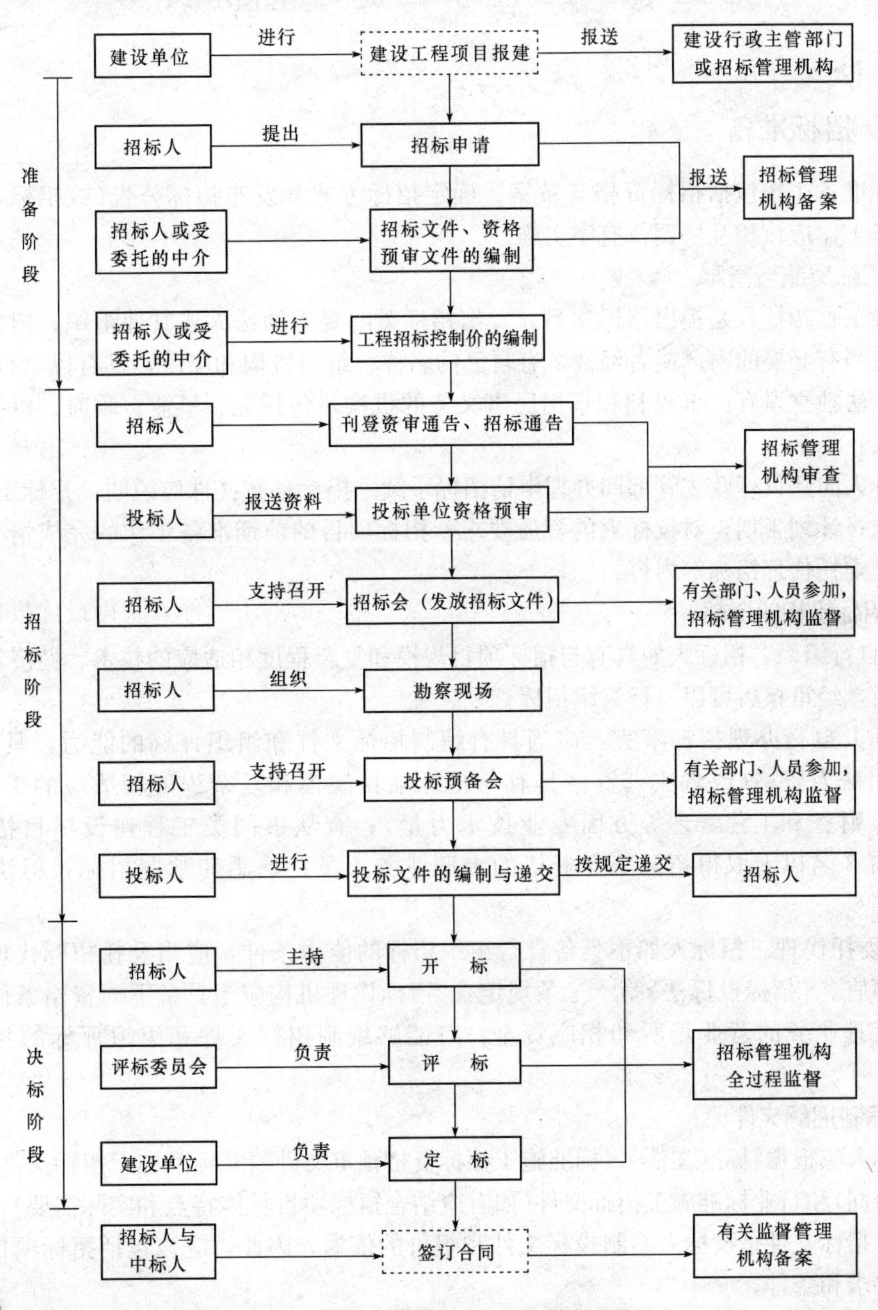

图 2-1　建设工程项目公开招标的程序

第三节 工程项目施工招标实务

一、招标准备

招标准备工作包括招标资格与备案、确定招标方式和发布招标公告(或招标邀请书)。这些准备工作应该相互协调，有序实施。

1. 招标资格与备案

建设工程招标人是提出招标项目，发出招标邀约要求的法人或其他组织。招标人是法人的，应当有必要的财产或者经费，有自己的名称、组织机构和场所，具有民事行为能力，且能够依法独立享有民事权利和承担民事义务的机构，包括业、事业、政府、机关和社会团体法人。

招标人向建设行政主管部门办理申请招标手续。招标备案文件应说明：招标工作范围；招标方式；计划工期；对投标人的资质要求；招标项目的前期准备工作的完成情况；自行招标还是委托代理招标等内容。

2. 招标机构的资格

(1)自行组织。招标人如具有与招标项目规模和复杂程度相适应的技术、经济等方面的专业人员，经审核后可以自行组织招标。

招标人自行办理招标事宜，应当具有编制招标文件和组织评标的能力，具体包括：具有项目法人资格(或者法人资格具有与招标项目规模和复杂程度相适应的工程技术、概预算、财务和工程管理等方面专业技术力量)；有从事同类工程建设项目招标的经验；拥有3名以上取得招标职业资格的专职业务人员；熟悉和掌握招标投标法及有关法规规章。

(2)委托代理。招标人如不具备自行组织招标的能力条件，应当委托招标代理机构办理招标事宜。《招标投标法》第十三条规定："招标代理机构应当具备下列资格条件：有从事招标代理业务的营业场所和相应资金；有能够编制招标文件和组织评标的相应专业力量。"

3. 编制招标文件

招标人应根据《标准文件》(《标准施工招标资格预审文件》和《标准施工招标文件》的统一简称，余同)和行业标准施工招标文件(如有应结合招标项目具体特点和实际需要)，编制招标文件。招标文件是投标人编制投标文件和报价的依据，因此，应该包括招标项目的所有实质性要求和条件。

4. 编制标底

标底是由招标人组织专门人员为准备招标的工程计算出的一个合理的基本价格。它不仅等于工程的概(预)算，也等于合同价格。标底是招标人的绝密资料，在开标前不能向任何无关人员泄露。我国国内大部分工程在招标评标时，均以标底上下的一个幅度作为判断投标报价是否合理的条件。招标人根据招标项目的技术、经济特点和需要可以自主决定是否编制标底。

5. 发布招标公告或投标邀请书

招标公告或投标邀请书的作用是让潜在投标人获得招标信息，以便进行项目筛选，确定是否参与竞争。不进行资格预审的项目，招标人要发布招标公告。内容一般包括：招标条件；项目概况与招标范围；投标人资格要求；招标文件的获取；投标文件的递交；联系方式等。对于邀请招标的项目，招标人要发出投标邀请书，其主要内容包括：招标条件；项目概况与招标范围；投标人资格要求；招标文件的获取；投标文件的递交和确认以及联系方式。

招标时预算与标底的关系

二、组织资格审查

为了保证潜在投标人能够公平地获得投标竞争的机会，确保投标人满足投标项目的资格条件，招标人应当对投标人进行资格审查。根据《中华人民共和国招标投标法实施条例》有关规定，资格预审一般按以下程序进行：

1. 编制资格预审文件

对依法必须进行招标的项目，招标人应使用相关部门制定的标准文本，根据招标项目的特点和需要编制资格预审文件。

2. 发布资格预审公告

公开招标的项目，应当发布资格预审公告。对于依法必须进行招标的项目的资格预审公告，应当在国务院发展改革部门依法指定的媒介发布。

3. 发售资格预审文件

招标人应当按照资格预审公告规定的时间、地点发售资格预审文件。给潜在投标人准备资格预审文件的时间应不少于 5 日。发售资格预审文件收取的费用，相当于补偿印刷、邮寄的成本支出，不得以营利为目的。潜在投标人或者其他利害关系人对资格预审文件有异议，应当在递交资格预审申请文件截止时间 2 日前向招标人提出。招标人应当自收到异议之日起 3 日内做出答复；做出答复前，应当暂停实施招标投标的下一步程序。

4. 资格预审文件的澄清、修改

招标人可以对已发出的资格预审文件进行必要的澄清或者修改。澄清或者修改的内容可能影响资格预审申请文件编制的，招标人应当在提交资格预审申请文件截止时间至少 3 日前，或者投标截止时间至少 15 日前，以书面形式通知所有获取资格预审文件的潜在投标人；不足 3 日或者 15 日的，招标人应当顺延提交资格预审申请文件或者投标文件的截止时间。

5. 组建资格审查委员会

国有资金占控股或者主导地位的依法必须进行招标的项目，招标人应当组建资格审查委员会审查资格预审申请文件。资格审查委员会及其他成员应当遵守招标投标法及其实施条例有关评标委员会及其成员的规定，即资格审查委员会由招标人(招标代理机构)熟悉相关业务的代表和不少于成员总数 2/3 的技术、经济等专家组成，成员人数为 5 人以上单数。其他项目由招标人自行组织资格审查。

6. 潜在投标人递交资格预审申请文件

潜在投标人应严格依据资格预审文件要求的格式和内容，编制、签署、装订、密封、标识资格预审申请文件，按照规定的时间、地点、方式递交。

7. 资格预审审查报告

资格审查委员会应当按照资格预审文件载明的标准和方法，对资格预审申请文件进行审查，确定通过资格预审的申请人名单，并向招标人提交书面资格审查报告。资格审查报告一般包括以下几个内容：

(1)基本情况和数据表；

(2)资格审查委员会名单；

(3)澄清、说明、补正事项纪要等；

(4)评分比较一览表的排序；

(5)其他需要说明的问题。

8. 确认通过资格预审的申请人

招标人根据资格审查报告确认通过资格预审的申请人，并向其发出投标邀请书。招标人应要求通过资格预审的申请人收到通知后，以书面方式确认是否参加投标。同时，招标人还应向未通过资格预审的申请人发出资格预审结果的书面通知。

【案例】 某政府投资工程于2014年6月组织施工招标资格预审。资格预审文件采用《标准施工招标资格预审文件》编制，审查办法为合格制，其中部分审查因素和标准见表2-1。

表2-1 部分审查因素和标准

审查因素	审查标准
申请人名称	与营业执照、资质证书、安全生产许可证一致
申请函签字盖章	有法定代表人或其委托代理人签字或盖单位公章
申请唯一性	只能提交唯一有效申请
营业执照	具备有效的营业执照
安全生产许可证	具备有效的安全生产许可证
资质等级	具备房屋建筑工程施工总承包以及以上资质
项目经理资格	具有建筑工程专业一级建造师职业资格及注册证书
投标资格	有效，投标资格没有被取消或暂停
投标行为	合法，近3年内没有骗取中标行为
其他	法律法规规定的其他条件

招标人收到了12份资格预审申请文件，其中申请人12的资格申请文件是在规定的资格预审文件递交截止时间后2分钟收到的。招标人组建了资格审查委员会，对受理的12份资格申请文件进行审查，审查过程有关情况如下：

(1)申请人1同时是联合体申请人10的成员，资格审查委员会要求申请人1确认是参加联合体还是独自申请。在规定的时间内申请人1确认其参加联合体，随即撤回其独立的资格申请。资格审查委员会确认申请人1的申请资格。

(2)申请人2不具备相应资质，使用资质为其子公司的资质，资格审查委员会认为母公

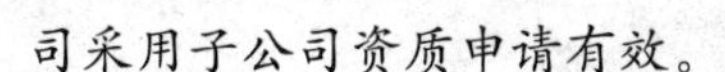

司采用子公司资质申请有效。

(3)申请人3的安全生产许可证有效期已过，资格审查委员会要求申请人3提交重新申领的安全生产许可证原件。在规定的时间内，申请人3重新提交了其重新申领的安全生产许可证，资格审查委员会确认其申请合格。

(4)招标人临时要求核查申请人资质证书原件，申请人4提交的申请文件虽符合资格预审文件要求，但未按照要求提供资质证书原件供资格审查委员会审查，资格审查委员会据此判定申请人4不能通过资格审查。

(5)申请人5在2013年10月因在投标过程中参与串标而受到了暂停投标资格1年的行政处罚，资格审查委员会认为其他外部证据不能作为审查的依据，依据资格预审文件判定申请人5通过了资格审查。

其他申请文件均符合要求。

经资格审查委员会审查，确认申请人1、2、3、5、6、7、8、9、10、11和12通过了资格审查。

问题：指出以上资格审查过程有哪些不妥之处，分别说明理由。

案例评析：

案例中的不妥之处和理由见表2-2。

表2-2　案例评析

序号	不妥之处	理由
1	资格审查委员会要求申请人1确认是参加联合体还是独自申请，并确认申请人1的申请合格	不符合只能提交唯一有效申请的标准
2	资格审查委员会认为申请人2采用子公司资格申请有效	不符合申请人名称应与营业执照、资质证书、安全生产许可证一致的要求
3	资格审查委员会确认申请人3的申请合格	必须具备有效的安全生产许可证
4	资格审查委员会认为其他外部证据不能作为审查的依据，依据资格预审文件判定申请人5通过了资格审查	不符合近3年内没有骗取中标行为
5	确认申请人1、2、3、5、6、7、8、9、10、11和12通过了资格审查	应该确认申请人6、7、8、9、10、11通过了资格审查

三、发售招标文件

招标人按照招标公告(未进行资格预审)或投标邀请书(邀请招标)的时间、地点发售招标文件。

四、现场踏勘

现场踏勘是指招标人组织投标人对项目的实施现场的经济、地理、地质、气候等客观条件和环境进行的现场调查。其对投标人全面了解招标项目情况，减少可能的争议具有重要的意义。招标人在投标人须知说明的时间统一组织投标人进行施工现场踏勘。《标准文件》中规定：

(1)招标人按招标公告规定的时间、地点组织投标人踏勘项目现场。

(2)投标人承担自己踏勘现场发生的费用。

(3)除招标人的原因外，投标人自行负责在踏勘现场中所发生的人员伤亡和财产损失。

(4)招标人在踏勘现场中介绍的工程场地和相关的周边环境情况，供投标人在编制投标文件时参考，招标人不对投标人据此做出的判断和决策负责。

【提示】 踏勘现场后涉及对招标文件进行澄清修改的，招标人应当在招标文件要求提交投标文件的截止时间至少15日前以书面形式通知所有招标文件收受人。考虑到在踏勘现场后投标人有可能对招标文件部分条款进行质疑，故组织投标人踏勘现场的时间一般应在投标截止时间15日前及投标预备会召开前进行。

五、投标预备会

投标预备会是招标人组织召开的目的在于澄清招标文件中的疑问，解答投标人对招标文件和勘察现场中所提出的疑问或问题的会议。《标准文件》中规定：

(1)招标人按投标人须知说明的时间和地点召开投标预备会，澄清投标人提出的问题。

(2)投标人应在招标公告规定的时间前，以书面形式将提出的问题送达招标人，以便招标人在会议期间澄清。

(3)投标预备会后，招标人在招标公告规定的时间内，将对投标人所提问题的澄清，以书面方式通知所有购买招标文件的潜在投标人。该澄清内容为招标文件的组成部分。

【提示】 考虑到投标预备会后需要将招标文件的澄清、补充和修改书面通知所有潜在投标人，故组织投标预备会的时间一般应在投标截止时间15日以前进行。

六、投标文件的接收

招标人收到投标文件后应当签收，并在招标文件规定开标时间前不得开启。同时，为了保护投标人的合法权益，招标人必须履行完备规范的签收手续。签收人要记录投标文件递交的日期和地点以及密封状况，签收人签名后应将所有递交的投标文件妥善保存。

七、组建评标委员会

1. 评标委员会

评标委员会成员名单一般应于开标前确定。评标委员会成员名单在中标结果确定前应当保密。评标委员会由招标人或其委托的招标代理机构熟悉相关业务的代表，以及有关技术、经济等方面的专家组成，成员人数为5人以上单数，其中技术、经济等方面的专家不得少于成员总数的2/3。

评标委员会的专家成员应当从依法组建的专家库，采取随机抽取或者直接确定的方式确定。一般项目，可以采取随机抽取的方式；技术复杂、专业性强或者国家有特殊要求的招标项目，采取随机抽取方式确定的专家难以保证胜任的，可以由招标人直接确定。

2. 评标专家应满足的条件

评标专家应从事相关专业领域工作满8年并具有高级职称或者同等专业水平，并且熟悉有关招标投标的法律法规，具有与招标项目相关的实践经验，能够认真、公正、诚实、廉洁地履行职责。

3. 专家回避

评标专家应具备的素质

评标委员会成员有下列情形之一的，应当回避：

(1)投标人或者投标人主要负责人的近亲属；

(2)项目主管部门或者行政监督部门的人员；

(3)与投标人有经济利益关系，可能影响投标公正评审的；

(4)曾因在招标、评标以及其他与招标投标有关活动中从事违法行为而受过行政处罚或刑事处罚的。

八、开标

1. 开标地点

招标人及其招标代理机构应按招标文件规定的时间、地点主持开标，邀请所有投标人的法定代表人或其委托的代理人参加。

2. 开标程序

主持人按下列程序进行开标：

(1)宣布开标纪律；

(2)公布在投标截止时间前递交投标文件的投标人名称，并点名确认投标人是否派人到场；

(3)宣布开标人、唱标人、记录人、监标人等有关人员姓名；

(4)检查投标文件的密封情况；

(5)确定并宣布投标文件开标顺序；

(6)设有标底的，公布标底；

(7)按照宣布的开标顺序当众开标，公布投标人名称、标段名称、投标保证金的递交情况、投标报价、质量目标、工期及其他内容，并记录在案；

(8)投标人代表、招标人代表、监标人、记录人等有关人员在开标记录上签字确认；

(9)开标结束。

招标人应在招标公告中规定开标程序中投标文件密封情况，检查和确定开标顺序的具体做法。开标时，由投标人或者其推选的代表检查投标文件的密封情况，也可以由招标人委托的公证机构检查并公证等；可以按照投标文件递交的先后顺序开标，也可以采用其他方式确定开标顺序。

九、评标

评标由招标人依法组建的评标委员会负责。评标委员会应当充分熟悉、掌握招标项目的主要特点和需求，认真阅读、研究招标文件及其相关技术资料、评标方法、因素和标准、主要合同条款、技术规范等，并按照工程施工项目的评审步骤对投标文件进行分析、比较和评审，评标完成后，应当向招标人提交书面的评标报告并推荐中标候选人名单。

十、合同签订

1. 确定中标人

招标人可以授权评标委员会直接确定中标人，也可以依据评标委员会推荐的中标候选人确定中标人。评标委员会一般按照择优的原则推荐1～3名中标候选人。

确定中标人后，招标人在招标文件规定的投标有效期内以书面形式向中标人发出中标通知书，同时将中标结果通知未中标的投标人。

2. 履约担保

(1)在签订合同前，中标人应按招标文件中规定的金额、担保形式和履约担保格式向招标人提交履约担保。联合体中标的，其履约担保由牵头人递交，并应符合招标文件规定的金额、担保形式和招标文件规定的履约担保格式要求。

(2)中标人不能按招标文件要求提交履约担保的，视为放弃中标，其投标保证金不予退还，给招标人造成的损失超过投标保证金数额的，中标人还应当对超过部分予以赔偿。

3. 合同订立

(1)招标人和中标人应当在投标有效期内以及中标通知书发出之日起30日之内，根据招标文件和中标人的投标文件订立书面合同。中标人无正当理由拒签合同的，招标人可取消其中标资格，其投标保证金不予退还；给招标人造成的损失超过投标保证金数额的，中标人还应当对超过部分予以赔偿。

(2)发出中标通知书后，招标人无正当理由拒签合同的，招标人向中标人退还投标保证金；给中标人造成损失的，还应当赔偿损失。

(3)法规规定需要向有关行政监督部门备案、核准或登记的，应办理相关备案手续。

十一、重新招标和不再招标

如果本次招标经过评审比较，投标人的投标书均不满足招标文件的规定而未能选出中标人，后续处理的原则是：

1. 重新招标

有下列情形之一的，招标人在分析招标失败的原因并采取相应措施后，应当依法重新招标：

(1)投标截止时间到，投标人少于3个的；

(2)经评标委员会评审后否决所有投标的。

2. 不再招标

重新招标后投标人仍少于3个或者所有投标被否决的，属于必须审批或核准的工程建设项目，经原审批或核准部门批准后不再进行招标。

第四节　工程项目施工招标文件的编制

一、工程项目施工招标文件的组成

招标文件既是投标人编制投标书的依据，也是招标阶段招标人的行为准则。为避免疏漏，招标人应根据工程特点和具体情况，参照“招标文件范本”编写招标文件。

《中华人民共和国标准施工招标文件》(2007版)中招标文件的组成包括以下几个方面的内容：

(1)招标公告(或招标邀请书)；

(2)投标人须知；

(3)评标办法；

(4)合同条款及格式；

(5)工程量清单；

(6)图纸；

(7)技术标准和要求；

(8)投标文件格式；

(9)投标人须知前附表规定的其他材料。

二、投标人须知

投标人须知是对投标人投标时的注意事项的书面阐述和告知，投标人须知包括两个部分：第一部分是投标人须知前附表；第二部分是投标人须知正文。

(一)投标人须知前附表

投标人须知前附表是将投标人须知中重要条款规定的内容和数据摘要列成一个表格，以便投标人迅速掌握投标须知中的关键内容。其格式见表2-3。

表2-3 投标人须知前附表

条款号	条款名称	编列内容
1.1.2	招标人	名称： 地址： 联系人： 电话：
1.1.3	招标代理机构	名称： 地址： 联系人： 电话：
1.1.4	项目名称	
1.1.5	建设地点	
1.2.1	资金来源	
1.2.2	出资比例	
1.2.3	资金落实情况	
1.3.1	招标范围	
1.3.2	计划工期	计划工期：＿＿＿＿日历天 计划开工日期：＿＿＿＿年＿＿月＿＿日 计划竣工日期：＿＿＿＿年＿＿月＿＿日

续表

条款号	条 款 名 称	编 列 内 容
1.3.3	质量要求	
1.4.1	投标人资质条件、能力和信誉	资质条件： 财务要求： 业绩要求： 信誉要求： 项目经理(建造师，下同)资格： 其他要求：
1.4.2	是否接受联合体投标	□不接受 □接受，应满足下列要求：
1.9.1	踏勘现场	□不组织 □组织，踏勘时间： 踏勘集中地点：
1.10.1	投标预备会	□不召开 □召开，召开时间： 召开地点：
1.10.2	投标人提出问题的截止时间	
1.10.3	招标人书面澄清的时间	
1.11	分包	□不允许 □允许，分包内容要求： 分包金额要求： 接受分包的第三人资质要求：
1.12	偏离	□不允许 □允许
2.1	构成招标文件的其他材料	
2.2.1	投标人要求澄清招标文件的截止时间	
2.2.2	投标截止时间	________年____月____日________时________分
2.2.3	投标人确认收到招标文件澄清的时间	
2.3.2	投标人确认收到招标文件修改的时间	
3.1.1	构成投标文件的其他材料	
3.3.1	投标有效期	
3.4.1	投标保证金	投标保证金的形式： 投标保证金的金额：
3.5.2	近年财务状况的年份要求	__________年
3.5.3	近年完成类似项目的年份要求	__________年
3.5.5	近年发生的诉讼及仲裁情况的年份要求	__________年

续表

条款号	条 款 名 称	编 列 内 容
3.6	是否允许递交备选投标方案	□不允许 □允许
3.7.3	签字或盖章要求	
3.7.4	投标文件副本份数	______份
3.7.5	装订要求	
4.1.2	封套上写明	招标人地址： 招标人名称： ______(项目名称)______标段投标文件 在______年____月____日______时______分前不得开启
4.2.2	递交投标文件地点	
4.2.3	是否退还投标文件	□否 □是
5.1	开标时间和地点	开标时间：同投标截止时间 开标地点：
5.2	开标程序	密封情况检查： 开标顺序：
6.1.1	评标委员会的组建	评标委员会构成：______人，其中招标人代表______人，专家______人； 评标专家确定方式：
7.1	是否授权评标委员会确定中标人	□是 □否，推荐的中标候选人数：
7.3.1	履约担保	履约担保的形式： 履约担保的金额：
10	需要补充的其他内容	
……	……	
……	……	

【说明】 投标人须知前附表是投标人须知正文部分的概括和提示，放在投标人须知正文前面，有利于引起投标人注意和便于查阅检索。

(二)投标人须知正文

投标人须知正文主要内容包括对总则、招标文件、投标文件、投标、开标、评标、合同授予等方面的说明和要求。

1. 总则

在总则中要准确说明工程项目概况、资金来源和落实情况、计划工期、投标人资格要求、投标费用承担、保密、语言文字、计量单位、踏勘现场、投标预备会、分包和偏离等问题。

（1）工程项目概况。应说明工程项目已具备的招标条件，包括项目招标人、招标代理机构、项目名称、建设地点、项目建设规模、项目工程报价方式及投标最高报价等内容。

（2）资金来源和落实情况。应说明项目的资金来源、出资比例、资金落实情况。

（3）计划工期。计划工期应根据工程的施工范围、规模，按照常规施工方法，依据国家、省工期定额合理确定。

（4）投标人资格要求。如果是已进行资格预审的，投标人应是收到招标人发出投标邀请书的符合资格预审条件的申请人。如果是未进行资格预审的，投标人应具备承担本标段施工的资质条件、能力和信誉的潜在投标人。文中还应标明是否接受联合体投标，如果接受联合体投标，应说明联合体投标的具体要求。

（5）投标费用承担。投标人为准备和参加投标活动发生的费用承担责任。

（6）保密。要求参与招标投标活动的各方对招标文件和投标文件中的商业和技术等信息保密，违者应对由此造成的后果承担法律责任。

（7）语言文字。除专用术语外，均使用中文。

（8）计量单位。所有计量均采用中华人民共和国法定计量单位。

（9）踏勘现场。招标人根据项目具体情况可以组织踏勘现场。招标人按规定的时间、地点组织投标人踏勘项目现场，向其介绍工程场地和相关环境的有关情况。但招标人不能单独或分别组织某些投标人踏勘项目现场。

（10）投标预备会（又称标前会议）。是否召开投标预备会，以及投标预备会如何举行，由招标人根据具体情况确定。投标预备会主要是解答投标人对招标文件、现场踏勘提出的疑问。投标人的疑问必须用书面的形式（包括信函、电报、传真等可以有形地表现所载内容的形式）为准，招标人的解答也必须以书面的形式为准。

（11）分包。由招标人根据工程具体特点来确定是否允许分包。如允许分包，明确分包内容、分包金额和接受分包的第三人资质要求等限制性条件。

（12）偏离。投标人须知前附表允许投标文件偏离招标文件某些要求的，偏离应当符合招标文件规定的偏离范围和幅度。

2. 招标文件

投标人须知要说明招标文件发售的时间、地点，以及招标文件的澄清和说明。

（1）招标文件发售的时间、地点应是具体的时间和详细的地址。

（2）投标人应仔细阅读和检查招标文件的全部内容。如发现缺页或附件不全，应及时向招标人提出，以便补齐。如有疑问，应在投标人须知前附表规定的时间内以书面形式（包括信函、电报、传真等可以有形地表现所载内容的形式）表明，要求招标人对招标文件予以澄清。

招标文件的澄清将在投标人须知前附表规定的投标截止时间 15 日前以书面形式发给所有购买招标文件的投标人，但不指明澄清问题的来源。如果澄清发出的时间距投标截止时间不足 15 日，相应延长投标截止时间。

投标人在收到澄清后，应在投标人须知前附表规定的时间内以书面形式通知招标人，确认已收到该澄清。

（3）招标文件的修改。在投标截止时间 15 日前，招标人可以书面形式修改招标文件，并通知所有已购买招标文件的投标人。如果修改招标文件的时间距投标截止时间不足 15 日，应相应延长投标截止时间。投标人收到修改内容后，应在投标人须知前附表规定的时间内以书面形式通知招标人，确认已收到该修改。

【提示】 对招标文件所作的澄清、修改，构成招标文件的组成部分。投标单位应对组成招标文件的内容进行全面阅读。若投标文件实质上有不符合招标文件要求的，将有可能被拒绝。

3. 投标文件

投标文件是投标人响应招标文件的条件和实质性要求，向招标人发出的应约文件。招标人应在投标人须知中明确投标文件的组成、投标报价、投标有效期、投标保证金、资格预审资料、备选投标方案、投标文件的编制等要求。

(1)投标文件的组成。投标文件应包括下列内容：

1)投标函及投标函附录；

2)法定代表人身份证明或附有法定代表人身份证明的授权委托书；

3)联合体协议书；

4)投标保证金；

5)已标价工程量清单；

6)施工组织设计；

7)项目管理机构；

8)拟分包项目情况表；

9)资格审查资料；

10)投标人须知前附表规定的其他材料。

【提示】 投标人须知前附表规定不接受联合体投标的，或者投标人没有组成联合体的，投标文件不包括联合体协议书。

(2)投标报价。投标人应按工程量清单的要求填写相应表格。投标人在投标截止时间前修改投标函中的投标总报价，应同时修改工程量清单中的相应报价。修改须符合有关要求。

(3)投标有效期。在投标人须知前附表规定的投标有效期内，投标人不得要求撤销或修改其投标文件。出现特殊情况需要延长投标有效期的，招标人以书面形式通知所有投标人延长投标有效期。投标人同意延长的，应相应延长其投标保证金的有效期，但不得要求或被允许修改或撤销其投标文件；投标人拒绝延长的，其投标失效，但投标人有权收回其投标保证金。

(4)投标保证金。投标人在递交投标文件的同时，应按投标人须知前附表规定的金额、担保形式和投标文件格式规定的投标保证金格式递交投标保证金，并作为其投标文件的组成部分。联合体投标的，其投标保证金由牵头人递交，并应符合投标人须知前附表的规定。投标人不按要求提交投标保证金的，其投标文件作废标处理。

招标人与中标人签订合同后5日内，向未中标的投标人和中标人退还投标保证金。

【提示】 有下列情形之一的，投标保证金将不予退还：

1)投标人在规定的投标有效期内撤销或修改其投标文件；

2)中标人在收到中标通知书后，无正当理由拒签合同协议书，在签订合同时向招标人提出附加条件或未按招标文件规定提交履约担保。

(5)资格预审资料。资格预审资料可分为已进行资格预审的和未进行资格预审的。

1)已进行资格预审的。投标人在编制投标文件时，应按新情况更新或补充其在申请资格预审时提供的资料，以证实其各项资格条件仍能继续满足资格预审文件的要求，具备承担本标段施工的资质条件、能力和信誉。

2)未进行资格预审的。

①投标人基本情况表应附投标人营业执照副本及其年检合格的证明材料、资质证书副本和安全生产许可证等材料的复印件。

②近年财务状况表应附经会计师事务所或审计机构审计的财务会计报表，包括资产负债表、现金流量表、利润表和财务情况说明书的复印件，具体年份要求见投标人须知前附表。

③近年完成的类似项目情况表应附中标通知书和(或)合同协议书、工程接收证书(工程竣工验收证书)的复印件，具体年份要求见投标人须知前附表。每张表格只填写一个项目，并标明序号。

④正在施工和新承接的项目情况表应附中标通知书和(或)合同协议书复印件。每张表格只填写一个项目，并标明序号。

⑤近年发生的诉讼及仲裁情况，应说明相关情形，并附法院或仲裁机构做出的判决、裁决等有关法律文书复印件，具体年份要求见投标人须知前附表。

⑥投标人须知前附表规定接受联合体投标的，以上规定的表格和资料应包括联合体各方相关情况。

(6)备选投标方案。除投标人须知前附表另有规定外，投标人不得递交备选投标方案。允许投标人递交备选投标方案的，只有中标人所递交的备选投标方案才可予以考虑。评标委员会认为中标人的备选投标方案优于其按照招标文件要求编制的投标方案的，招标人可以接受该备选投标方案。

(7)投标文件的编制。

1)投标文件应按照投标文件格式进行编写，如有必要，可以增加附页，作为投标文件的组成部分。其中，投标函附录在满足招标文件实质性要求的基础上，可以提出比招标文件要求更有利于招标人的承诺。

2)投标文件应当对招标文件有关工期、投标有效期、质量要求、技术标准和要求、招标范围等实质性内容做出响应。

3)投标文件应用不褪色的材料书写或打印，并由投标人的法定代表人或其委托代理人签字或盖单位章。委托代理人签字的，投标文件应附法定代表人签署的授权委托书。投标文件应尽量避免涂改、行间插字或删除。如果出现上述情况，改动之处应加盖单位章或由投标人的法定代表人或其授权的代理人签字确认。签字或盖章的具体要求见投标人须知前附表。

4)投标文件正本一份，副本份数见投标人须知前附表。正本和副本的封面上应清楚地标记“正本”或“副本”的字样。当副本和正本不一致时，以正本为准。

5)投标文件的正本与副本应分别装订成册，并编制目录，具体装订要求见投标人须知前附表。

4. 投标

投标人须知中对投标的规定主要包括以下内容：

(1)投标文件的密封和标记。

1)投标文件的正本与副本应分开包装，加贴封条，并在封套的封口处加盖投标人单位章。

2)投标文件的封套上应清楚地标记“正本”或“副本”字样，封套上应写明的其他内容见投标人须知前附表。

3)未按规定要求密封和加写标记的投标文件，招标人不予受理。

(2)投标文件的递交。

1)投标人应在规定的投标截止时间前递交投标文件。

2)投标人递交投标文件的地点：见投标人须知前附表。

3)除投标人须知前附表另有规定外，投标人所递交的投标文件不予退还。

4)招标人收到投标文件后，向投标人出具签收凭证。

5)逾期送达的或者未送达指定地点的投标文件，招标人不予受理。

(3)投标文件的修改与撤回。

1)在规定的投标截止时间前，投标人可以修改或撤回已递交的投标文件，但应以书面形式通知招标人。

2)投标人修改或撤回已递交投标文件的书面通知应按照要求签字或盖章。待招标人收到书面通知后，向投标人出具签收凭证。

3)修改的内容为投标文件的组成部分。修改的投标文件应按照规定进行编制、密封、标记和递交，并标明“修改”字样。

5. 开标

招标人应在规定的投标截止时间(开标时间)和投标人须知前附表规定的地点公开开标，并邀请所有投标人的法定代表人或其委托代理人准时参加。

6. 评标

(1)评标委员会。评标由招标人依法组建的评标委员会负责。评标委员会由招标人或其委托的招标代理机构熟悉相关业务的代表，以及有关技术、经济等方面的专家组成。评标委员会成员人数以及技术、经济等方面专家的确定方式见投标人须知前附表。

评标委员会成员有下列情形之一的，应当回避：

1)招标人或投标人的主要负责人的近亲属。

2)项目主管部门或者行政监督部门的人员。

3)与投标人有经济利益关系，可能影响投标公正评审的。

4)曾因在招标、评标以及其他与招标投标有关活动中从事违法行为而受过行政处罚或刑事处罚的。

(2)评标原则。评标活动遵循公平、公正、科学和择优的原则。

(3)评标。评标委员会按照评标办法规定的方法、评审因素、标准和程序对投标文件进行评审。评标办法没有规定的方法、评审因素和标准，不作为评标依据。

7. 合同授予

(1)定标方式。除投标人须知前附表规定评标委员会直接确定中标人外，招标人依据评标委员会推荐的中标候选人确定中标人，评标委员会推荐中标候选人的人数见投标人须知前附表。

(2)中标通知。在规定的投标有效期内，招标人以书面形式向中标人发出中标通知，同时将中标结果通知未中标的投标人。

(3)履约担保。

1)在签订合同前，中标人应按投标人须知前附表规定的金额、担保形式和招标文件中"合同条款及格式"规定的履约担保格式向招标人提交履约担保。联合体中标的，其履约担保由牵头人递交，并应符合投标人须知前附表规定的金额、担保形式和招标文件中"合同条款及格式"规定的履约担保格式要求。

2)中标人不能按要求提交履约担保的，视为放弃中标，其投标保证金不予退还，给招标人造成的损失超过投标保证金数额的，中标人还应当对超过部分予以赔偿。

(4)签订合同。

1)招标人和中标人应当自中标通知书发出之日起 30 日内，根据招标文件和中标人的投标文件订立书面合同。中标人无正当理由拒签合同的，招标人取消其中标资格，其投标保证金不予退还；给招标人造成的损失超过投标保证金数额的，中标人还应当对超过部分予以赔偿。

2)发出中标通知书后，招标人无正当理由拒签合同的，招标人应向中标人退还投标保证金；给中标人造成损失的，还应当赔偿损失。

8. 重新招标和不再招标

(1)重新招标。有下列情形之一的，招标人将重新招标：

1)投标截止时间止，投标人少于 3 个的。

2)经评标委员会评审后否决所有投标的。

(2)不再招标。重新招标后投标人仍少于 3 个或者所有投标被否决的，属于必须审批或核准的工程建设项目，经原审批或核准部门批准后不再进行招标。

9. 纪律和监督

(1)对招标人的纪律要求。招标人不得泄露招标投标活动中应当保密的情况和资料，不得与投标人串通损害国家利益、社会公共利益或者他人合法权益。

(2)对投标人的纪律要求。投标人不得相互串通投标或者与招标人串通投标，不得向招标人或者评标委员会成员行贿谋取中标，不得以他人名义投标或者以其他方式弄虚作假骗取中标；投标人不得以任何方式干扰、影响评标工作。

(3)对评标委员会成员的纪律要求。评标委员会成员不得收受他人的财物或者其他好处，不得向他人透漏对投标文件的评审和比较、中标候选人的推荐情况以及与评标有关的其他情况。在评标活动中，评标委员会成员不得擅离职守，影响评标程序正常进行，不得使用评标办法没有规定的评审因素和标准进行评标。

(4)对与评标活动有关的工作人员的纪律要求。与评标活动有关的工作人员不得收受他人的财物或者其他好处，不得向他人透漏对投标文件的评审和比较、中标候选人的推荐情况以及与评标有关的其他情况。在评标活动中，与评标活动有关的工作人员不得擅离职守，影响评标程序正常进行。

(5)投诉。投标人和其他利害关系人认为本次招标活动违反法律、法规和规章规定的，有权向有关行政监督部门投诉。

10. 需要补充的其他内容

需要补充的其他内容见投标人须知前附表。

三、评标办法

评标办法是评标委员会的评标专家在评标过程中对所有投标文件的评审依据，评标委员会不能采用招标文件中没有标明的方法和标准进行评标。

评标办法可分为经评审的最低投标价法和综合评估法两类。

(一)经评审的最低投标价法

1. 评标方法

经评审的最低投标价法的具体做法为：评标委员会对满足招标文件实质性要求的投标文件，根据规定的量化因素及量化标准进行价格折算，按照经评审的投标价由低到高的顺序推荐中标候选人，或根据招标人授权直接确定中标人，但投标报价低于其成本的除外。经评审的投标价相等时，投标报价低的优先；投标报价也相等的，由招标人自行确定。

经评审的最低投标价法一般适用于具有通用技术、性能标准或者招标人对其技术、性能没有特殊要求，工程质量、工期、成本受施工技术管理方案影响较小的招标项目。

【提示】 采用经评审的最低投标价法，评标委员会对报价进行评审时，特别是对报价明显偏低的或者在设有标底时明显低于标底的，必须经过质疑、答辩的程序，或要求投标人提出相关说明资料，以证明具有实现低标价的有力措施，保证方案合理可行且不低于投标人的个别成本。

2. 评审标准

(1)初步评审标准。初步评审因素及其标准的内容在招标文件中可以用"评分办法前附表"标明。采用经评审的最低投标价法的初步评审因素及标准见表 2-4。

表 2-4　采用经评审的最低投标价法的初步评审因素及标准

条款号		评审因素	评审标准
1	形式评审标准	投标人名称	与营业执照、资质证书、安全生产许可证一致
		投标函签字盖章	有法定代表人或其委托代理人签字或加盖单位章
		投标文件格式	符合"投标文件格式"的要求
		联合体投标人	提交联合体协议书，并明确联合体牵头人(如有)
		报价唯一	只能有一个有效报价
		……	……
2	资格评审标准	营业执照	具备有效的营业执照
		安全生产许可证	具备有效的安全生产许可证
		资质等级	符合"投标人须知"规定
		财务状况	符合"投标人须知"规定
		类似项目业绩	符合"投标人须知"规定
		信誉	符合"投标人须知"规定
		项目经理	符合"投标人须知"规定
		其他要求	符合"投标人须知"规定
		联合体投标人	符合"投标人须知"规定(如有)
		……	……

续表

条款号		评审因素	评审标准
3	响应性评审标准	投标内容	符合“投标人须知”规定
		工期	符合“投标人须知”规定
		工程质量	符合“投标人须知”规定
		投标有效期	符合“投标人须知”规定
		投标保证金	符合“投标人须知”规定
		权利、义务	符合“合同条款及格式”规定
		已标价工程量清单	符合“工程量清单”给出的范围及数量
		技术标准和要求	符合“技术标准和要求”规定
		……	……
4	施工组织设计和项目管理机构评审标准	施工方案与技术措施	……
		质量管理体系与措施	……
		安全管理体系与措施	……
		环境保护管理体系与措施	……
		工程进度计划与措施	……
		资源配备计划	……
		技术负责人	……
		其他主要人员	……
		施工设备	……
		试验、检测仪器设备	……
		……	……

(2)详细评审标准。采用经评审的最低投标价法的详细评审因素及标准见表 2-5。

表 2-5　采用经评审的最低投标价法的详细评审因素及标准

条款号		量化因素	量化标准
1	详细评审标准	单价遗漏	……
		付款条件	……
		……	……

3. 评标程序

(1)初步评审。

1)对未进行资格预审的，评标委员会可以要求投标人提交“投标人须知”中规定的有关证明和证件的原件，以便核验。评标委员会依据规定的标准对投标文件进行初步评审。有一项不符合评审标准的，作废标处理。

2)对已进行资格预审的，评标委员会依据规定的标准对投标文件进行初步评审。有一项不符合评审标准的，作废标处理。当投标人资格预审申请文件的内容发生重大变化时，评标委员会依据规定的标准对其更新资料进行评审。

3)投标人有以下情形之一的，其投标作废标处理：出现“投标人须知”中规定的任何一种作废情形的；串通投标或弄虚作假或有其他违法行为的；不按评标委员会要求澄清、说明或补正的。

4)投标报价有算术错误的，评标委员会对投标报价进行修正，具体要求为：投标文件中的大写金额与小写金额不一致的，以大写金额为准；总价金额与依据单价计算出的结果不一致的，以单价金额为准修正总价，但单价金额小数点有明显错误的除外。修正的价格经投标人书面确认后具有约束力。投标人不接受修正价格的，其投标作废标处理。

(2)详细评审。

1)评标委员会应当按规定的量化因素和标准进行价格折算，计算出评标价，并编制价格比较一览表。

2)评标委员会发现投标人的报价明显低于其他投标报价，或者在设有标底时明显低于标底，使得其投标报价可能低于其成本的，应当要求该投标人做出书面说明并提供相应的证明材料。投标人不能合理说明或者不能提供相应证明材料的，由评标委员会认定该投标人以低于成本报价竞标，其投标作废标处理。

(3)投标文件的澄清和补正。

1)在评标过程中，评标委员会可以书面形式要求投标人对所提交的投标文件中不明确的内容进行书面澄清或说明，或者对细微偏差进行补正。评标委员会不接受投标人主动提出的澄清、说明或补正。

2)澄清、说明和补正不得改变投标文件的实质性内容(算术性错误修正的除外)。投标人的书面澄清、说明和补正属于投标文件的组成部分。

3)评标委员会对投标人提交的澄清、说明或补正有疑问的，可以要求投标人进一步澄清、说明或补正，直至满足评标委员会的要求。

(4)评标结果。除投标人须知前附表授权直接确定中标人外，评标委员会按照经评审的价格由低到高的顺序推荐中标候选人。评标委员会完成评标后，应当向招标人提交书面评标报告。

(二)综合评估法

1. 评标方法

综合评估法的具体做法为：评标委员会对满足招标文件实质性要求的投标文件，按照规定的评分标准进行打分，并按得分由高到低的顺序推荐中标候选人，或根据招标人授权直接确定中标人，但投标报价低于其成本的除外。综合评分相等时，以投标报价低的优先；投标报价也相等的，由招标人自行确定。

综合评估法一般适用于工程技术复杂、专业性较强、工程项目规模较大、履约工期长、工程施工技术管理方案的选择性较大，且工程质量、工期、成本受施工技术管理方案影响较大的招标项目。

【提示】 采用综合评估法的，投标人经过充分考虑衡量后，需要编制施工组织建议方案及按照工程量清单进行报价、提供技术标书和经济报价。投标文件是否最大限度地满足招标文件中规定的各项评价标准，需要将报价、施工组织设计(施工方案)、质量保证、工期保证、业绩与信誉等评价因素赋予不同的权重，用打分的方法或折算货币的方法计算出总得分，评出中标人。需要量化的因素及其权重应当在招标文件中明确规定。

2. 评审标准

(1)初步评审标准。初步评审因素及其标准的内容在招标文件中可以用“评分办法前附表”标明。采用综合评估法的初步评审因素及标准见表2-6。

表 2-6 采用综合评估法的初步评审因素及标准

条款号		评审因素	评审标准
1	形式评审标准	投标人名称	与营业执照、资质证书、安全生产许可证一致
		投标函签字盖章	有法定代表人或其委托代理人签字或加盖单位公章
		投标文件格式	符合“投标文件格式”的要求
		联合体投标人	提交联合体协议书，并明确联合体牵头人
		报价唯一	只能有一个有效报价
		……	……
2	资格评审标准	营业执照	具备有效的营业执照
		安全生产许可证	具备有效的安全生产许可证
		资质等级	符合“投标人须知”规定
		财务状况	符合“投标人须知”规定
		类似项目业绩	符合“投标人须知”规定
		信誉	符合“投标人须知”规定
		项目经理	符合“投标人须知”规定
		其他要求	符合“投标人须知”规定
		联合体投标人	符合“投标人须知”规定
		……	……
3	响应性评审标准	投标内容	符合“投标人须知”规定
		工期	符合“投标人须知”规定
		工程质量	符合“投标人须知”规定
		投标有效期	符合“投标人须知”规定
		投标保证金	符合“投标人须知”规定
		权利、义务	符合“合同条款及格式”规定
		已标价工程量清单	符合“工程量清单”给出的范围及数量
		技术标准和要求	符合“技术标准和要求”规定
		……	……

(2)分值构成。采用综合评估法的分值构成见表 2-7。

表 2-7 采用综合评估法的分值构成

条款号	条款内容	编列内容
1	分值构成 (总分 100 分)	施工组织设计：________分 项目管理机构：________分 投标报价：________分 其他评分因素：________分
2	评标基准价计算方法	
3	投标报价的偏差率计算公式	偏差率＝100％×(投标人报价－评标基准价)/评标基准价

(3)评分标准。采用综合评估法的评分标准见表 2-8。

表 2-8　采用综合评估法的评分标准

<table>
<tr><th colspan="2">条款号</th><th>评分因素</th><th>评分标准</th></tr>
<tr><td rowspan="8">1</td><td rowspan="8">施工组织设计评分标准</td><td>内容完整性和编制水平</td><td>……</td></tr>
<tr><td>施工方案与技术措施</td><td>……</td></tr>
<tr><td>质量管理体系与措施</td><td>……</td></tr>
<tr><td>安全管理体系与措施</td><td>……</td></tr>
<tr><td>环境保护管理体系与措施</td><td>……</td></tr>
<tr><td>工程进度计划与措施</td><td>……</td></tr>
<tr><td>资源配备计划</td><td>……</td></tr>
<tr><td>……</td><td></td></tr>
<tr><td rowspan="4">2</td><td rowspan="4">项目管理机构评分标准</td><td>项目经理任职资格与业绩</td><td>……</td></tr>
<tr><td>技术负责人任职资格与业绩</td><td>……</td></tr>
<tr><td>其他主要人员</td><td>……</td></tr>
<tr><td>……</td><td>……</td></tr>
<tr><td rowspan="2">3</td><td rowspan="2">投标报价评分标准</td><td>偏差率</td><td>……</td></tr>
<tr><td>……</td><td>……</td></tr>
<tr><td>4</td><td>其他因素评分标准</td><td>……</td><td>……</td></tr>
</table>

3. 评标程序

综合评估法的评标程序与经评审的最低投标价法的评标程序大致相同，只是详细评审时的评分计算方法不同，现介绍如下：

(1)评标委员会按规定的量化因素和分值进行打分，并计算出综合评估得分。

1)按规定的评审因素和分值对施工组织设计计算出得分 A；

2)按规定的评审因素和分值对项目管理机构计算出得分 B；

3)按规定的评审因素和分值对投标报价计算出得分 C；

4)按规定的评审因素和分值对其他部分计算出得分 D。

(2)评分分值计算保留小数点后两位，小数点后第三位“四舍五入”。

(3)投标人得分 $=A+B+C+D$。

四、合同条款及格式

招标人可以采用《标准施工招标文件》(2007 版)，或者结合行业合同示范文本的合同条款及格式编制招标项目的合同条款。

《标准施工招标文件》(2007 版)的通用合同条款包括一般约定，发包人义务，监理人，承包人，材料和工程设备，施工设备和临时设施，交通运输，测量放线、施工安全、治安保卫和环境保护，进度计划，开工和竣工，暂停施工，工程质量，试验和检验，变更，价格调整，计量与支付，竣工验收，缺陷责任与保修责任，保险，不可抗力，违约，索赔，争议的解决等 24 条。

合同附件格式包括合同协议书格式、履约担保格式、预付款担保格式等。

五、工程量清单

《建设工程工程量清单计价规范》(GB 50500—2013)规定，采用工程量清单方式招标，工程量清单必须作为招标文件的组成部分，其准确性和完整性由招标人负责。

1. 工程量清单说明

(1)本工程量清单是根据招标文件中包括的、有合同约束力的图纸以及有关工程量清单的国家标准、行业标准、合同条款中约定的工程量计算规则编制的。约定计量规则中没有的子目，其工程量按照有合同约束力的图纸所标示尺寸的理论净量计算。计量采用中华人民共和国法定计量单位。

(2)本工程量清单应与招标文件中的投标人须知、通用合同条款、专用合同条款、技术标准和要求及图纸等一起阅读和理解。

(3)本工程量清单仅是投标报价的共同基础，实际工程计量和工程价款的支付应遵循合同条款的约定和“技术标准和要求”的有关规定。

(4)补充子目工程量计算规则及子目工作内容说明。

2. 投标报价说明

(1)工程量清单中的每一子目须填入单价或价格，且只允许有一个报价。

(2)工程量清单中标价的单价或金额，应包括所需人工费、施工机械使用费、材料费、其他(运杂费、质检费、安装费、缺陷修复费、保险费以及合同明示或暗示的风险、责任和义务等)，以及管理费、利润等。

(3)工程量清单中投标人没有填入单价或价格的子目，其费用视为已分摊在工程量清单中其他相关子目的单价或价格之中。

(4)暂列金额的数量及拟用子目的说明。

(5)暂估价的数量及拟用子目的说明。

3. 其他说明

“其他说明”可以纳入招标人认为有助于投标人正确解读工程量清单和准备有竞争力报价的有关内容。如对招标范围的详细界定、工程量清单组成介绍、工程概况等，以及招标文件其他部分指明应在“工程量清单”中说明的其他事项。

4. 工程量清单

《标准施工招标文件》(2007 版)给出了工程量清单的几个通用表格，具体到招标项目时，工程量清单表的具体表现形式应当按照国家标准或行业标准进行细化。

六、图纸

图纸是合同文件的重要组成部分，是具有合同约束力的文件资料，是编制工程量清单以及投标报价的重要依据，也是进行施工及验收的依据。通常招标时的图纸并不是工程所需的全部图纸，在投标人中标后还会陆续颁发新的图纸以及对招标时图纸的修改。因此，在招标文件中，除了附上招标图纸外，还应该列明图纸目录。图纸目录一般包括序号、图名、图号、版本、出图日期等。图纸目录以及相对应的图纸将对施工过程的合同管理以及争议解决发挥重要作用。

七、技术标准和要求

技术标准和要求也是构成合同文件的组成部分。技术标准主要包括各项工艺指标、施

工要求、材料检验标准以及各分部、分项工程施工成型后的检验手段和验收标准等内容。

八、投标文件格式

投标文件格式的作用是为投标人编制投标文件提供固定的格式和编排顺序，以规范投标文件的编制，同时便于评标委员会评标。

第五节　工程项目招标控制价的编制

一、招标控制价的概念

招标控制价是指由招标单位或其委托的具有编制能力的中介机构编制的完成招标项目所需的全部费用。招标控制价也是根据国家规定的计价依据和计价方法计算出来的一种工程造价形式，是招标人的一种预期价格。

在建设工程招投标活动中，招标控制价的编制是工程招标中一个重要的环节。招标控制价应由具有编制能力的招标人，或受其委托具有相应资质的工程造价咨询人编制。

二、招标控制价的作用

(1)招标人在编制招标控制价时通常按照政府规定的标准，即招标控制价反映的是社会平均水平。招标时，招标人可以清楚地了解最低中标价同招标控制价相比能够下浮的幅度，可以为招标人判断最低投标价是否低于成本价提供参考依据。

(2)由于招标控制价与招标文件同步编制并作为招标文件的一部分与招标文件一同公布，有利于引导投标方投标报价，因而避免了投标方无标底情况下的无序竞争。

(3)招标控制价可以为工程变更新增项目确定单价提供计算依据。招标人可在招标文件中规定：当工程变更项目合同价中没有相同或类似项目时，可参照招标时招标控制价编制原则编制综合单价，再按原招标时中标价与招标控制价相比下浮相同比例确定工程变更新增项目的单价。

(4)有利于增强招标投标过程的透明度。招标控制价的编制，淡化了标底作用，避免工程招标中的弄虚作假、暗箱操作等违规行为，并消除因工程量不统一而引起的在标价上的误差，有利于正确评标。

(5)招标控制价可作为评标时的参考依据，避免出现较大的偏离。

(6)招标控制价作为招标人能够接受的最高交易价，可以使招标人有效控制项目投资，防止恶性投标带来的投资风险。

三、招标控制价的编制依据

(1)《建设工程工程量清单计价规范》(GB 50500—2013)；

(2)国家或省级、行业建设主管部门颁发的计价定额和计价办法；

(3)建设工程设计文件及相关资料；

(4)招标文件中的工程量清单及有关要求；

(5)与建设项目相关的标准、规范、技术资料；

(6)工程造价管理机构发布的工程造价信息，工程造价信息没有发布的参照市场价；

(7)其他的相关资料。

四、招标控制价的编制程序

(1)招标控制价编制前的准备工作。其包括熟悉施工图纸及说明，如发现图纸中有问题或不明确之处，可要求设计单位进行交底、补充；进行现场踏勘，实地了解施工现场情况及周围环境；了解工程的工期要求；进行市场调查，掌握材料、设备的市场价格。

(2)确定计价方法。判断招标控制价是按传统的定额计价法编制，还是按工程量清单计价法编制。

(3)计算招标控制价格。

(4)审核招标控制价格，定稿。

五、招标控制价的编制方法

(1)分部分项工程费的确定。分部分项工程费应根据招标文件中的分部分项工程量清单项目的特征描述及有关要求，按《建设工程工程量清单计价规范》(GB 50500—2013)的相关规定确定综合单价计算。综合单价中应包括招标文件中要求投标人承担的风险费用。招标文件提供了暂估单价的材料，按暂估的单价计入综合单价。

(2)措施项目费的确定。措施项目费应根据招标文件中的措施项目清单按《建设工程工程量清单计价规范》(GB 50500—2013)的相关规定计价。

(3)其他项目费的确定。其他项目费应按下列规定计价：

1)暂列金额应根据工程特点，按有关计价规定估算。

2)暂估价中的材料单价应根据工程造价信息或参照市场价格估算；暂估价中的专业工程金额应分不同专业，按有关计价规定估算。

3)计日工应根据工程特点和有关计价依据计算。

4)总承包服务费应根据招标文件列出的内容和要求估算。

(4)规费和税金的确定。规费和税金应按《建设工程工程量清单计价规范》(GB 50500—2013)的相关规定计算。

(5)招标控制价的备查。招标控制价应在招标时公布，不应上调或下浮，招标人应将招标控制价及有关资料报送工程所在地工程造价管理机构备查。投标人经复核认为招标人公布的招标控制价未按照规范的规定进行编制的，应在开标前5日内向招标投标监督机构或(和)工程造价管理机构投诉。招标投标监督机构应会同工程造价管理机构对投诉进行处理，发现确有错误的，应责成招标人修改。

【提示】 招标控制价不宜设置过高，因为只要招标不超过招标控制价都是有效投标，可以防止投标人围绕这个最高限价串标、围标。但是如果招标控制价设置过低，就会影响招标效率，可能会出现无人投标的情况，也可能会出现投标人无明显的优势，恶性低价抢标的情况。

六、招标控制价的表格形式

(1)封面。招标控制价封面见表2-9。

表 2-9　招标控制价封面

____________________工程

招 标 控 制 价

招标控制价(小写)：____________________

(大写)：____________________

招　标　人：________________
(单位盖章)

工程造价
咨 询 人：________________
(单位资质专用章)

法定代表人
或其授权人：________________
(签字或盖章)

法定代表人
或其授权人：________________
(签字或盖章)

编　制　人：________________
(造价人员签字盖专用章)

复　核　人：________________
(造价工程师签字盖专用章)

编制时间：　　年　月　日　　复核时间：　　年　月　日

(2)工程项目招标控制价汇总表，见表 2-10。

表 2-10　工程项目招标控制价汇总表

工程名称：　　　　　　　　　　　　　　　　　　　　　　第　页　共　页

序号	单项工程名称	金额/元	其中		
			暂估价/元	安全文明施工费/元	规费/元
	合　计				
注：本表适用于工程项目招标控制价的汇总					

(3)单项工程招标控制价汇总表，见表 2-11。

表 2-11　单项工程招标控制价汇总表

工程名称：　　　　标段：　　　　第　页共　页

序号	单位工程名称	金额/元	其中		
			暂估价/元	安全文明施工费/元	规费/元
合　计					
注：本表适用于单项工程招标控制价的汇总。暂估价包括分部分项工程中的暂估价和专业工程暂估价					

(4)单位工程招标控制价汇总表，见表2-12。

表2-12　单位工程招标控制价汇总表

工程名称：　　　　　　　　　　　　　　　　　标段：　　　　　　　　　　　　　　　　　第　页　共　页

序号	汇总内容	金额/元	其中：暂估价/元
1	分部分项工程		
1.1			
1.2			
1.3			
1.4			
1.5			
2	措施项目		—
2.1	安全文明施工费		—
3	其他项目		—
3.1	暂列金额		—
3.2	专业工程暂估价		—
3.3	计日工		—
3.4	总承包服务费		—
4	规费		—
5	税金		—
招标控制价合计=1+2+3+4+5			
注：本表适用于单位工程招标控制价的汇总，如无单位工程划分，单项工程也使用本表汇总			

本章小结

工程招标投标是国际上广泛采用的达成工程建设交易的主要方式。招标投标活动应当遵循公开、公平、公正和诚实信用原则。工程项目招标，是指招标人(或发包人)事前公布工程、货物或服务等发包业务的相关条件和要求，通过发布广告或发出邀请函等形式，召集自愿参加的竞争者投标，并根据事前规定的评选办法选定承包商的市场交易活动，招标范围是指招标人必须和可以使用招标方式采购标的的范围。我国建设工程项目招标方式分为公开招标和邀请招标两种。工程项目招标的一般程序可分为招标、投标、开标、评标、定标和签订合同六个阶段。招标文件既是投标人编制投标书的依据，也是招标阶段招标人的行为准则，招标文件的内容包括招标公告(或招标邀请书)、投标人须知、评标办法、合同条款及格式、工程量清单、图纸、技术标准和要求、投标文件格式、投标人须知前附表规定的其他材料。

思考题

一、填空题

1. 根据工程项目建设程序，招标可分为三类，即____________、____________和____________。

2. 按照工程是否具有涉外因素，招标可以将建设工程招标投标分为__________和__________。

3. _________又称为有限竞争招标。

4. 招标人应当按照_________规定的时间、地点发售资格预审文件。

5. 招标人按_________说明的时间和地点召开投标预备会，澄清投标人提出的问题。

6. 评标由招标人依法组建的_________负责。

7. _________是指由招标单位或其委托的具有编制能力的中介机构编制的完成招标项目所需的全部费用。

二、选择题

1. 下列关于公开招标的描述错误的是(　　)。

   A. 公开招标又称为无限竞争招标

   B. 在国际上，招标全部都是指公开招标

   C. 公开招标是由招标人以招标公告的方式邀请不特定的法人或者其他组织投标，并通过国家指定的报刊、广播、电视及信息网络等媒介发布招标公告，有意的投标人接受资格预审、购买招标文件、参加投标

   D. 公开招标的优点是：投标的承包商多，范围广，竞争激烈，建设单位有较大的选择余地，有利于降低工程造价、提高工程质量、缩短工期

2. (　　)是由招标人组织专门人员为准备招标的工程计算出的一个合理的基本价格。

   A. 工程造价　　B. 工程报价　　C. 投标报价　　D. 标底

3. 给潜在投标人准备资格预审文件的时间应不少于(　　)日。

A. 2　　B. 3　　C. 4　　D. 5

4. 招标人应当自收到异议之日起(　　)日内做出答复。

A. 3　　B. 5　　C. 8　　D. 10

5. 评标委员会一般按照择优的原则推荐(　　)名中标候选人。

A. 1～3　　B. 3～5　　C. 5～8　　D. 8～10

6. 在投标截止时间(　　)日前，招标人可以书面形式修改招标文件，并通知所有已购买招标文件的投标人。

A. 15　　B. 20　　C. 25　　D. 30

7. 招标人与中标人签订合同后(　　)个工作日内，向未中标的投标人和中标人退还投标保证金。

A. 3　　B. 5　　C. 8　　D. 10

三、问答题

1. 简述我国推行招标投标制度的重要意义。
2. 如何理解工程项目招标投标活动应遵循公开原则?
3. 试述可以不践行招标的范围。
4. 公开招标与邀请招标的区别是什么?
5. 招标公告的内容是什么?
6. 资格审查报告的内容是什么?
7. 专家回避的情形有哪些?

第三章 工程项目投标

能力目标

通过本章内容的学习，能够具有组织办理建设工程项目投标的能力和在建筑市场中获取工程建设任务的能力，并能够编制建设工程投标文件。

知识目标

了解建设工程项目投标、投标决策的概念及投标报价的依据、原则；熟悉建设工程投标及投标报价的基本程序、工作内容，并熟知投标策略和技巧；掌握建设工程项目投标文件的基本内容、投标文件的编写方法及工程量清单计价模式下投标报价的确定方法。

案例导入

2010年3月，某市污水处理厂为了进行技术改造，决定对污水设备的设计、安装、施工等一揽子工程进行招标。考虑到该项目的一些特殊专业要求，招标人决定采用邀请招标的方式，向具备承包条件而且施工经验丰富的A、B、C三家承包单位发出投标邀请。A、B、C三家承包单位均接受了邀请并在规定的时间、地点领取了招标文件，招标文件对新型污水设备的设计要求、设计标准等基本内容都做了明确的规定。

为了把项目招标活动做好，招标人还根据项目要求的特殊性，主持了项目要求的答疑会，对设计的技术要求做了进一步的解释说明，三家投标单位都如期参加了这次答疑会。在投标截止时间前10日，招标人书面通知各投标单位，由于某种原因，决定将安装工程从原招标范围内删除。接下来三家投标单位都按规定时间提交了投标文件。但投标单位B在送出投标文件后发现由于对招标文件的技术要求理解错误造成了报价估算有较严重的失误，于是赶在投标截止时间前10分钟向招标人递交了一份书面声明，要求撤回已提交的投标文件。由于投标单位B已撤回投标文件，在剩下的A、C两家投标单位中，通过评标委员会专家的综合评价，最终选择了投标单位A为中标单位。

请问：1. 投标单位B提出的撤回投标文件的要求是否合理？为什么？

2. 在该项目的招投标过程中哪些方面不符合《招标投标法》的有关规定？

第一节 工程项目投标概述

投标是指投标人(或承包商)依据有关规定和招标人拟定的招标文件参与竞争，并按照招标文件的要求，在规定的时间内向招标人填报投标函并争取中标，以获得建设工程承包权的经济法律活动。建设工程项目投标是建筑施工企业取得工程施工合同的主要途径，投标文件就是对招标发出的要约的承诺。投标人一旦提交了投标文件，就必须在招标文件规定的期限内信守其承诺，不得随意退出投标竞争。因为投标是一种法律行为，投标人必须承担中途反悔撤出的经济和法律责任。

一、建设工程项目投标的组织

投标人进行工程投标，不仅比报价的高低，而且比技术、经验、实力和信誉。特别是当前国际承包市场中，越来越多的工程项目是技术密集型项目，势必要给承包商带来两方面的挑战：一方面是技术上的挑战，要求承包商具有先进的施工技术，能够完成高、新、尖、难工程；另一方面是管理上的挑战，要求承包商具有先进的现代化组织管理水平，能够以较低价中标，靠管理和索赔获利。因此，进行工程投标，需要有专门的机构和人员负责组织和管理投标活动的全过程。

为迎接技术和管理方面的挑战，在竞争中取胜，投标人的投标班子应该由以下三种类型的人才组成：

(1)经营管理类人才。经营管理类人才是指制定和贯彻经营方针与规划、负责工作的全面筹划和安排、具有决策能力的人员，包括经理、副经理、总工程师、总经济师等具有决策权的人员，以及其他经营管理人才。

(2)专业技术类人才。专业技术类人才是指建筑师、结构工程师、设备工程师等各类专业技术人员，他们应具备熟练的专业技能、丰富的专业知识，能从本公司的实际技术水平出发，制定投标用的专业实施方案。

(3)商务金融类人才。商务金融类人才是指概预算、财务、合同、金融、保函、保险等方面的人才，在国际工程投标竞争中这类人才的作用尤其重要。

【提示】 一个优秀的投标班子不但要求个体素质良好，更重要的是要做到共同参与、协同作战，发挥群体力量。在参加投标活动时，以上各类人才相互补充，才能形成人才整体优势。同时，投标班子应保持相对稳定，这样有利于不断提高工作班子中各成员及整体的素质和水平，提高投标的竞争力。

二、建设工程项目投标的程序

投标的程序指投标过程中各项活动的步骤及相关的内容，反映各工作环节的内在联系和逻辑关系。工程施工投标的程序如图 3-1 所示。

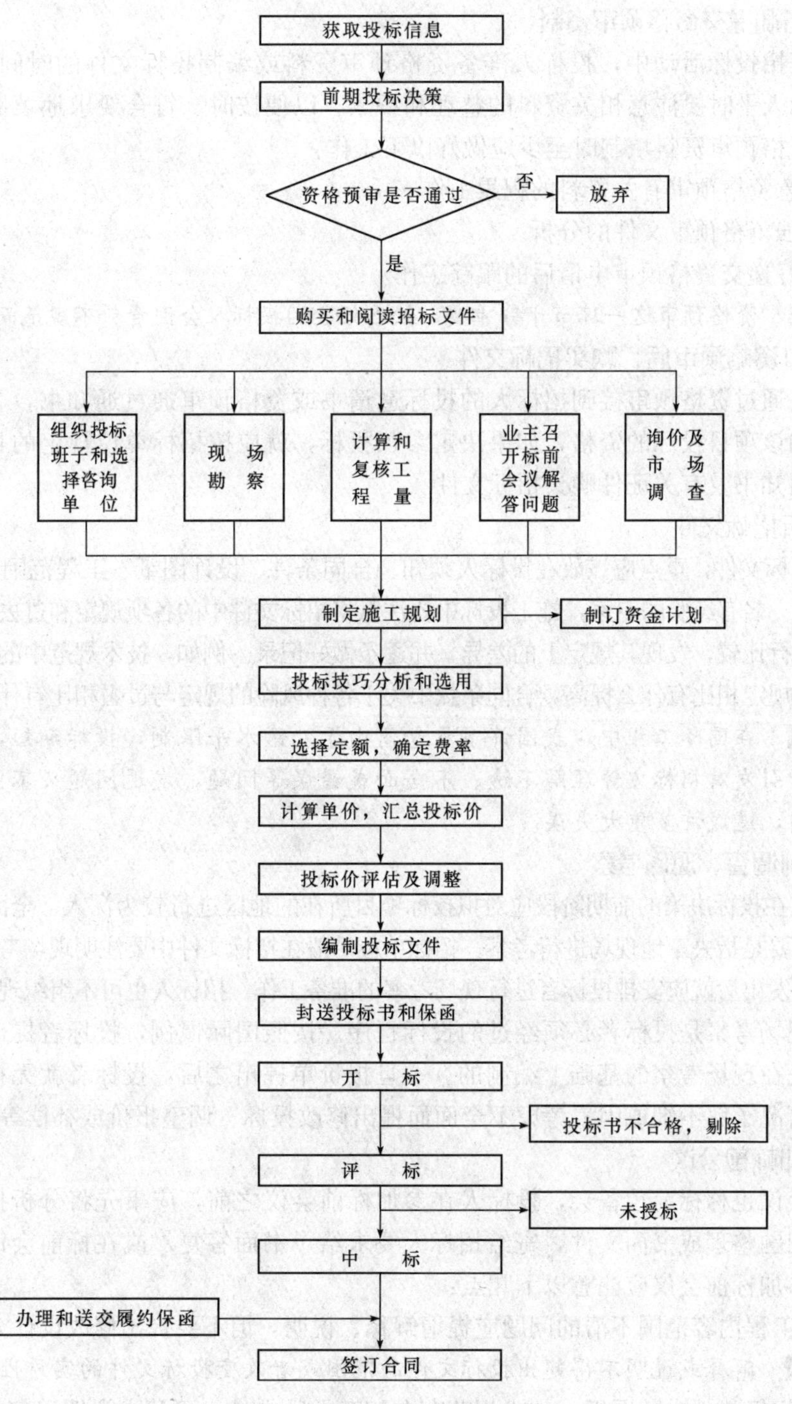

图 3-1　工程施工投标的程序

三、建设工程项目投标的工作内容

在整个建设工程项目投标过程中，投标人一般需要完成从准备和填制资格预审资料时开始，到将正式投标文件递交业主为止所进行的全部工作。

1. 准备和提交资格预审资料

在工程招投标活动中，投标人准备资格预审资料或编制投标文件的时间通常比较紧，因此，投标人平时要注意相关资料的整理和积累，以便按时、符合要求地填制资格预审申请资料。资格预审资料填制时至少应做好以下工作：

(1)注意资格预审有关资料的积累工作。

(2)加强资格预审文件的分析。

(3)做好递交资格预审申请后的跟踪工作。

【提示】 资格预审这一环节十分重要，缺乏经验的投标人会因资料不规范而被淘汰出局。

2. 通过资格预审后，购买招标文件

投标人通过资格预审接到招标人的投标邀请书或资格预审通过通知书，就表明已具备并获得参加该项目投标的资格，如果决定参加投标，就应按招标单位规定的日期和地点凭邀请书或通知书及有关证件购买招标文件。

3. 分析招标文件

分析招标文件，重点应该放在投标人须知、合同条件、设计图纸、工程范围以及工程量清单上。作为一名有经验的专家，施工投标中要注意将招标文件中的各项规定和过去承担过的项目合同逐一进行比较，发现其规定上的差异，并逐条做好记录。例如，技术规范中的质量标准和过去合同中的规定相比有什么提高，合同条款中关于各种风险的规定与过去相比有什么差异等。

【注意】 在国际工程中，我国许多承包商由于外语水平限制，投标期短，语言文字翻译不准确，引发对招标文件理解不透、不全面或错误等问题，发现问题又不问，自以为是地解释合同，造成许多重大失误。

4. 标前调查、现场考察

投标人在投标决策的前期阶段应对拟投标项目所在的地区进行较为深入、全面的调查研究。现场踏勘主要是指去工地现场进行考察，招标单位一般在招标文件中要注明现场考察的时间和地点，在文件发出后就应安排投标者进行现场考察的准备工作。招标人也可不组织现场踏勘。

施工现场考察是投标者必须经过的投标程序。按照国际惯例，投标者提出的报价单一般被认为是在现场考察的基础上编制的。一旦报价单提出之后，投标者就无权因为现场勘察不周、情况了解不细或因素考虑不全面而提出修改投标、调整报价或补偿等要求。

5. 参加标前会议

标前会议也称标前预备会，投标人在参加标前会议之前，应事先将分析招标文件时发现的各类问题整理成书面文件，寄给招标人要求给予书面答复，或在标前会议上予以解释和澄清。参加标前会议应注意以下几点：

(1)对工程内容范围不清的问题应提请解释、说明，但不要提出修改设计方案的要求。

【提示】 解释或说明不得超出投标文件的范围或者改变投标文件的实质性内容。

(2)如招标文件中的图纸、技术规范存在相互矛盾之处，可请求说明以何者为准，但不要轻易提出修改技术要求。

(3)对含混不清、容易产生歧义的合同条款，可以请求给予澄清、解释，但要提出改变合同条件的要求。

(4)注意提问技巧，注意不使竞争对手从自己的提问中获悉本公司的投标设想和施工方案。

(5)招标人或咨询工程师在标前会议上对所有问题的答复均应发出书面文件，并作为招

标文件的组成部分，投标人不能仅凭口头答复来编制自己的投标文件。

6. 核算工程量

招标文件中的工程量清单是投标报价的主要依据。工程量清单中的工程量只是一个暂估数量，只作为投标人编制综合单价的量，合同实施结算时，按照实际发生并经招标人、监理机构的工程师签认的实际工程量进行决算。但投标人投标前通过对工程量的核对，可以预先知晓在实际施工时会增加的分部、分项工程项目，为不平衡报价做好铺垫。

7. 编制施工规划

由于施工规划对于投标报价影响很大，因此在投标活动中，投标人必须编制施工规划。施工规划的内容一般包括施工方案和施工方法、施工进度计划、施工机械计划、材料设备计划和劳动力计划，以及临时生产、生活设施。制定施工规划的依据是设计图纸、执行的规范、经复核的工程量、招标文件要求的开竣工日期以及对市场材料、设备、劳力价格的调查。编制的原则是在保证工期和工程质量的前提下，如何使成本最低、利润最大。

8. 确定投标报价

投标报价是投标人承包项目工程的总报价。招标人对一般项目合同而言，在能够满足招标文件实质性要求的前提下，以投标人报价作为主要标准来选择中标人。投标成败的关键是确定一个合适的投标报价。

为了规范建设工程投标报价的计价行为，统一建设工程工程量清单的编制和计价方法，维护招标人（业主）和投标人（承包商）的合法权益，促进建筑市场的市场化进程，根据《招标投标法》、原建设部颁布的《建筑工程施工发包与承包计价管理办法》《建设工程工程量清单计价规范》等规定，从 2003 年 7 月 1 日起，我国建设工程招标投标中的投标报价活动，全面推行建设工程工程量清单计价的报价方法。

招标人（业主）必须按照计价规范的规定编制建设工程工程量清单，并列入招标文件中提供给投标人（承包商）；投标人（承包商）必须按照规范的要求填报工程量清单计价表并据此进行投标报价，投标报价文件（即工程量清单计价表）的填报编制，是以招标文件、合同条件、工程量清单、施工设计图纸、国家技术和经济规范及标准、投标人确定的施工组织设计或施工方案为依据，根据省、市、区等现行的建筑工程消耗量定额、企业定额及市场信息价格，并结合企业的技术水平和管理水平等自行确定。

【提示】 投标人应根据招标文件的要求和招标项目的具体特点，以及根据招标人提供的统一工程量清单，结合市场情况和自身竞争实力自主报价。标价的计算必须与招标文件中规定的合同形式相协调。

9. 编制投标文件

投标人应按照招标文件规定的要求编制投标文件，一般不能带有任何附加条件，否则可能会导致废标。

10. 投标文件的递送

投标人完成投标文件的编制后，应按照招标文件规定的地点、时间送交投标文件，办理招标人签收手续。递送投标文件前，要认真检查投标文件，不能遗漏签名、盖章，保证投标文件形式与招标文件要求一致，确认无误后进行封装。

我国建筑工程招标投标管理问题研究

投标人在招标截止日期前可以修改、补充已经递送的投标文件，更改的内容须以正式函件的方式通知招标人，变更内容将视为已经递送的投标文件的组成部分。投标人的投标文件在投标截止日期以后送达的，将被招标人拒收。

第二节　投标文件的编制

一、投标文件的组成

投标人应当按照招标文件的要求编制投标文件，投标文件应当对招标文件提出的实质性要求和条件做出回应。投标文件是由一系列有关投标方面的书面资料组成的。一般来说，投标文件由以下几个部分组成。

(一)投标函及投标函附录

1. 投标函

投标函的内容包括投标报价、质量、工期目标、履约保证金数额等。投标函的一般格式见表3-1。

表3-1　投标函的一般格式

投　标　函

________(招标人名称)：

1. 我方已仔细研究了________(项目名称)______标段施工招标文件的全部内容，愿意以人民币(大写)________元(¥________)的投标总报价，工期________日历天，按合同约定实施和完成承包工程，修补工程中的任何缺陷，工程质量达到________。

2. 我方承诺在投标有效期内不修改、撤销投标文件。

3. 随同本投标函提交投标保证金一份，金额为人民币(大写)________元(¥________)。

4. 如我方中标：

(1)我方承诺在收到中标通知书后，在中标通知书规定的期限内与你方签订合同。

(2)随同本投标函递交的投标函附录属于合同文件的组成部分。

(3)我方承诺按照招标文件规定向你方递交履约担保。

(4)我方承诺在合同约定的期限内完成并移交全部合同工程。

5. 我方在此声明，所递交的投标文件及有关资料内容完整、真实和准确，且不存在规定外的任何一种情况。

6. ________________(其他补充说明)。

投　标　人：________________(盖单位章)

法定代表人或其委托代理人：________(签字)

地　　址：________________

网　　址：________________

电　　话：________________

传　　真：________________

邮政编码：________________

________年________月________日

2. 投标函附录

投标函附录的内容包括投标人对开工日期、履约保证金、违约金以及招标文件规定其他要求的具体承诺。表 3-2 为项目投标函附录，表 3-3 为价格指数权重表。

表 3-2　项目投标函附录

序号	条款名称	合同条款号	约定内容	备注
1	项目经理	×××	姓名：________	
2	工期	×××	天数：________日历天	
3	缺陷责任期	×××		
4	分包	×××		
5	价格调整的差额计算	×××	见价格指数权重表	

表 3-3　价格指数权重表

名　称		基本价格指数		权　重			价格指数来源
		代号	指数值	代号	允许范围	投标人建议值	
定值部分				A			
变值部分	人工费	F_{01}		B_1	____至____		
	钢材	F_{02}		B_2	____至____		
	水泥	F_{03}		B_3	____至____		
	……	……		……	……		
合　计						1.00	

(二)法定代表人身份证明

法定代表人身份证明常见格式见表 3-4。

表 3-4　法定代表人身份证明

法定代表人身份证明

投标人名称：____________________

单位性质：____________________

地址：____________________

成立时间：_____年_____月_____日

经营期限：____________________

姓名：________性别：________年龄：________职务：________系________(投标人名称)的法定代表人。

特此证明。

投标人________(盖单位章)

_____年_____月_____日

(三)授权委托书

授权委托书一般格式见表 3-5。

表 3-5　授权委托书

授权委托书

本人________(姓名)系________(投标人名称)的法定代表人，现委托________(姓名)为我方代理人。代理人根据授权，以我方名义签署、澄清、说明、补正、递交、撤回、修改________(项目名称)________标段施工投标文件、签订合同和处理有关事宜，其法律后果由我方承担。

委托期限：________。

代理人无转委托权。

附：法定代表人身份证明

投　标　人：____________________(盖单位章)

法定代表人：____________________(签字)

身份证号码：____________________

委托代理人：____________________(签字)

身份证号码：____________________

________年________月________日

(四)投标保证金

投标保证金的形式有现金、支票、汇票和银行保函，但具体采用何种形式应根据招标文件规定。另外，投标保证金被视作投标文件的组成部分，未及时交纳投标保证金，该投

标将被作为废标而遭拒绝。

投标保证金的格式见表3-6。

表3-6 投标保证金

投标保证金

保函编号：______________

______________（投标人名称）：

鉴于______________（投标人名称）（以下简称“投标人”）参加贵方__________（项目名称）__________标段的施工投标，______________（担保人名称）（以下简称“我方”）受该投标人委托，在此无条件地、不可撤销地保证：一旦收到贵方提出的下述任何一种事实的书面通知，在7日内无条件地向贵方支付总额不超过______________（投标保函额度）的任何贵方要求的金额：

1. 投标人在规定的投标有效期内撤销或者修改其投标文件。
2. 投标人在收到中标通知书后无正当理由而未在规定期限内与贵方签署合同。
3. 投标人在收到中标通知书后未能在招标文件规定期限内向贵方提交招标文件所要求的履约担保。

本保函在投标有效期内保持有效，除非贵方提前终止或解除本保函，要求我方承担保证责任的通知应在投标有效期内送达我方。保函失效后请将本保函交投标人退回我方注销。

本保函项下所有权利和义务均受中华人民共和国法律管辖和制约。

担保人名称：______________（盖单位章）

法定代表人或其委托代理人：______________（签字）

地　　址：______________

邮政编码：______________

电　　话：______________

传　　真：______________

______年______月______日

备注：经过招标人事先的书面同意，投标人可采用招标人认可的投标保函格式，但相关内容不得背离招标文件约定的实质性内容。

（五）已标价工程量清单

工程量清单计价采用统一的格式，工程量清单计价格式随招标文件发至投标人，投标人在领取招标文件后，按招标文件中工程量清单表格填写后的表格，即形成投标报价表。投标报价表的编制是按照规范的规定与要求，对拟建工程的工程量清单计价表的填报与编制。工程量清单计价格式由下列内容组成。

1. 封面

封面应由投标人单位注册的造价人员编制。投标人盖单位公章，法定代表人或其授权人签字或盖章；编制的造价人员（造价工程师或造价员）签字盖执业专用章。投标总价封面的格式见表3-7。

表 3-7　投标总价封面

投标总价

招　　标　　人：

工　程　名　称：

投标总价(小写)：

(大写)：

投　标　人：

(单位盖章)

法定代表人
或其授权人：

(签字或盖章)

编　制　人：

(造价人员签字盖专用章)

编制时间：　　年　　月　　日

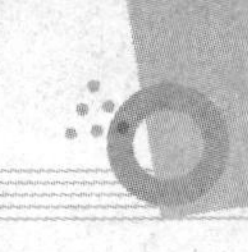

2. 总说明

总说明包括采用的计价依据，采用的施工组织设计、措施项目的依据，综合单价中包含的风险因素、风险范围(幅度)等。其格式见表3-8。

表3-8 总说明

工程名称： 第 页 共 页

3. 工程项目投标报价汇总表

工程项目投标报价汇总表由各单项工程投标报价汇总而成，其格式见表3-9。

表3-9 工程项目投标报价汇总表

工程名称： 第 页 共 页

序号	单项工程名称	金额/元	其中		
			暂估价/元	安全文明施工费/元	规费/元
合计					
注：本表适用于工程项目投标报价的汇总					

4. 单项工程投标报价汇总表

单项工程投标报价汇总表由各单位工程投标报价汇总而成，其格式见表3-10。

表3-10 单项工程投标报价汇总表

工程名称：　　　　　　　　　　　　　　　　　　　　　　第　页　共　页

<table>
<tr><td rowspan="2">序号</td><td rowspan="2">单位工程名称</td><td rowspan="2">金额/元</td><td colspan="3">其　中</td></tr>
<tr><td>暂估价
/元</td><td>安全文明
施工费/元</td><td>规费
/元</td></tr>
<tr><td></td><td></td><td></td><td></td><td></td><td></td></tr>
<tr><td colspan="2">合　计</td><td></td><td></td><td></td><td></td></tr>
<tr><td colspan="6">注：本表适用于单项工程投标报价的汇总。暂估价包括分部分项工程中的暂估价和专业工程暂估价</td></tr>
</table>

5. 单位工程投标报价汇总表

单位工程投标报价汇总表是由该单位工程的分部分项工程量清单计价表、措施项目清单计价表、其他项目清单计价表、规费、税金项目清单与计价表等汇总而成，其格式见表3-11。

表3-11 单位工程投标报价汇总表

工程名称：　　　　　　　　　　　标段：　　　　　　　　　第　页　共　页

<table>
<tr><td>序号</td><td>汇　总　内　容</td><td>金额/元</td><td>其中：暂估价/元</td></tr>
<tr><td>1</td><td>分部分项工程</td><td></td><td></td></tr>
<tr><td>1.1</td><td></td><td></td><td></td></tr>
<tr><td>1.2</td><td></td><td></td><td></td></tr>
<tr><td>1.3</td><td></td><td></td><td></td></tr>
<tr><td>1.4</td><td></td><td></td><td></td></tr>
<tr><td>1.5</td><td></td><td></td><td></td></tr>
<tr><td>2</td><td>措施项目</td><td></td><td>—</td></tr>
<tr><td>2.1</td><td>安全文明施工费</td><td></td><td>—</td></tr>
<tr><td>3</td><td>其他项目</td><td></td><td>—</td></tr>
<tr><td>3.1</td><td>暂列金额(不包括计日工)</td><td></td><td>—</td></tr>
<tr><td>3.2</td><td>专业工程暂估价</td><td></td><td>—</td></tr>
<tr><td>3.3</td><td>计日工</td><td></td><td>—</td></tr>
<tr><td>3.4</td><td>总承包服务费</td><td></td><td>—</td></tr>
<tr><td>4</td><td>规费</td><td></td><td>—</td></tr>
<tr><td>5</td><td>税金</td><td></td><td>—</td></tr>
<tr><td colspan="2">投标报价合计=1+2+3+4+5</td><td></td><td></td></tr>
<tr><td colspan="4">注：本表适用于单位工程投标报价的汇总，如无单位工程划分，单项工程也使用本表汇总</td></tr>
</table>

6. 分部分项工程量清单与计价表

在填写分部分项工程量清单时，招标人对其中的项目编码、项目名称、项目特征、计量单位、工程数量不得做任何改动。投标人填写综合单价，与工程量汇总而成计价表，并应对综合单价进行综合单价分析。

分部分项工程量清单与计价表格式详见表3-12，工程量清单综合单价分析表格式见表3-13。

表3-12　分部分项工程量清单与计价表

工程名称：　　　　　　　　　　　　　　　标段：　　　　　　　　　　　　第　页　共　页

<table>
<tr><td rowspan="2">序号</td><td rowspan="2">项目编码</td><td rowspan="2">项目名称</td><td rowspan="2">项目特征描述</td><td rowspan="2">计量单位</td><td rowspan="2">工程量</td><td colspan="3">金　额/元</td></tr>
<tr><td>综合单价</td><td>合价</td><td>其中：暂估价</td></tr>
<tr><td></td><td></td><td></td><td></td><td></td><td></td><td></td><td></td><td></td></tr>
<tr><td></td><td></td><td></td><td></td><td></td><td></td><td></td><td></td><td></td></tr>
<tr><td></td><td></td><td></td><td></td><td></td><td></td><td></td><td></td><td></td></tr>
<tr><td></td><td></td><td></td><td></td><td></td><td></td><td></td><td></td><td></td></tr>
<tr><td colspan="7">本页小计</td><td></td><td></td></tr>
<tr><td colspan="7">合　计</td><td></td><td></td></tr>
</table>

表3-13　工程量清单综合单价分析表

工程名称：　　　　　　　　　　　　　　　标段：　　　　　　　　　　　　第　页　共　页

<table>
<tr><td colspan="2">项目编码</td><td colspan="2"></td><td colspan="2">项目名称</td><td colspan="2"></td><td colspan="2">计量单位</td><td colspan="2"></td></tr>
<tr><td colspan="12">清单综合单价组成明细</td></tr>
<tr><td rowspan="2">定额编号</td><td rowspan="2">定额名称</td><td rowspan="2">定额单位</td><td rowspan="2">数量</td><td colspan="4">单　价/元</td><td colspan="4">合　价/元</td></tr>
<tr><td>人工费</td><td>材料费</td><td>机械费</td><td>管理费和利润</td><td>人工费</td><td>材料费</td><td>机械费</td><td>管理费和利润</td></tr>
<tr><td></td><td></td><td></td><td></td><td></td><td></td><td></td><td></td><td></td><td></td><td></td><td></td></tr>
<tr><td></td><td></td><td></td><td></td><td></td><td></td><td></td><td></td><td></td><td></td><td></td><td></td></tr>
<tr><td></td><td></td><td></td><td></td><td></td><td></td><td></td><td></td><td></td><td></td><td></td><td></td></tr>
<tr><td colspan="2">人工单价</td><td colspan="6">小　计</td><td></td><td></td><td></td><td></td></tr>
<tr><td colspan="2">元/工日</td><td colspan="6">未计价材料费</td><td colspan="4"></td></tr>
<tr><td colspan="8">清单项目综合单价</td><td colspan="4"></td></tr>
<tr><td rowspan="5">材料费明细</td><td colspan="5">主要材料名称、规格、型号</td><td>单位</td><td>数量</td><td>单价/元</td><td>合价/元</td><td>暂估单价/元</td><td>暂估合价/元</td></tr>
<tr><td colspan="5"></td><td></td><td></td><td></td><td></td><td></td><td></td></tr>
<tr><td colspan="5"></td><td></td><td></td><td></td><td></td><td></td><td></td></tr>
<tr><td colspan="7">其他材料费</td><td>—</td><td></td><td>—</td><td></td></tr>
<tr><td colspan="7">材料费小计</td><td>—</td><td></td><td>—</td><td></td></tr>
<tr><td colspan="12">注：1. 如不使用省级或行业建设主管部门发布的计价依据，可不填定额项目、编号等。
2. 招标文件提供了暂估单价的材料，按暂估的单价填入表内“暂估单价”栏及“暂估合价”栏</td></tr>
</table>

7. 措施项目清单与计价表

措施项目清单与计价表由投标人按其施工组织设计结合实际情况报价，其格式见表 3-14 和表 3-15。

表 3-14　措施项目清单与计价表(一)

工程名称：　　　　　　　　　　　　　标段：　　　　　　　　　　　　　第　页共　页

序号	项 目 名 称	计算基础	费率/%	金 额/元
1	安全文明施工费			
2	夜间施工费			
3	二次搬运费			
4	冬、雨期施工费			
5	大型机械设备进出场及安拆费			
6	施工排水费			
7	施工降水费			
8	地上、地下设施、建筑物的临时保护设施费			
9	已完工程及设备保护			
10	各专业工程的措施项目			
11				
合　计				
注：本表适用于以“项”计价的措施项目				

表 3-15　措施项目清单与计价表(二)

工程名称：　　　　　　　　　　　　　标段：　　　　　　　　　　　　　第　页共　页

序号	项目编码	项目名称	项目特征描述	计量单位	工程量	金 额/元	
						综合单价	合价
本页小计							
合　计							
注：本表适用于以综合单价形式计价的措施项目							

8. 其他项目清单与计价汇总表

投标人在填写其他项目清单与计价汇总表时，对于招标文件工程量清单提供的“暂列金额”与“专业工程暂估价”不作变动，对于“计日工”与“总承包服务费”，投标人应结合实际情况自行报价。其格式见表3-16。

表3-16 其他项目清单与计价汇总表

工程名称： 标段： 第 页 共 页

序号	项目名称	计量单位	金额/元	备 注
1	暂列金额			明细详见表3-17
2	暂估价			
2.1	材料暂估单价		—	明细详见表3-18
2.2	专业工程暂估价			明细详见表3-19
3	计日工			明细详见表3-20
4	总承包服务费			明细详见表3-21
5				
合 计				—
注：材料暂估单价计入清单项目综合单价，此处不汇总				

暂列金额明细表见表3-17。

表3-17 暂列金额明细表

工程名称： 标段： 第 页 共 页

序号	项 目 名 称	计量单位	暂定金额/元	备 注
1				
2				
3				
4				
5				
6				
7				
8				
9				
10				
11				
合 计				—
注：此表由招标人填写，如不能详列，也可只列暂定金额总额，投标人应将上述暂列金额计入投标总价				

材料暂估单价表见表 3-18。

表 3-18　材料暂估单价表

工程名称：　　　　　　　　　　　　　　标段：　　　　　　　　　　　　　　第　页　共　页

序号	材料名称、规格、型号	计量单位	单价/元	备　注
注：1. 此表由招标人填写，并在备注栏说明暂估价的材料拟用在哪些清单项目上，投标人应将上述材料暂估单价计入工程量清单综合单价报价。 2. 材料包括原材料、燃料、构配件以及按规定应计入建筑安装工程造价的设备				

专业工程暂估价表见表 3-19。

表 3-19　专业工程暂估价表

工程名称：　　　　　　　　　　　　　　标段：　　　　　　　　　　　　　　第　页　共　页

序号	工　程　名　称	工程内容	金额/元	备　注
合　计				—
注：此表由招标人填写，投标人应将上述专业工程暂估价计入投标总价				

计日工表见表 3-20。

表 3-20　计日工表

工程名称：　　　　　　　　　　　　　　标段：　　　　　　　　　　　　　　第　页　共　页

编号	项目名称	单　位	暂定数量	综合单价	合　价
一	人　　工				
1					
2					
3					
4					
人工小计					
二	材　　料				
1					
2					
3					
4					
材料小计					
三	施工机械				
1					
2					
3					
4					
施工机械小计					
总　　计					
注：此表项目名称、暂定数量由招标人填写，编制招标控制价时，单价由招标人按有关计价规定确定；投标时，单价由投标人自主报价，计入投标总价					

总承包服务费计价表见表 3-21。

表 3-21　总承包服务费计价表

工程名称：　　　　　　　　　　　　　　标段：　　　　　　　　　　　　　　第　页　共　页

序号	项目名称	项目价值/元	服务内容	费率/%	金额/元
1	发包人发包专业工程				
2	发包人供应材料				
合　计					

9. 规费、税金项目清单与计价表

规费、税金项目清单与计价表由投标人按照相关规定填写，其格式见表 3-22。

表 3-22　规费、税金项目清单与计价表

工程名称：　　　　　　　　　　　　标段：　　　　　　　　　　　　第　页　共　页

序号	项目名称	计算基础	费率/%	金额/元
1	规费			
1.1	工程排污费			
1.2	社会保障费			
(1)	养老保险费			
(2)	失业保险费			
(3)	医疗保险费			
1.3	住房公积金			
1.4	危险作业意外伤害保险			
1.5	工程定额测定费			
2	税金	分部分项工程费＋措施项目费＋其他项目费＋规费		
合　计				

(六)施工组织设计

施工组织设计是指导拟建工程施工全过程各项活动的技术、经济和组织的综合性文件，主要包含在技术标中，是投标文件的重要组成部分。投标人结合招标项目特点、难点和需求，研究项目技术方案，并根据招标文件统一格式和要求编写。

技术方案除采用文字表述外，可附下列图表：

(1)拟投入本标段的主要施工设备表，见表 3-23。

表 3-23　拟投入本标段的主要施工设备表

序号	设备名称	型号规格	数量	国别产地	制造年份	额定功率/kW	生产能力	用于施工部位	备注

(2)拟配备本标段的试验和检测仪器设备表，见表 3-24。

表 3-24　拟配备本标段的试验和检测仪器设备表

序号	仪器设备名称	型号规格	数量	国别产地	制造年份	已使用台时数	用途	备注

(3)劳动力计划表，见表 3-25。

表 3-25　劳动力计划表

人

工种	按工程施工阶段投入劳动力情况						

(4)计划开、竣工日期和施工进度网络图。

(5)施工总平面图。

(6)临时用地表，见表3-26。

表3-26 临时用地表

用途	面积/m²	位置	需用时间

(七)项目管理机构

(1)项目管理机构组成表，见表3-27。

表3-27 项目管理机构组成表

职务	姓名	职称	执业或职业资格证明					备注
			证书名称	级别	证号	专业	养老保险	

(2)主要人员简历表，见表 3-28。

表 3-28　主要人员简历表

<table>
<tr><td>姓名</td><td></td><td>年龄</td><td></td><td colspan="3">学历</td><td></td></tr>
<tr><td>职称</td><td></td><td>职务</td><td></td><td colspan="3">拟在本合同任职</td><td></td></tr>
<tr><td>毕业学校</td><td colspan="7">年毕业于　　　　学校　　　　专业</td></tr>
<tr><td colspan="8">主要工作经历</td></tr>
<tr><td>时间</td><td colspan="4">参加过的类似项目</td><td>担任职务</td><td colspan="2">发包人及联系电话</td></tr>
<tr><td></td><td colspan="4"></td><td></td><td colspan="2"></td></tr>
<tr><td></td><td colspan="4"></td><td></td><td colspan="2"></td></tr>
<tr><td></td><td colspan="4"></td><td></td><td colspan="2"></td></tr>
<tr><td></td><td colspan="4"></td><td></td><td colspan="2"></td></tr>
<tr><td></td><td colspan="4"></td><td></td><td colspan="2"></td></tr>
<tr><td></td><td colspan="4"></td><td></td><td colspan="2"></td></tr>
<tr><td></td><td colspan="4"></td><td></td><td colspan="2"></td></tr>
<tr><td></td><td colspan="4"></td><td></td><td colspan="2"></td></tr>
<tr><td></td><td colspan="4"></td><td></td><td colspan="2"></td></tr>
<tr><td></td><td colspan="4"></td><td></td><td colspan="2"></td></tr>
<tr><td></td><td colspan="4"></td><td></td><td colspan="2"></td></tr>
<tr><td></td><td colspan="4"></td><td></td><td colspan="2"></td></tr>
<tr><td></td><td colspan="4"></td><td></td><td colspan="2"></td></tr>
<tr><td></td><td colspan="4"></td><td></td><td colspan="2"></td></tr>
<tr><td></td><td colspan="4"></td><td></td><td colspan="2"></td></tr>
<tr><td></td><td colspan="4"></td><td></td><td colspan="2"></td></tr>
<tr><td></td><td colspan="4"></td><td></td><td colspan="2"></td></tr>
<tr><td></td><td colspan="4"></td><td></td><td colspan="2"></td></tr>
<tr><td></td><td colspan="4"></td><td></td><td colspan="2"></td></tr>
</table>

“主要人员简历表”中的项目经理应附建造师证、身份证、职称证、学历证、养老保险复印件，参加过的类似项目须附合同协议书复印件；技术负责人应附身份证、职称证、学历证、养老保险复印件，参加过的类似项目须附证明其所任技术职务的企业文件或用户证明；其他主要人员应附职称证(执业证或上岗证书)、养老保险复印件。

(八)拟分包项目情况表

如有分包工程，投标人应说明工程的内容、分包人的资质及以往类似工程业绩等，见表 3-29。

表 3-29　拟分包项目情况表

<table>
<tr><td>分包人名称</td><td></td><td>地址</td><td></td></tr>
<tr><td>法定代表人</td><td></td><td>电话</td><td></td></tr>
<tr><td>营业执照号码</td><td></td><td>资质等级</td><td></td></tr>
<tr><td>拟分包的工程项目</td><td>主要内容</td><td>预计造价/万元</td><td>已经做过的类似工程</td></tr>
<tr><td></td><td></td><td></td><td rowspan="5"></td></tr>
<tr><td></td><td></td><td></td></tr>
<tr><td></td><td></td><td></td></tr>
<tr><td></td><td></td><td></td></tr>
<tr><td></td><td></td><td></td></tr>
</table>

(九)资格审查资料

(1)投标人基本情况表，见表 3-30。

表 3-30　投标人基本情况表

<table>
<tr><td>投标人名称</td><td colspan="7"></td></tr>
<tr><td>注册地址</td><td colspan="4"></td><td>邮政编码</td><td colspan="2"></td></tr>
<tr><td rowspan="2">联系方式</td><td>联系</td><td colspan="3"></td><td>电话</td><td colspan="2"></td></tr>
<tr><td>传真</td><td colspan="3"></td><td>网址</td><td colspan="2"></td></tr>
<tr><td>组织结构</td><td colspan="7"></td></tr>
<tr><td>法定代表人</td><td>姓名</td><td></td><td colspan="2">技术职称</td><td></td><td>电话</td><td></td></tr>
<tr><td>技术负责人</td><td>姓名</td><td></td><td colspan="2">技术职称</td><td></td><td>电话</td><td></td></tr>
<tr><td>成立时间</td><td colspan="2"></td><td colspan="5">员工总人数：</td></tr>
<tr><td>企业资质等级</td><td colspan="2"></td><td rowspan="5">其中</td><td colspan="2">项目经理</td><td colspan="2"></td></tr>
<tr><td>营业执照号</td><td colspan="2"></td><td colspan="2">高级职称人员</td><td colspan="2"></td></tr>
<tr><td>注册资金</td><td colspan="2"></td><td colspan="2">中级职称人员</td><td colspan="2"></td></tr>
<tr><td>开户银行</td><td colspan="2"></td><td colspan="2">初级职称人员</td><td colspan="2"></td></tr>
<tr><td>账号</td><td colspan="2"></td><td colspan="2">技工</td><td colspan="2"></td></tr>
<tr><td>经营范围</td><td colspan="7"></td></tr>
<tr><td>备　注</td><td colspan="7"></td></tr>
</table>

(2)近年财务状况表。附投标人××年度经注册会计师审计后的企业财务报表。

(3)近年完成的类似项目情况表，见表3-31。

表3-31　近年完成的类似项目情况表

项目名称	
项目所在地	
发包人名称	
发包人地址	
发包人电话	
合同价格	
开工日期	
竣工日期	
承担的工作	
工程质量	
项目负责人	
技术负责人	
总监理工程师及电话	
项目描述	
备注	

(4)正在施工的和新承建的项目情况表，见表3-32。

表3-32　正在施工的和新承建的项目情况表

项目名称	
项目所在地	
发包人名称	
发包人地址	
发包人电话	
签约合同价	
开工日期	
计划竣工日期	
承担的工作	
工程质量	
项目负责人	
技术负责人	
总监理工程师及电话	
项目描述	
备注	

(5)近年发生的诉讼及仲裁情况。

二、投标文件的编制要求

投标文件的编制技巧

(1)投标人编制投标文件时必须使用招标文件提供的投标文件表格格式，但表格可以按同样格式扩展。投标保证金、履约保证金的方式，按招标文件有关条款的规定可以选择。投标人根据招标文件的要求和条件填写投标文件的空格时，凡要求填写的空格都必须填写，不得空着不填，否则，即被视为放弃。实质性的项目或数字，如工期、质量等级、价格等未填写的，将被视为无效或作废标文件处理。将投标文件按规定的日期送交招标人，等待开标、决标。

(2)应当编制的投标文件“正本”仅一份，“副本”则按招标文件前附表所述的份数提供，同时要在标书封面标明“投标文件正本”和“投标文件副本”字样。投标文件正本和副本如有不一致之处，以正本为准。

(3)投标文件正本和副本均应使用不能擦去的墨水打印或书写，各种投标文件的填写字迹都要清晰、端正，补充设计图纸要整洁、美观。

(4)所有投标文件均由投标人的法定代表人签署、加盖印鉴，并加盖法人单位公章。

(5)填报投标文件应反复校核，保证分项和汇总计算均无错误。全套投标文件均应无涂改和行间插字，除非这些删改是按照招标人的要求进行的，或者是投标人造成的必须修改的错误。修改处应由投标文件签字人签字证明并加盖印鉴。

(6)如招标文件规定投标保证金为合同总价的某百分比时，开投标保函不要太早，以防泄露己方报价。但有的投标商提前开出并故意加大保函金额，以麻痹竞争对手的情况也是存在的。

(7)投标人应将投标文件的技术标和商务标分别密封在内层包封，再密封在一个外层包封中，并在内封上标明“技术标”和“商务标”。标书包封的封口处都必须加贴封条，封条贴缝应全部加盖密封章或法人章。内层和外层包封都应由投标人的法定代表人签署、加盖印鉴，并加盖法人单位公章。内层和外层包封都应写明投标人名称和地址、工程名称、招标编号，并注明开标时间以前不得开封。在内层和外层包封上还应写明投标人的名称与地址、邮政编码，以便投标出现逾期送达时能原封退回。如果内层和外层包封没有按上述规定密封并加写标志，投标文件将被拒绝，并退还给投标人。投标文件应按时递交至招标文件前附表所述的单位和地址。

(8)投标文件的打印应力求整洁、悦目，避免使评标专家产生反感。投标文件的装订也要力求精美，使评标专家从侧面产生对投标人企业实力的认可。

三、技术标编制注意事项

技术标的重要组成部分是施工组织设计，虽然二者在内容上是一致的，但在编制要求上却有一定差别。施工组织设计的编制一般注重管理人员和操作人员对规定和要求的理解和掌握。而技术标则要求能让评标委员会的专家们在较短的时间内发现标书的价值和独到之处，从而给予较高的评价。因此，编制技术标时应注意以下问题：

(1)针对性。在评标过程中，常常会发现为了使标书比较“上规模”，以体现投标人的水平，投标人往往把技术标做得很厚。而其中的内容往往都是对规范标准的成篇引用，或对其他项目标书的成篇抄袭，因而使标书毫无针对性。该有的内容没有，没必要有的内容却充斥其中。这样的标书容易引起评标专家的反感，最终导致技术标严重失分。

(2)全面性。对技术标的评分标准一般都分为许多项目，这些项目都分别被赋予一定的评分分值。这就意味着这些项目不能发生缺项，一旦发生缺项，该项目就可能被评为零分，这样中标概率将会大大降低。

另外，对一般项目而言，评标的时间往往有限，评标专家没有时间对技术标进行深入分析。因此，只要有关内容齐全，且无明显的低级错误或理论上的错误，技术标一般不会扣很多分。所以，对一般工程来说，技术标内容的全面性比内容的深入细致更重要。

(3)先进性。技术标要获得高分，一般来说也不容易。没有技术亮点，没有特别吸引招标人的技术方案，是不大可能得高分的。因此，标书编制时，投标人应仔细分析招标人的热衷点，在这些点上采用先进的技术、设备、材料或工艺，使标书对招标人和评标专家产生更强的吸引力。

(4)可行性。技术标的内容最终都是要付诸实施的，因此，技术标应有较强的可行性。为了突出技术标的先进性，盲目提出不切实际的施工方案、设备计划，都会给今后的具体实施带来困难，甚至导致建设单位或监理工程师提出违约指控。

(5)经济性。投标人参加投标承揽业务的最终目的是获取最大的经济利益，而施工方案的经济性，直接关系到投标人的效益，因此必须十分慎重。另外，施工方案也是投标报价的一个重要影响因素，经济合理的施工方案能够降低投标报价，使报价更具竞争力。

第三节　投标报价

一、投标报价的主要依据

工程投标报价的主要依据有下列几项：

(1)设计图纸；

(2)工程量清单；

(3)合同条件，尤其是有关工期、支付条件、外汇比例的规定；

(4)有关法规；

(5)拟采用的施工方案、进度计划；

(6)施工规范和施工说明书；

(7)工程材料、设备的价格及运费；

(8)劳务工资标准；

(9)当地生活物资价格水平。

此外，投标还应考虑各种有关间接费用。

二、投标报价的原则

工程投标报价时可遵循以下原则：

(1)按招标要求的计价方式确定报价内容及各细目的计算深度。

(2)按经济责任确定报价的费用内容。

(3)充分利用调查资料和市场行情资料。

(4)依据施工组织设计确定基本条件。

(5)投标报价计算方法应简明适用。

三、投标报价的内容

投标报价须先明确报价的内容。国内工程投标报价的内容就是建筑安装工程费的全部内容，主要包括下列项目：

1. 人工费

人工费是指按工资总额构成规定，支付给从事建筑安装工程施工的生产工人和附属生产单位工人的各项费用。其内容包括：

(1)计时工资或计件工资。计时工资或计件工资是指按计时工资标准和工作时间或对已做工作按计件单价支付给个人的劳动报酬。

(2)奖金。奖金是指对超额劳动和增收节支支付给个人的劳动报酬。如节约奖、劳动竞赛奖等。

(3)津贴补贴。津贴补贴是指为了补偿职工特殊或额外的劳动消耗和因其他特殊原因支付给个人的津贴，以及为了保证职工工资水平不受物价影响支付给个人的物价补贴。如流动施工津贴、特殊地区施工津贴、高温(寒)作业临时津贴、高空津贴等。

(4)加班加点工资。加班加点工资是指按规定支付的在法定节假日工作的加班工资和在法定日工作时间外延时工作的加点工资。

(5)特殊情况下支付的工资。特殊情况下支付的工资是指根据国家法律、法规和政策规定，因病、工伤、产假、计划生育假、婚丧假、事假、探亲假、定期休假、停工学习、执行国家或社会义务等原因按计时工资标准或计时工资标准的一定比例支付的工资。

2. 材料费

材料费是指施工过程中耗费的原材料、辅助材料、构配件、零件、半成品或成品、工程设备的费用。其内容包括：

(1)材料原价。材料原价是指材料、工程设备的出厂价格或商家供应价格。

(2)运杂费。运杂费是指材料、工程设备自来源地运至工地仓库或指定堆放地点所发生的全部费用。

(3)运输损耗费。运输损耗费是指材料在运输装卸过程中不可避免的损耗。

(4)采购及保管费。采购及保管费是指为组织采购、供应和保管材料、工程设备的过程中所需要的各项费用。其包括采购费、仓储费、工地保管费、仓储损耗。工程设备是指构成或计划构成永久工程一部分的机电设备、金属结构设备、仪器装置及其他类似的设备和装置。

3. 施工机具使用费

施工机具使用费是指施工作业所发生的施工机械、仪器仪表使用费或其租赁费。

(1)施工机械使用费。施工机械使用费以施工机械台班耗用量乘以施工机械台班单价表示，施工机械台班单价应由下列七项费用组成：

1)折旧费。折旧费是指施工机械在规定的使用年限内，陆续收回其原值的费用。

2)大修理费。大修理费是指施工机械按规定的大修理间隔台班进行必要的大修理，以恢复其正常功能所需的费用。

3)经常修理费。经常修理费是指施工机械除大修理以外的各级保养和临时故障排除所需的费用。其包括为保障机械正常运转所需替换设备与随机配备工具附具的摊销和维护费用，机械运转中日常保养所需润滑与擦拭的材料费用及机械停滞期间的维护和保养费用等。

4)安拆费及场外运费。安拆费指施工机械(大型机械除外)在现场进行安装与拆卸所需的人工、材料、机械和试运转费用以及机械辅助设施的折旧、搭设、拆除等费用；场外运费指施工机械整体或分体自停放地点运至施工现场或由一施工地点运至另一施工地点的运输、装卸、辅助材料及架线等费用。

5)人工费。人工费是指机上司机(司炉)和其他操作人员的人工费。

6)燃料动力费。燃料动力费是指施工机械在运转作业中所消耗的各种燃料及水、电等。

7)税费。税费是指施工机械按照国家规定应交纳的车船使用税、保险费及年检费等。

(2)仪器仪表使用费。仪器仪表使用费是指工程施工所需使用的仪器仪表的摊销及维修费用。

4. 企业管理费

企业管理费是指建筑安装企业组织施工生产和经营管理所需的费用。其内容包括：

(1)管理人员工资。管理人员工资是指按规定支付给管理人员的计时工资、奖金、津贴补贴、加班加点工资及特殊情况下支付的工资等。

(2)办公费。办公费是指企业管理办公用的文具、纸张、账表、印刷、邮电、书报、办公软件、现场监控、会议、水电、烧水和集体取暖降温(包括现场临时宿舍取暖降温)等费用。

(3)差旅交通费。差旅交通费是指职工因公出差、调动工作的差旅费，住勤补助费，市内交通费和误餐补助费，职工探亲路费，劳动力招募费，职工退休、退职一次性路费，工伤人员就医路费，工地转移费以及管理部门使用的交通工具的油料、燃料等费用。

(4)固定资产使用费。固定资产使用费是指管理和试验部门及附属生产单位使用的属于固定资产的房屋、设备、仪器等的折旧、大修、维修或租赁费。

(5)工具用具使用费。工具用具使用费是指企业施工生产和管理使用的不属于固定资产的工具、器具、家具、交通工具和检验、试验、测绘、消防用具等的购置、维修和摊销费。

(6)劳动保险和职工福利费。劳动保险和职工福利费是指由企业支付的职工退职金、按规定支付给离休干部的经费，集体福利费，夏季防暑降温、冬季取暖补贴，上下班交通补贴等。

(7)劳动保护费。劳动保护费是企业按规定发放的劳动保护用品的支出。如工作服、手套、防暑降温饮料以及在有碍身体健康的环境中施工的保健费用等。

(8)检验试验费。检验试验费是指施工企业按照有关标准规定，对建筑以及材料、构件和建筑安装物进行一般鉴定、检查所发生的费用，包括自设试验室进行试验所耗用的材料等费用。不包括新结构、新材料的试验费，对构件做破坏性试验及其他特殊要求检验试验的费用和建设单位委托检测机构进行检测的费用，对此类检测发生的费用，由建设单位在工程建设其他费用中列支。但对施工企业提供的具有合格证明的材料进行检测不合格的，该检测费用由施工企业支付。

(9)工会经费。工会经费是指企业按《工会法》规定的全部职工工资总额比例计提的工会经费。

(10)职工教育经费。职工教育经费是指按职工工资总额的规定比例计提，企业为职工进行专业技术和职业技能培训，专业技术人员继续教育、职工职业技能鉴定、职业资格认定以及根据需要对职工进行各类文化教育所发生的费用。

(11)财产保险费。财产保险费是指施工管理用财产、车辆等的保险费用。

(12)财务费。财务费是指企业为施工生产筹集资金或提供预付款担保、履约担保、职工工资支付担保等所发生的各种费用。

(13)税金。税金是指企业按规定交纳的房产税、车船使用税、土地使用税、印花税等。

(14)其他。其他包括技术转让费、技术开发费、投标费、业务招待费、绿化费、广告费、公证费、法律顾问费、审计费、咨询费、保险费等。

5. 利润

利润是指施工企业完成所承包工程获得的盈利。

6. 规费

规费是指按国家法律、法规规定，由省级政府和省级有关权力部门规定必须交纳或计取的费用。其包括：

(1)社会保险费。

1)养老保险费。养老保险费是指企业按照规定标准为职工交纳的基本养老保险费。

2)失业保险费。失业保险费是指企业按照规定标准为职工交纳的失业保险费。

3)医疗保险费。医疗保险费是指企业按照规定标准为职工交纳的基本医疗保险费。

4)生育保险费。生育保险费是指企业按照规定标准为职工交纳的生育保险费。

5)工伤保险费。工伤保险费是指企业按照规定标准为职工交纳的工伤保险费。

(2)住房公积金。住房公积金是指企业按规定标准为职工交纳的住房公积金。

(3)工程排污费。工程排污费是指按规定交纳的施工现场工程排污费。

其他应列而未列入的规费，按实际发生计取。

7. 税金

税金是指国家税法规定的应计入建筑安装工程造价的增值税、城市维护建设税、教育费附加以及地方教育附加。

四、投标报价的程序

工程投标报价工作一般应按下列程序进行：

(1)研究招标文件，调查投标环境，对工程项目进行现场勘察。

(2)制定投标策略。

(3)复核工程量清单。

(4)编制施工组织设计。

(5)确定联营分包，询价，计算分项工程直接费。

(6)分摊项目费用，编制单价分析表。

(7)计算投标基础价。

(8)获胜分析及盈亏分析。

(9)提出备选投标报价方案。

(10)决定投标报价方案。

五、投标报价的编制方法

建设工程投标报价应该按照招标文件的要求及报价费用的构成，结合施工现场和企业自身情况自主报价。现阶段，我国建设工程投标报价的方法主要有以下两种：

1. 工料单价法

工料单价法是指根据工程量，按照现行预算定额的分部分项工程量的单价计算出定额直接费，再按照有关规定另行计算间接费、利润和税金的计价方法。分部分项工程量的单价以人工、材料、机械的消耗量及其相应价格确定。工料单价法是我国长期以来采用的一种报价方法，它是以政府定额或企业定额为依据进行编制的。工料单价法编制投标报价的步骤如下：

(1)根据招标文件的要求选定预算定额、费用定额。

(2)根据图纸及说明计算出工程量。

(3)查套预算定额计算出定额直接费。

(4)查套费用定额及有关规定计算出其他直接费、间接费、利润、税金等。

(5)汇总合计计算完整标价。

2. 综合单价法

综合单价法是指以分部分项工程量的单价为不完全费用单价，不完全费用单价包括完成分部分项工程所发生的直接费、间接费、利润、风险等费用。综合单价法是一种国际惯例计算报价模式，每一项单价中已综合了各种费用。综合单价法编制投标报价的步骤如下：

(1)根据企业定额或参照预算定额及市场材料价格确定各分部分项工程量清单的综合单价，该单价包括完成清单所列分部分项工程的成本、利润和一定的风险费。

(2)以给定的各分部分项工程的工程量及综合单价确定工程费。

(3)结合投标企业自身的情况及工程的规模、质量、工期要求等确定与工程有关的费用。

【说明】 我国从2003年7月1日起开始全面推行的建设工程工程量清单计价的报价方法采用的就是综合单价法，我国的投标报价模式正由工料单价法逐渐向综合单价法过渡。

六、投标报价宏观审核

投标承包建设工程，报价是投标的核心，报价正确与否直接关系到投标的成败。宏观审核的目的在于通过转换角度的方式对报价进行审查，以提高报价的准确性，提高竞争能力。

一个工程可分为若干个单项工程，而每一个单项工程中又包含许多项目。总体报价是由各单项的价格组成的，在考虑某一具体项目的价格水平时，因为所处的角度是面对具体的问题，也许合情合理，但当组成整体价格时，从整体的角度去看则未必合理，这正是进行宏观审核的必要性。

投标报价宏观审核通常采取的观察角度主要有：

(1)单位工程造价。将投标报价折合成单位工程造价，例如，房屋工程按平方米造价；铁路、公路按千米造价；铁路桥梁、隧道按延米造价；公路桥梁按桥面平方米造价等，并将该项目的单位工程造价与类似工程(或称参照对象)的单位工程造价进行比较，以判定报价水平的高低。

(2)全员劳动生产率。全员劳动生产率是指全体人员每工日的生产价值。在一定时期内，由于受企业一定的生产力水平所决定，具有相对稳定的全员劳动生产率水平，因而企业在承揽同类工程或机械化水平相近的项目时应具有相近的全员劳动生产率水平。

(3)单位工程用工用料正常指标。例如，我国铁路隧道施工部门根据所积累的大量施工经验，统计分析出的各类围岩隧道的每延米隧道用工、用料正常指标；房建部门对房建工程每平方米建筑面积所需劳力和各种材料的数量也都有一个合理的指数，可据此进行宏观控制。

(4)各分项工程价值的正常比例。一个工程项目是由基础、墙体、楼板、屋面、装饰、水电、各种附属设备等分项工程构成的，它们在工程价值中都有一个合理的大体比例，承包商应将投标项目的各分项工程价值的比例与经验数值相比较。

(5)各类费用的正常比例。任何一个工程的费用都是由人工费、材料设备费、施工机械费、间接费等各类费用组成的，它们之间都应有一个合理的比例。

(6)预测成本比较。将一个国家或地区的同类工程报价项目和中标项目的预测工程成本资料整理汇总储存，作为下一轮投标报价的参考，可以衡量新项目报价的得失情况。

(7)个体分析整体综合。将整体报价进行分解，分摊至各个体项目上，与原个体项目价格相比较，发现差异、分析原因、合理调整，再将个体项目价格进行综合，形成新的总体价格，与原报价进行比较。例如，修建一条铁路，这是包含线、桥、隧道、站场、房屋、通信信号等个体工程的综合工程项目，应首先对个体工程进行逐个分析，而后进行综合研究和控制。

(8)综合定额估算法。这种方法是采用综合定额和扩大系数估算工程的工料数量及工程造价的一种方法，是在掌握工程实施经验和资料的基础上的一种估价方法。一般来说比较接近实际，尤其是在采用其他宏观指标对工程报价难以核准的情况下，该法更能显出它细致可靠的优点。综合定额估算法，属宏观审核工程报价的一种手段。不能以此代替详细的报价资料，报价时仍应按招标文件的要求详细计算。

(9)企业内部定额估价法。根据企业的施工经验，确定企业在不同类型的工程项目施工中的工、料、机等的消耗水平，形成企业内部定额，并以此为基础计算工程估价。此方法

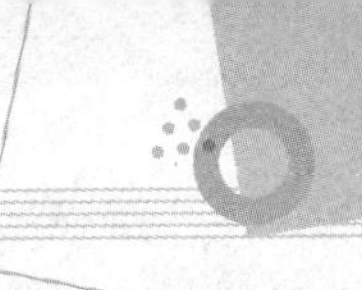

不但是核查报价准确性的重要手段，也是企业内部承包管理、提高经营管理水平的重要方法。

综合运用上述方法与指标，可以减少报价中的失误，不断提高报价水平。

第四节 投标决策

一、投标决策的概念

决策是指为实现一定的目标，运用科学的方法，在若干可行方案中寻找满意的行动方案的过程。投标决策即寻找满意的投标方案的过程。工程投标决策是指建设工程承包商为实现其生产经营目标，针对建设工程招标项目，而寻求并实现最优化的投标行动方案的活动，其内容主要包括以下三个方面：

(1)针对项目招标决定是投标或是不投标。一定时期内，企业可能同时面临多个项目的投标机会，受施工能力所限，企业不可能实践所有的投标机会，而应在多个项目中进行选择；就某一具体项目而言，从效益的角度看有盈利标、保本标和亏损标，企业需根据项目特点和企业现实状况决定采取何种投标方式，以实现企业的既定目标，如获取盈利、占领市场、树立企业新形象等。

(2)若投标，决定投什么性质的标。按性质划分，投标有风险标和保险标。从经济学的角度看，某项事业的收益水平与其风险程度成正比，企业需在高风险的高收益与低风险的低收益之间进行抉择。

(3)投标中企业需制定可以扬长避短的策略与技巧，以达到战胜竞争对手的目的。投标决策是投标活动的首要环节，科学的投标决策是承包商战胜竞争对手并取得较好的经济效益与社会效益的前提。

二、投标决策阶段的划分

投标决策可以分为投标决策的前期阶段和投标决策的后期阶段。

1. 投标决策的前期阶段

投标决策的前期阶段，主要是解决是否参与投标的机会问题。这个阶段必须在购买投标人资格预审资料前后完成。前期阶段必须对投标与否做出论证。

(1)决策依据。决策的主要依据是招标广告，以及公司对招标工程、业主情况的调研和了解程度，如果是国际工程，还包括对工程所在国和工程所在地的调研和了解程度。

(2)应放弃投标的招标项目。通常情况下，下列招标项目应放弃投标：

1)本施工企业主管和兼营能力之外的项目。

2)工程规模、技术要求超过本施工企业技术等级的项目。

3)本施工企业生产任务饱满，而招标工程的盈利水平较低或风险较大的项目。

4)本施工企业技术等级、信誉、施工水平明显不如竞争对手的项目。

2. 投标决策的后期阶段

如果决定投标，即进入投标决策的后期阶段，它是指从申报资格预审至投标报价(封送投标书)前完成的决策研究阶段，主要研究倘若去投标，是投什么性质的标，以及在投标中采取的策略问题。

三、影响投标决策的因素

影响投标决策的因素主要包括企业内部因素和企业外部因素两个方面。

(一)企业内部因素

1. 技术方面的实力

(1)由精通本行业的估算师、建筑师、工程师、会计师和管理专家组成的组织机构。

(2)有工程项目设计、施工专业特长，能解决技术难度大的问题和各类工程施工中的技术难题的能力。

(3)具有同类工程的施工经验。

(4)有一定技术实力的合作伙伴，如实力强的分包商、合营伙伴和代理人等。

技术实力是实现较低的价格、较短的工期、优良的工程质量的保证，直接关系到企业在投标中的竞争能力。

2. 经济方面的实力

(1)具有一定的垫付资金的能力。

(2)具有一定的固定资产和机具设备，并能投入所需资金。

(3)具有一定的周转资金，用来支付施工用款。因为对已完成的工程量，需要监理工程师确认后并经过一定手续、一定的时间后才能将工程款拨入。

(4)承担国际工程还需筹集承包工程所需外汇。

(5)具有支付各种担保的能力。

(6)具有支付各种纳税和保险的能力。

(7)由于不可抗力带来的风险即使是属于业主的风险，承包商也会有损失；如果不属于业主的风险，则承包商损失更大。因此，承包商要有财力承担不可抗力带来的风险。

(8)承担国际工程往往需要重金聘请有丰富经验或有较高地位的代理人，也需要承包商具有这方面的支付能力。

3. 管理方面的实力

具有高素质的项目管理人员，特别是懂技术、会经营、善管理的项目经理人选。能够根据合同的要求，高效率地完成项目管理的各项目标，通过项目管理活动为企业创造较好的经济效益和社会效益。

4. 信誉方面的实力

承包商一定要有良好的信誉，这是中标的一条重要标准。要建立良好的信誉，就必须遵守法律和行政法规，或按国际惯例办事，同时要认真履约，保证工程的施工安全、工期和质量，而且各方面的实力要雄厚。

(二)企业外部因素

(1)业主和监理工程师的情况。主要应考虑业主的合法地位、支付能力、履约信誉；监理工程师处理问题的公正性、合理性及与本企业间的关系等。

(2)竞争对手和竞争形势。是否投标应注意竞争对手的实力、优势及投标环境的优劣情况。另外，竞争对手的在建工程情况也十分重要。如果对手的在建工程即将完工，可能急于获得新承包项目，投标报价不会很高；如果对手在建工程规模大、时间长，如仍参加投标，则标价可能很高。从总的竞争形势来看，大型工程的承包公司技术水平高，善于管理大型复杂工程，其适应性强，可以承包大型工程；中、小型工程由中、小型工程公司或当地的工程公司承包的可能性大，因为当地中、小型公司在当地有自己熟悉的材料、劳动力供应渠道，管理人员相对比较少，有自己惯用的特殊施工方法等优势。

(3)法律、法规的情况。对于国内工程承包，自然适用本国的法律和法规，而且其法制环境基本相同。因为我国的法律、法规具有统一或基本统一的特点。如果是国际工程承包，则有一个法律适用问题。

(4)风险问题。工程承包特别是国际工程承包，由于影响因素众多，因而存在很大的风险性，从来源的角度看风险可分为政治风险、经济风险、技术风险、商务及公共关系风险和管理方面的风险等。投标决策中对拟投标项目的各种风险要进行深入研究，进行风险因素辨识，以便有效规避各种风险，避免或减少经济损失。

四、投标策略与技巧

(一)投标策略

投标策略是指承包商在投标竞争中的指导思想、系统工作部署及其参与投标竞争的方式和手段。承包商参加投标竞争，能否战胜对手而获得施工合同，在很大程度上取决于自身能否运用正确灵活的投标策略来指导投标全过程的活动。

正确的投标策略，来自实践经验的积累、对客观规律的不断深入认识以及对具体情况的了解。同时，决策者的能力和魄力也是不可缺少的。概括来讲，投标策略可以归纳为四大要素，即“把握形势，以长胜短，掌握主动，随机应变”。具体来讲，常见的投标策略有以下几种：

(1)靠经营管理水平高取胜。其主要靠做好施工组织设计，采取合理的施工技术和施工机械，精心采购材料、设备，选择可靠的分包单位，安排紧凑的施工进度，力求节省管理费用等，从而有效地降低工程成本而获得较高的利润。

(2)靠改进设计取胜。即仔细研究原设计图纸，发现有不够合理之处，提出能够降低造价的措施。

(3)靠缩短建设工期取胜。即采取有效措施，在招标文件要求的工期基础上，再提前若干个月或若干天完工，从而使工程早投产、早收益。这也是吸引业主的一种策略。

(4)低利策略。其主要适用于承包商任务不足时，与其坐吃山空，不如以低利承包到一些工程，这还是有利的。此外，承包商初到一个新的地区，为了打入这个地区的承包市场，建立信誉，也往往采用这种策略。

(5)靠低价及施工索赔取胜。虽报低价，却着眼于施工索赔，从而得到高额利润。即利用图纸、技术说明书与合同条款中不明确之处寻找索赔机会。一般索赔金额可达标价的10%～20%。不过这种策略并不是到处可用的。

(6)着眼发展，为争取将来的优势，而宁愿目前少赚钱。承包商为了掌握某种有发展前途的工程施工技术(如建造核电站的反应堆或海洋工程等)，就可能采用这种有远见的策略。

以上各种策略不是互相排斥的，需要根据具体情况，综合、灵活运用。作为投标决策者，要对各种投标信息，包括主观因素和客观因素，进行认真的、科学的综合分析，在此基础上选择投标对象，确定投标策略。总的来说，要选择与企业的装备条件和管理水平相适应，技术先进，业主的资信条件及合作条件较好，施工所需的材料、劳动力、水电供应等有保障，盈利可能性大的工程项目去参加竞标。

【提示】 在选择投标对象时要注意避免以下两种情况：一是工程项目不多时，为争夺工程任务而压低标价，结果是得标但盈利的可能性却很小，甚至要亏损；二是工程项目较多时，企业总想多得标而到处投标，结果造成投标工作量大大增加而导致考虑不周，承包了一些盈利的可能性甚微或本企业并不擅长的工程，而失去可能盈利较大的工程。

(二)投标技巧

投标技巧是指投标人在投标报价中采用一定的手法和技巧使招标人可以接受且中标后能获取较高利润的方法。影响报价的因素很多，往往难以做定量的测算，因此，为达到成功中标的目的，就需要进行定性分析，巧妙采用各种投标技巧，报出合理的报价。常用的投标报价技巧有以下几种：

1. 不平衡报价法

不平衡报价是指在总价基本确定的前提下，调整内部各个子项的报价，以期既不影响总报价，又在中标后投标人可尽早收回垫支于工程中的资金和获取较好的经济效益。但要注意避免不正常的调高或压低现象，避免失去中标机会。通常采用的不平衡报价有下列几种情况：

(1)对能早期结账收回工程款的项目(如土方、基础等)的单价可报以较高价，以利于资金周转；对后期项目(如装饰、电气设备安装等)单价可适当降低。

(2)估计今后工程量可能增加的项目，其单价可提高，而工程量可能减少的项目，其单价可降低。

但上述两点要统筹考虑。对于工程量数量有错误的早期工程，如不可能完成工程量表中的数量，则不能盲目抬高单价，需要具体分析后再确定。

(3)图纸内容不明确或有错误，估计修改后工程量要增加的，其单价可提高；而工程内容不明确的，其单价可降低。

(4)暂定项目又称为任意项目或选择项目，对这类项目要做具体分析，因这一类项目开工后由发包人研究决定是否实施，由哪一家承包人实施。如果工程不分标，只由一家承包人施工，则其中肯定要做的单价可高些，不一定要做的则应低些。如果工程分标，该暂定项目也可能由其他承包人施工时，则不宜报高价，以免抬高总报价。

(5)单价包干混合制合同中，发包人要求有些项目采用包干报价时，宜报高价。一则这类项目多半有风险；二则这类项目在完成后可全部按报价结账，即可以全部结算回来。其余单价项目则可适当降低。

(6)有的招标文件要求投标者对工程量大的项目报“单价分析表”，投标时可将单价分析表中的人工费及机械设备费报得较高，而材料费算得较低。这主要是为了在今后补充项目报价时可以参考选用“单价分析表”中较高的人工费和机构设备费，而材料则往往采用市场价，因而可获得较高的收益。

(7)在议标时，承包人一般都要压低标价。这时应该首先压低那些工程量小的单价，这样即使压低了很多个单价，总的标价也不会降低很多，而给发包人的感觉却是工程量清单上的单价大幅度下降，承包人很有让利的诚意。

(8)如果是单纯报计日工或计台班机械单价，可以高些，以便在日后发包人用工或使用机械时增加盈利。但如果计日工表中有一个假定的“名义工程量”，则需要具体分析是否报高价，以免抬高总报价。总之，要分析发包人在开工后可能使用的计日工数量，然后确定报价技巧。

【提示】 不平衡报价一定要建立在对工程量表中工程量风险仔细核对的基础上，特别是对于报低单价的项目，工程量一旦增多，将造成承包人的重大损失，同时一定要控制在合理幅度内(一般可在10%左右)，以免引起发包人反对，甚至导致废标。如果不注意这一点，有时发包人会挑选出报价过高的项目，要求投标者进行单价分析，而围绕单价分析中过高的内容压价，以致承包人得不偿失。

【例题】 不平衡报价的运用。

某承包商参加某工程的投标，决定对其中部分子项采用不平衡报价法进行报价，调整前的单价、合价见表3-33。

承包商决定提高垫层的单价20%，则此项调整为：

单价：80.86×(1+20%)=97.032(元)。

合价：97.032×20=1 940.64(元)。

调整后，上升了1 940.64-1 617.20=323.44(元)。

为了保持不变，将增加的部分平均分摊给其余四个分项：

下降系数=分项工程调整额之和/其余分项工程合价之和

=323.44/(10 306.22-1 617.20)=0.037 2。

调系数：1-0.037 2=0.962 8。

调整后单价=单价×调整系数

调整后的单价、合价见表3-33。

表3-33 报价调整前后对照表

序号	项目名称	单位	工程量	调整前		调整后	
				单价/元	合价/元	单价/元	合价/元
1	挖基础土方	m^3	40	6.77	270.80	6.52	260.80
2	垫层	m^3	20	80.86	1 617.20	97.03	1 940.60
3	水磨石面层	m^2	30.3	17.50	530.25	16.84	510.25
4	找平层	m^2	28.39	273.27	7 758.13	263.10	7 469.41
5	墙面粉刷	m^2	8	16.23	129.84	15.64	125.12
合计					10 306.22		10 306.18

2. 多方案与增加方案报价法

有时招标文件中规定，可以提一个建议方案；或对于一些招标文件，如果发现工程范围不很明确、条款不清楚或很不公正，或技术规范要求过于苛刻，则要在充分估计风险的基础上，按多方案报价法处理。即按原招标文件报一个价，然后再提出如果某条款作某些变动，报价可降低的额度。这样可以降低总价，吸引发包人。

投标者这时应组织一批有经验的设计工程师和施工工程师，对原招标文件的设计和施工方案仔细研究，提出更理想的方案以吸引发包人，促成自己的方案中标。这种新的建议可以降低总造价或提前竣工或使工程运用更合理。但要注意的是对原招标方案一定也要报价，以供发包人比较。

【提示】 增加建议方案时，不要将方案写得太具体，保留方案的技术关键，防止发包人将此方案交给其他承包人，同时要强调的是，建议方案一定要比较成熟，或过去有这方面的实践经验。因为投标时间往往较短，如果仅为中标而匆忙提出一些没有把握的建议方案，可能会引起很多后患。

3. 突然袭击法

由于投标竞争激烈，为迷惑对方，有意泄露一些假情报，如不打算参加投标，或准备投高标，表现出无利可图等假象，到投标截止之前几个小时，突然前往投标，并压低投标价，从而使对手措手不及而败北。

4. 低投标价夺标法

低投标价夺标法是非常情况下采用的非常手段。比如企业大量窝工，为减少亏损，或为打入某一建筑市场，或为挤走竞争对手保住自己的地盘，于是制定了严重亏损标，力争夺标。若企业无经济实力，信誉不佳，此法也不一定会奏效。

5. 先亏后盈法

对大型分期建设工程，在第一期工程投标时，可以将部分间接费分摊到第二期工程中去，减少利润以争取中标。这样在第二期工程投标时，凭借第一期工程的经验、临时设施以及创立的信誉，比较容易拿到第二期工程。但第二期工程遥遥无期时，不宜这样考虑，以免承担过高的风险。

6. 开口升级法

把报价视为协商过程，把工程中某项造价高的特殊工作内容从报价中减掉，使报价成为竞争对手无法相比的“低价”。利用这种“低价”来吸引发包人，从而取得与发包人进一步商谈的机会，在商谈过程中逐步提高价格。当发包人明白过来当初的“低价”实际上是个诱饵时，往往已经在时间上处于谈判弱势，丧失了与其他承包人谈判的机会。

【注意】 利用这种方法时，需在最初的报价中说明某项工作的缺项，否则可能会弄巧成拙，真的以“低价”中标。

7. 联合保标法

在竞争对手众多的情况下，可以采取几家实力雄厚的承包商联合起来的方法来控制标价，一家出面争取中标，再将其中部分项目转让给其他承包商二包，或轮流相互保标。但此种报价方法实行起来难度较大，一方面要注意到联合保标几家公司之间的利益均衡，另一方面要保密，否则一旦被业主发现，有被取消投标资格的可能。

本章小结

投标是指投标人(或承包商)依据有关规定和招标人拟定的招标文件参与竞争，并按照招标文件的要求，在规定的时间内向招标人填报投标函并争取中标，以获得建设工程承包权的经济法律活动。为迎接技术和管理方面的挑战，在竞争中取胜，投标人的投标班子应该由经营管理类人才、专业技术类人才和商务金融类人才组成。在整个建设工程项目投标过程中，投标人一般需要完成从准备和填制资格预审资料时开始，到将正式投标文件递交业主为止所进行的全部工作。投标人应按招标文件规定的要求编制投标文件，一般不能带有任何附加条件，否则可能导致废标。投标人应根据招标文件的要求和招标项目的具体特点，以及根据招标人提供的统一工程量清单，结合市场情况和自身竞争实力自主报价。

思考题

一、填空题

1. ＿＿＿＿＿＿是投标者必须经过的投标程序。

2. ＿＿＿＿＿＿是投标人承包项目工程的总报价。

3. 投标保证金的形式有＿＿＿＿＿＿、＿＿＿＿＿＿、＿＿＿＿＿＿和＿＿＿＿＿＿。

4. 所有投标文件均由＿＿＿＿＿＿签署、加盖印鉴，并加盖法人单位公章。

5. ＿＿＿＿＿＿是指为完成工程项目施工，发生于该工程施工前和施工过程中非工程实体项目的费用。

6. ＿＿＿＿＿＿是指国家税法规定的应计入建筑安装工程造价的增值税、城市维护建设税、教育费附加以及地方教育费附加。

7. 影响投标决策的因素主要包括＿＿＿＿＿＿和＿＿＿＿＿＿两个方面。

二、选择题

1. 投标人应按(　　)规定的要求编制投标文件，一般不能带有任何附加条件，否则可能导致废标。

A. 招标文件　　B. 设计文件

C. 合同文件　　D. 招标投标法

2. 招标文件中的(　　)是投标报价的主要依据。

A. 标底　　B. 招标控制价

C. 工程量清单　　D. 投标须知

3. 招标人对一般项目合同而言，在能够满足招标文件实质性要求的前提下，以(　　)作为主要标准来选择中标人。

A. 招标文件　　B. 投标人报价

C. 合同文件　　D. 招标投标法

4. 投标成功的关键是确定一个合适的(　　)。

A. 招标文件　　　　　　B. 投标报价

C. 合同文件　　　　　　D. 招标投标法

三、问答题

1. 在工程招标投标活动中，填制资格预审资料时应做好哪些工作?
2. 参加标前会议应注意哪些问题?
3. 投标文件由哪些内容组成?
4. 投标报价的编制依据有哪些?
5. 人工费包括哪些内容?
6. 简述用工料单价法编制投标报价的步骤。

第四章　工程项目合同管理基础知识

能力目标

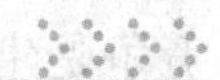

通过本章内容的学习，能够正确签订合同，完成合同的履行、变更、终止和解除，能够处理合同履行过程中出现的违约及争议情况，并识别合同是否有效。

知识目标

了解合同法律关系的构成要素，合同的概念、分类、《合同法》的基本原则，熟悉合同的形式、合同订立的过程、合同的内容及合同履行的一般原则；掌握合同生效的条件，效力待定合同、无效合同、可变更或者可撤销合同的具体情况，掌握合同履行中的抗辩权与合同保全措施，掌握合同变更、终止和解除的条件，掌握违约责任的承担方式和合同争议的处理方式。

案例导入

某承包方借用他人执照通过议标形式承接了发包方 15 000 m^2 带地下室高层建筑(该承包商本身没有承担该工程的资格和能力)，施工合同签订后按时开工。在地下室底板混凝土浇筑时，因下大雨，又遇塔式起重机发生故障，使地下室底板的混凝土浇筑停工中断。质量达不到设计图纸的要求(设计图纸要求该工程的箱型基础底板混凝土应整体浇筑，不得留施工缝)。发包方代表就工程质量措施不落实的问题要求承包方进行认真解决，结果却遭到承包方以撤走施工人员作为威胁。在采用直接对话方式已无效的情况下，发包方遂向法院起诉。

请问：该承包商与发包方签订的施工合同是否有效?

第一节　合同及其分类

在工程建设领域，招标投标与合同管理是改革开放初期的两项重要改革。在市场经济建设中，两者是相辅相成的，缺一不可。招标投标能够体现建筑市场交易中的公平、公开、公正。合同则是招标投标竞争内容的明确化。通过招标投标和订立合同，保障工程建设能够更好地完成。

一、合同的概念

合同是平等主体的自然人、法人、其他组织之间设立、变更、终止民事权利义务关系的协议。各国的合同法规范的都是债权合同，它是市场经济条件下规范财产流转关系的基本依据，因此，合同是市场经济中广泛进行的法律行为。而广义的合同还应包括婚姻、收养、监护等有关身份关系的协议，以及劳动合同等，这些合同由其他法律进行规范，不属于《合同法》所规范的范畴。

合同作为一种协议，其本质是一种合意，必须是两个以上当事人意思表示一致的民事法律行为。因此，合同的缔结必须由双方当事人协商一致才能成立。合同当事人做出的意思表示必须合法，这样才能具有法律约束力。建设工程合同也是如此。即使在建设工程合同的订立中承包人一方存在着激烈的竞争(如施工合同的订立中，施工单位的激烈竞争是建设单位进行招标的基础)，仍需双方当事人协商一致，发包人不能将自己的意志强加给承包人。双方订立的合同即使是协商一致的，也不能违反法律、行政法规，否则合同就是无效的，如施工单位超越资质等级许可的业务范围订立施工合同，该合同就没有法律约束力。

合同中所确立的权利、义务，必须是当事人依法可以享有的权利和能够承担的义务，这是合同具有法律效力的前提。在建设工程合同中，发包人必须拥有已经合法立项的项目，承包人必须具有承担承包任务的相应能力。如果在订立合同的过程中有违法行为，当事人不仅达不到预期的目的，还要根据违法情况承担相应的法律责任。如在建设工程合同中，当事人是通过欺诈、胁迫等手段订立的合同，则应当承担相应的法律责任。

二、合同的分类

合同作为商品交换的法律形式，其类型因交易方式的多样化而各不相同。尤其是随着交易关系的发展和交易内容的复杂化，合同的形态也在不断变化和发展。因此，可以从不同的角度对合同做不同的分类。

1.《合同法》的基本分类

《合同法》将合同分为下列15类：

(1)买卖合同。买卖合同是指为了转移标的物的所有权，在出卖人和买受人之间签订的合同。出卖人将原属于他的标的物的所有权转移给买受人，买受人支付相应的合同价款。在建筑工程中，材料和设备的采购合同就属于这一类合同。

(2)供电(水、气、热力)合同。供电(水、气、热力)合同适用于电(水、气、热力)的供应活动。按合同规定，供电(水、气、热力)人向用电(水、气、热力)人供电(水、气、热力)，用电(水、气、热力)人支付相应的费用。

(3)赠与合同。赠与合同是指财产的赠与人与受赠人之间签订的合同。赠与人将自己的财产无偿地赠与受赠人，受赠人表示接受赠与。

(4)借款合同。借款合同是指借款人与贷款人之间因资金的借贷而签订的合同。借款人向贷款人借款，到期返还借款并支付利息。

(5)租赁合同。租赁合同是指出租人与承租人之间因租赁业务而签订的合同。出租人将租赁物交承租人使用、收益，承租人支付租金，并按期交还租赁物。在建筑工程中常见的有周转材料和施工设备的租赁。

(6)融资租赁合同。融资租赁是一种特殊的租赁形式。出租人根据承租人对设备出卖人、租赁物的选择，向出卖人购买租赁物，再提供给承租人使用，由承租人支付相应的租金。

(7)承揽合同。承揽合同是承揽人与定作人之间就承揽工作签订的合同。承揽人按照定作人的要求完成工作，交付工作成果，定作人支付相应的报酬。承揽工作包括加工、定作、维修、测试、检验等。

(8)建设工程合同。建设工程合同是指发包人与承包人之间签订的合同，包括建设工程勘察设计、施工合同。

(9)运输合同。运输合同是指承运人将旅客或货物从起运地点运输到约定的地点，旅客、托运人或收货人支付票款或运输费的合同。运输合同的种类很多，按运输对象不同，可分为旅客运输合同和货物运输合同；按运输方式的不同，可分为公路运输合同、水上运输合同、铁路运输合同、航空运输合同；按同一合同中承运人的数目，可分为单一运输合同和联合运输合同等。

(10)技术合同。技术合同是指当事人就技术开发、转让、咨询或服务订立的合同。其又可分为技术开发合同、技术转让合同和技术服务合同。

(11)保管合同。保管合同是指在保管人和寄存人之间签订的合同。保管人保管寄存人交付的保管物，并返还该保管物。而保管的行为可能是有偿的，也可能是无偿的。

(12)仓储合同。仓储合同是指一种特殊的保管合同，保管人储存存货人交付的仓储物，存货人支付仓储费。

(13)委托合同。委托合同是指委托人和受托人之间签订的合同。受托人接受委托人的委托，处理委托人的事务。

(14)行纪合同。行纪合同是指委托人和行纪人就行纪事务签订的合同。行纪人以自己的名义为委托人从事贸易活动(一般为购销、寄售等)，委托人支付报酬。

(15)居间合同。居间合同是指就订立合同的媒介服务及相关事务签订的合同。合同主体是委托人和居间人。居间人向委托人报告订立合同的机会或提供订立合同的媒介服务，由委托人支付报酬。

2. 其他分类

其他合同分类是侧重于学理分析的分类，具体如下：

(1)计划合同与非计划合同。计划合同是依据国家有关计划签订的合同；非计划合同则是当事人根据市场需求和自己的意愿订立的合同。虽然在市场经济中依计划订立的合同的比重降低了，但仍然有一部分合同是依据国家有关计划订立的。对于计划合同，有关法人、其他组织之间应当依照有关法律、行政法规规定的权利和义务订立合同。

(2)双务合同与单务合同。双务合同是当事人双方相互享有权利和相互负有义务的合同。大多数合同都是双务合同，如建设工程合同。单务合同是指合同当事人双方并不相互享有权利、负有义务的合同，如赠与合同。

(3)诺成合同与实践合同。诺成合同是当事人意思表示一致即可成立的合同。实践合同则要求在当事人意思表示一致的基础上，还必须交付标的物或者其他给付义务的合同。在现在经济生活中，大部分合同都是诺成合同。这种合同分类的目的在于确立合同的生效时间。

(4)主合同与从合同。主合同是指不依赖其他合同而独立存在的合同。从合同是以主合同的存在为存在前提的合同。主合同的无效、终止将导致从合同的无效、终止，但从合同的无效、终止不能影响主合同。担保合同是典型的从合同。

(5)有偿合同与无偿合同。有偿合同是指合同当事人双方任何一方均须给予另一方相应权益方能取得自己利益的合同。而无偿合同的当事人一方无须给予相应权益即可从另一方取得利益。在市场经济中，绝大部分合同都是有偿合同。

合同的法律特征

(6)要式合同与不要式合同。法律要求必须具备一定形式和手续的合同称为要式合同。法律不要求具备一定形式和手续的合同称为不要式合同。

第二节　合同法律关系

一、合同法律关系的构成

合同法的本质和地位

法律关系是指一定的社会关系在相应的法律规范的调整下形成的权利义务关系。法律关系的实质是法律关系主体之间存在的特定权利义务关系。合同法律关系是一种重要的法律关系。

合同法律关系是指由合同法律规范调整的当事人在民事流转过程中形成的权利义务关系。合同法律关系是由法律关系主体、法律关系客体和法律关系内容三个要素构成的，缺少其中任何一个要素都不能构成合同法律关系，改变其中的任何一个要素也会改变原来设定的法律关系。

1. 合同法律关系的主体

合同法律关系的主体，是参加合同法律关系、享有相应权利、承担相应义务的当事人。合同法律关系的主体可以是自然人、法人和其他组织。

(1)自然人。自然人是指基于出生而成为民事法律关系主体的有生命的人。作为合同法律关系主体的自然人必须具备相应的民事权利能力和民事行为能力。公民与自然人在法律地位上是平等的。

(2)法人。法人是指具有民事权利能力和民事行为能力，依法独立享有民事权利和承担民事义务的组织。法人是与自然人相对应的概念，是法律赋予社会组织具有人格的一项制度。

(3)其他组织。法人以外的其他组织也可以成为合同法律关系主体，主要包括法人的分支机构，不具备法人资格的联营体、合伙企业、个人独资企业等。这些组织应当是合法成立、有一定的组织机构和财产，但又不具备法人资格的组织。

【提示】 合同法律关系主体资格以成立的合法性为基础和前提，必须依照法律和一定程序成立，依法成立的法律关系主体只能在法律规定或认可的范围内参加合同法律关系，主体资格具有有限性。超越法律规定或认可的范围，则不再具有参加合同法律关系的主体资格。

2. 合同法律关系的客体

合同法律关系的客体是指参加合同法律关系的主体享有的权利和承担的义务所共同指向的对象。合同法律关系的客体主要包括物、行为和智力成果。

(1)物。法律意义上的物是指可为人们控制，并具有经济价值的生产资料和消费资料，可以分为动产和不动产、流通物与限制流通物、特定物与种类物等，如建筑材料、建筑设备、建筑物等都可能成为合同法律关系的客体。

(2)行为。法律意义上的行为是指人的有意识的活动。在合同法律关系中，行为多表现为完成一定的工作，如勘察设计、施工安装等，这些行为都可以成为合同法律关系的客体。

(3)智力成果。智力成果是通过人的智力活动所创造出的精神成果，包括知识产权、技术秘密及在特定情况下的公知技术，如专利权、计算机软件等，都有可能成为合同法律关系的客体。

3. 合同法律关系的内容

合同法律关系的内容是指合同规定和法律规定的权利和义务。合同法律关系的内容是合同的具体要求，决定了合同法律关系的性质，它是连接合同法律关系主体的纽带。

(1)权利。权利是指合同法律关系主体在法定范围内，按照合同的约定有权按照自己的意志做出某种行为。权利主体也可要求义务主体做出一定的行为或不做出一定的行为，以实现自己的有关权利。当权利受到侵害时，有权得到法律保护。

(2)义务。义务是指合同法律关系主体必须按法律规定或约定承担应负的责任。义务和权利是相互对应的，相应主体应自觉履行相对应的义务。否则，义务人应承担相应的法律责任。

二、合同法律关系的产生、变更与消灭

合同法律关系并不是由建设法律规范本身产生的，只有在具有一定的情况和条件下才能产生、变更和消灭。能够引起合同法律关系产生、变更和消灭的客观现象和事实，就是法律事实。法律事实包括行为和事件。

1. 行为

行为是指法律关系主体有意识的活动，能够引起法律关系发生变更和消灭的行为，包括作为和不作为两种一现形式。

行为还可分为合法行为和违法行为。凡符合国家法律规定或为国家法律所认可的行为就是合法行为，如在建设活动中，当事人订立合法有效的合同，会产生建设工程合同关系；建设行政管理部门依法对建设活动进行的管理活动，会产生建设行政管理关系。凡违反国家法律规定的行为就是违法行为，如建设工程合同当事人违约，会导致建设工程合同关系的变更或者消灭。

此外，行政行为和发生法律效力的法院判决、裁定以及仲裁机构发生法律效力的裁决等，也是一种法律事实，也能引起法律关系的发生、变更、消灭。

2. 事件

事件是指不以合同法律关系主体的主观意志为转移而发生的，能够引起合同法律关系产生、变更、消灭的客观现象。这些客观事件的出现与否，是当事人无法预见和控制的。

事件可分为自然事件和社会事件两种。自然事件是指由于自然现象所引起的客观事实，如地震、台风等。社会事件是指由于社会上发生了不以个人意志为转移的、难以预料的重大事件所形成的客观事实，如战争、罢工、禁运等。无论自然事件还是社会事件，它们的发生都能引起一定的法律后果。即导致合同法律关系的产生或者迫使已经存在的合同法律关系发生变化。

三、代理关系

1. 委托代理关系的终止

委托代理关系可因下列原因终止：

(1)代理期限届满或代理事务完成，代理关系依照委托合同或委托书自然终止。

(2)被代理人取消委托或代理人辞去委托。

(3)代理人死亡。代理关系具有严格的人身属性，代理人一旦死亡，代理权和代理关系随之消灭，不能继承和转让。被代理人可以另行委托，产生新的委托代理关系。

(4)代理人丧失民事行为能力。

(5)作为被代理人或者代理人的法人终止。

2. 法定代理或指定代理关系的终止

法定代理或指定代理关系可因下列原因终止：

(1)被代理人取得或恢复民事行为能力。

(2)被代理人死亡或代理人死亡。

(3)代理人丧失民事行为能力。

(4)指定代理的人民法院或者指定单位取消指定。

(5)由其他原因引起的被代理人和代理人的监护关系消灭。

第三节　合同管理目标与方法

一、合同管理目标

工程合同是指承包人实施工程建设活动，发包人支付价款或酬金的协议。工程合同的顺利履行是建设工程质量、投资和工期的基本保障，不但对建设工程合同当事人有重要的意义，更对社会公共利益、公众的生命健康都具有重要的意义。

1. 发展和完善建筑市场

作为社会主义市场经济的重要组成部分，建筑市场需要不断发展和完善。市场经济与计划经济的最主要区别在于：市场经济主要是依靠合同来规范当事人的交易行为，而计划经济主要是依靠行政手段来规范财产流转关系，因此，发展和完善建筑市场，必须有规范的建设工程合同管理制度。

在市场经济条件下，由于主要是依靠合同来规范当事人的交易行为，故合同的内容将成为实施建设工程行为的主要依据。依法加强建设工程合同管理，可以保障建筑市场的资金、材料、技术、信息、劳动力的管理，保障建筑市场有序运行。

2. 推进建筑领域的改革

我国建设领域推行项目法人责任制、招标投标制、工程监理制和合同管理制。在这些制度中，核心是合同管理制。因为项目法人责任制是要建立能够独立承担民事责任的主体制度，而市场经济中的民事责任主要是基于合同义务的合同责任。招标投标制实际上是要确立一种公平、公正、公开的合同订立制度，是合同形成过程的程序要求。工程监理制也是依靠合同来规范业主、承包人、监理人相互之间关系的法律制度，因此，建设领域的各项制度实际上是以合同制度为中心相互推进的，建设工程合同管理的健全完善无疑有助于建筑领域其他各项制度的推进。

3. 提高工程建设的管理水平

工程项目管理水平的提高体现在工程质量、进度和投资的三大控制目标上，这三大控制目标的水平主要体现在合同中。在合同中规定三大控制目标后，要求合同当事人在工程管理中细化这些内容，在工程建设过程中严格执行这些规定。同时，如果能够严格按照合同的要求进行管理，那么工程的质量就能够有效地得到保障，进度和投资的控制目标也就能够实现。因此，建设工程合同管理能够有效地提高工程建设的管理水平。

4. 避免和克服建筑领域的经济违法和犯罪

建设领域是我国经济犯罪的高发领域。出现这样的情况主要是由于工程建设中的公开、公正、公平做得不够好，加强建设工程合同管理能够有效地做到公开、公正、公平。特别是健全和完善建设工程合同的招标投标制度，将建筑市场的交易行为置于阳光之下，约束权力滥用行为，有效地避免和克服建设领域的违法犯罪行为。加强建设工程合同履行的管理也有助于政府行政管理部门对合同的监督，避免和克服建设领域的经济违法和犯罪。

二、合同管理方法

1. 严格执行建设工程合同管理法律法规

应当说，随着《民法通则》《合同法》《招标投标法》《建筑法》的颁布和实施，建设工程合同管理法律已基本健全。但是，在实践中，这些法律的执行还存在着很大的问题，其中既有勘察、设计、施工单位转包、违法分包和不认真执行工程建设强制性标准、偷工减料、忽视工程质量的问题，也有监理单位监理不到位的问题，还有建设单位不认真履行合同，特别是拖欠工程款的问题。市场经济条件下，要求我们在建设工程合同管理时要严格依法进行。这样，我们的管理行为才能有效，才能提高我们的建设工程合同管理的水平，才能解决建设领域存在的诸多问题。

2. 普及相关法律知识，培训合同管理人才

在市场经济条件下，工程建设领域的从业人员应当增强合同观念和合同意识，这就要求我们普及相关法律知识，培训合同管理人才。无论是施工合同中的监理工程师，还是建设工程合同的当事人，以及涉及有关合同的各类人员，都应当熟悉合同的相关法律知识，增强合同观念和合同意识，努力做好建设工程合同管理工作。

3. 设立合同管理机构，配备合同管理人员

加强建设工程合同管理，应当设立合同管理机构，配备合同管理人员。一方面，建设工程合同管理工作，应当作为建设行政管理部门的管理内容之一；另一方面，建设工程合同当事人内部也要建立合同管理机构。特别是建设工程合同当事人内部，不但应当建立合同管理机构，还应当配备合同管理人员，建立合同台账、统计、检查和报告制度，提高建设工程合同管理的水平。

4. 建立合同管理目标制度

合同管理目标是指合同管理活动应当达到的预期结果和最终目的。建设工程合同管理需要设立管理目标，并且管理目标可以分解为管理的各个阶段的目标。合同的管理目标应当落到实处。为此，还应当建立建设工程合同管理的评估制度。这样，才能有效地督促合同管理人员提高合同管理的水平。

5. 推行合同示范文本制度

合同管理的内容

推行合同示范文本制度，一方面有助于当事人了解、掌握有关法律、法规，使具体实施项目的建设工程合同符合法律法规的要求，避免缺款少项，防止出现显失公平的条款，也有助于当事人熟悉合同的运行；另一方面，有利于行政管理机关对合同的监督，有助于仲裁机构或者人民法院及时裁判纠纷，维护当事人的利益。使用标准化的范本签订合同，对完善建设工程合同管理制度起到了极大的推动作用。

第四节　合同的订立和效力

一、合同的形式

合同形式是当事人意思表示一致的外在表现形式。一般认为，合同的形式可分为口头形式、书面形式和其他形式。

1. 口头形式

口头形式是指以口头语言表现合同内容的形式。在日常的商品交换活动中，如买卖、交易关系中，口头形式的合同被人们普遍、广泛地应用。其优点是简便、迅速、易行；其缺点是一旦发生争议就难以查证，对合同的履行难以形成法律约束力。因此，口头合同要建立在双方相互信任的基础上，适用于不太复杂、不易产生争执的经济活动。在当前，运

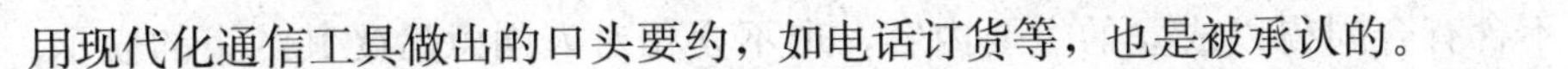

用现代化通信工具做出的口头要约，如电话订货等，也是被承认的。

2. 书面形式

书面形式是指以合同书、信件和数据电文(包括电报、电传、传真、电子数据交换和电子邮件)等有形地表现所载内容的形式。书面合同是用文字书面表达的合同。对于数量较大、内容比较复杂以及容易产生争执的经济活动必须采用书面形式的合同。书面形式的合同具有以下优点：

(1)有利于合同形式和内容的规范化。

(2)有利于合同管理规范化，便于检查、管理和监督，有利于双方依约执行。

(3)有利于合同的执行和争执的解决，举证方便，有凭有据。

(4)有利于更有效地保护合同双方当事人的权益。

书面形式的合同由当事人经过协商达成一致后签署。如果委托他人代签，代签人必须事先取得委托书作为合同附件，证明具有法律代表资格。

书面合同是最常用也是最重要的合同形式，人们通常所指的合同就是这一类。

3. 其他形式

其他形式则包括公证、审批、登记等形式。

如果以合同形式的产生依据划分，合同形式可分为法定形式和约定形式。合同的法定形式是指法律直接规定合同应当采取的形式。例如，《合同法》规定建设工程合同应当采用书面形式，当事人就不能对合同形式加以选择。合同的约定形式是指法律没有对合同形式做出要求，当事人可以约定采用何种合同形式。

二、合同订立的过程

当事人订立合同的过程，一般是先由当事人一方提出要约，再由另一方做出承诺的意思表示，签字、盖章后，合同即告成立。在法律程序上，订立合同的全过程划分为要约和承诺两个阶段。要约和承诺属于法律行为，当事人双方一旦做出相应的意思表示，就要受到法律的约束，否则必须承担一定的法律责任。

(一)要约

要约是指一方当事人以缔结合同为目的，向对方当事人所作的意思表示。发出要约的人为要约人，接受要约的人为受要约人。要约是订立合同所必须经过的程序。《合同法》第十四条规定："要约是希望和他人订立合同的意思表示。"

1. 要约的条件

要约应当具备以下条件：

(1)要约的内容必须具体、确定。

(2)表明经受要约人承诺，要约人即受该意思表示约束。具体地讲，要约必须是特定人的意思表示，必须是以缔结合同为目的。要约必须是对相对人发出的行为，必须由相对人承诺，虽然相对人的人数可能为不特定的多数人。

(3)要约必须具备合同的一般条款。

2. 要约邀请

要约邀请是希望他人向自己发出要约的意思表示。要约邀请并不是合同成立过程中的必经过程，它是当事人订立合同的预备行为，在法律上无须承担责任。这种意思表示的内容往往不确定，不含有合同得以成立的主要内容，也不含相对人同意后受其约束的表示。如招标公告、商业广告、招股说明书等，即是要约邀请。

【提示】 要约邀请有别于要约。要约邀请只是当事人为订立合同而进行的预备行为，严格而言，它还不是合同的协商阶段，不构成合同谈判的内容，其目的在于邀请别人向自己发出订约提议，当事人仍处于订立合同的准备阶段。要约邀请不发生要约的法律效力，受邀请人即便完全同意邀请方的要求，也并不产生合同。

3. 要约的撤回和撤销

要约撤回是指要约在发生法律效力之前，欲使其不发生法律效力而取消要约的意思表示。要约人可以撤回要约，撤回要约的通知应当在要约到达受要约人之前或同时到达受要约人。

要约撤销是指要约在发生法律效力之后，要约人欲使其丧失法律效力而取消该项要约的意思表示。要约可以撤销，撤销要约的通知应当在受要约人发出承诺通知之前到达受要约人。但有下列情形之一的，要约不得撤销：第一，要约人确定承诺期限或者以其他形式明示要约不可撤销；第二，受要约人有理由认为要约不可撤销，并已经为履行合同做了准备工作。可以认为，要约的撤销是一种特殊的情况，且必须在受要约人发出承诺通知之前到达受要约人。由于要约具有法律约束力，因此对其撤销不得过于随意，一般要求具备以下条件：

(1)要约的撤销必须在合同成立之前，即承诺生效之前，合同一旦成立，则属于合同的解除问题。

(2)要约的撤销必须以通知的方式进行，撤销通知必须于受要约人发出承诺前送达受要约人。若撤销通知虽然已发出，但在到达受要约人之前，承诺通知已经发出，则不能产生撤销的法律效力。

(二)承诺

承诺是受要约人同意要约的意思表示。承诺与要约一样，是一种法律行为。承诺应当在要约确定的期限内到达要约人。

1. 承诺的条件

(1)承诺必须由受要约人做出。非受要约人向要约人做出的接受要约的意思表示是一种要约而非承诺。

(2)承诺只能向要约人做出。承诺不能向非要约人做出，因为非要约人根本没有与其订立合同的意愿。

(3)承诺的内容应当与要约的内容一致。受要约人对要约的内容做出实质性变更的，视为新要约。

(4)承诺必须在承诺期限内发出。超过期限，除要约人及时通知受要约人该承诺有效外，视为新要约。

2. 承诺的期限

承诺必须以明示的方式，在要约规定的期限内做出。受要约人在承诺期限内发出承诺，按照通常情形能够及时到达要约人，但因其他原因承诺到达要约人时超过承诺期限的，除要约人及时通知受要约人因承诺超过期限不接受该承诺以外，该承诺有效。

3. 承诺的撤回

承诺的撤回是指承诺人阻止已发生的承诺发生法律效力的意思表示。承诺发生后，承诺人会因为考虑不周、承诺不当而企图修改承诺，或放弃订约，法律上有必要设定相应的补救机制，给予其重新考虑的机会。允许撤回承诺与允许撤回要约相对应，体现了当事人在订约过程中权利、义务是均衡、对等的。为保证交易的稳定，承诺的撤回也是附条件的。《合同法》第二十七条规定："承诺可以撤回。撤回承诺的通知应当在承诺通知到达要约人之前或者与承诺通知同时到达要约人。"但是在以行为承诺的情形下，要约要求的或习惯做法所认同的是：履约行为一经做出，合同就已成立，不得通过停止履行或恢复原状等方法来撤回承诺。

三、合同的内容

合同的内容由当事人约定，这是合同自由的重要体现。《合同法》规定了合同一般应当包括的条款，但具备这些条款不是合同成立的必备条件。合同的内容一般包括以下条款：当事人的名称或者姓名和住所、标的、数量、质量、价款或者报酬、合同期限、履行地点和方式、违约责任、解决争议的方法。

1. 当事人的名称或者姓名和住所

合同主体包括自然人、法人和其他组织。明确合同主体，对了解合同当事人的基本情况，履行合同和确定诉讼管辖具有重要的意义。自然人的姓名是指经户籍登记管理机关核准登记的正式用名。自然人的住所是指自然人有长期居住的意愿和事实的处所，即经常居住地。法人、其他组织的名称是指经登记主管机关核准登记的名称，如公司的名称以企业营业执照上的名称为准。法人、其他组织的住所是指它们的主要营业地或者主要办事机构所在地。当然，作为一种国家干预较多的合同，国家对建设工程合同的当事人有一些特殊的要求，如要求施工企业作为承包人时必须具有相应的资质等级。

2. 标的

标的是合同当事人双方权利、义务共同指向的对象。它可能是实物(如生产资料、生活资料、动产、不动产等)、行为(如工程承包、委托)或服务性工作(如劳务、加工)、智力成果(如专利、商标、专有技术)等。如工程承包合同，其标的是完成工程项目。标的是合同必须具备的条款。无标的或标的不明确，合同就不能成立，也无法履行。

3. 数量

数量是衡量合同标的多少的尺度，以数字和计量单位表示。没有数量或数量的规定不明确，则当事人双方权利义务的多少、合同是否完全履行都无法确定。数量必须严格按照国家规定的法定计量单位填写，以免当事人产生不同的理解。施工合同中的数量主要体现的是工程量的大小。

4. 质量

质量是标的的内在品质和外观形态的综合指标。签订合同时，必须明确质量标准。合同对质量标准的约定应当是准确而具体的，对于技术上较为复杂的和容易引起歧义的词语、标准，应当加以说明和解释。对于强制性的标准，当事人必须执行，合同约定的质量不得低于该强制性标准。对于推荐性的标准，国家鼓励采用。当事人没有约定质量标准的，如果有国家标准，则依国家标准执行；如果没有国家标准，则依行业标准执行；如果没有行业标准，则依地方标准执行；如果没有地方标准，则依企业标准执行。由于建设工程中的质量标准大多是强制性的质量标准，故当事人的约定不能低于这些强制性的标准。

5. 价款或者报酬

价款或者报酬是当事人一方向交付标的的另一方支付的货币。标的物的价款由当事人双方协商，但必须符合国家的物价政策，劳务酬金也是如此。合同条款中应写明有关银行结算和支付方法的条款。价款或者报酬在勘察、设计合同中表现为勘察设计费，在监理合同中则体现为监理费，在施工合同中则体现为工程款。

6. 合同期限、履行地点和方式

合同期限是指履行合同的期限，即从合同生效到合同结束的时间。履行地点是指合同标的物所在地，如以承包工程为标的的合同，其履行地点是工程计划文件所规定的工程所在地。

由于一切经济活动都是在一定的时间和空间内进行的，离开具体的时间和空间，经济活动是没有意义的，因此合同中应非常具体地规定合同期限和履行地点。

7. 违约责任

违约责任是合同一方或双方因过失不能履行或不能完全履行合同责任而侵犯了另一方权利时所应负的责任。违约责任是合同的关键条款之一。没有规定违约责任，则合同对双方难以形成法律约束力，难以确保合同圆满履行，发生争执时也难以解决。

8. 解决争议的方法

在合同履行过程中不可避免地会发生争议，为使争议发生后能够有一个双方都能接受的解决办法，应当在合同条款中对此做出规定。如果当事人希望通过仲裁作为解决争议的最终方式，则必须在合同中约定仲裁条款，因为仲裁是以自愿为原则的。

四、合同的成立

1. 合同成立的时间

《合同法》对合同成立的时间有以下几方面的规定：

(1)通常情况下，承诺生效时合同成立。

(2)当事人采用合同书形式订立合同的，自双方当事人签字或者盖章时合同成立。

(3)法律、行政法规规定或者当事人约定采用书面形式订立合同，当事人未采用书面形式，但一方已经履行主要义务，对方接受的，该合同成立。

(4)采用合同书形式订立合同，在签字或者盖章之前，当事人一方已经履行主要义务，对方接受的，该合同成立。

2. 合同成立的地点

合同成立的地点，关系到当事人行使权利、承担义务的空间范围，关系到合同的法律适用、纠纷管辖等一系列问题。《合同法》对合同成立的地点有以下几个方面的规定：

(1)作为一般规则，承诺生效的地点为合同成立的地点。

(2)采用数据电文形式订立合同的，收件人的主营业地为合同成立的地点；没有主营业地的，其经常居住地为合同成立的地点。当事人另有约定的，按照其约定。

(3)当事人采用合同书形式订立合同的，双方当事人签字或者盖章的地点为合同成立的地点。

五、缔约过失责任

1. 缔约过失责任的概念

缔约过失责任是指在合同缔结过程中，当事人一方或双方因自己的过失而致合同不成立、无效或被撤销，应对信赖其合同为有效成立的相对人赔偿基于此项信赖而发生的损害。缔约过失责任既不同于违约责任，也有别于侵权责任，是一种独立的责任。现实生活中确实存在由于过失给当事人造成损失，但合同尚未成立的情况。缔约过失责任的规定能够解决这种情况的责任承担问题。当事人在订立合同过程中有下列情形之一，给对方造成损失的，应当承担损害赔偿责任：

(1)假借订立合同，恶意进行磋商。

(2)故意隐瞒与订立合同有关的主要事实或提供虚假情况。

(3)有其他违背诚实信用原则的行为。

2. 缔约过失责任的构成

缔约过失责任是针对合同尚未成立应当承担的责任，其成立必须具备一定的要件，否则将极大地损害当事人协商订立合同的积极性。

(1)缔约一方有损失。损害事实是构成民事赔偿责任的首要条件，如果没有损害事实的存在，也就不存在损害赔偿责任。缔约过失责任的损失是一种信赖利益的损失，即缔约人信赖合同有效成立，但因法定事由发生，致使合同不成立、无效或被撤销等而造成的损失。

(2)缔约当事人有过错。承担缔约过失责任一方应当有过错，包括故意行为和过失行为导致的后果责任。这种过错主要表现为违反先合同义务。所谓先合同义务，是指自缔约人双方为签订合同而互相接触磋商开始但合同尚未成立，逐渐产生的注意义务(或称附随义务)，包括协助、通知、照顾、保护、保密等义务，自要约生效时开始产生。

(3)合同尚未成立。这是缔约过失责任有别于违约责任的最重要原因。合同一旦成立，当事人应当承担的是违约责任或者合同无效的法律责任。

(4)缔约当事人的过错行为与该损失之间有因果关系。缔约当事人的过错行为与该损失之间有因果关系，即该损失是由违反先合同义务引起的。

六、合同的效力

(一)合同生效

合同生效是指合同对双方当事人的法律约束力的开始。合同成立后，必须具备相应的法律条件才能生效，否则合同是无效的。

1. 合同生效的条件

合同生效应当具备下列条件：

(1)签订合同的当事人应具有相应的民事权利能力和民事行为能力，也就是主体要合法。在签订合同之前，要注意并审查对方当事人是否真正具有签订该合同的法定权力和行为能力，是否受委托以及委托代理的事项、权限等。

(2)意思表示真实。合同是当事人意思表示一致的结果，因此，当事人的意思表示必须真实。但是，意思表示真实是合同的生效条件而非合同的成立条件。意思表示不真实包括意思与表示不一致、不自由的意思表示两种。意思表示不真实的合同是不能取得法律效力的。例如，一方采用欺诈、胁迫的手段订立的合同，就是意思表示不真实的合同，这样的合同就欠缺生效的条件。

(3)合同的内容、合同所确定的经济活动必须合法，必须符合国家的法律、法规和政策要求，不得损害国家和社会公共利益。不违反法律或者社会公共利益，是合同有效的重要条件。所谓不违反法律或者社会公共利益，是就合同的目的和内容而言的。合同的目的，是指当事人订立合同的直接原因；合同的内容，是指合同中的权利义务及其指向的对象。不违反法律或者社会公共利益，实际上是对合同自由的限制。

2. 合同生效的时间

(1)合同生效时间的一般规定。一般来说，依法成立的合同，自成立时生效。具体地讲：口头合同自受要约人承诺时生效；书面合同自当事人双方签字或者盖章时生效；法律规定应当采用书面形式的合同，当事人虽然未采用书面形式但已经履行全部或者主要义务的，可以视为合同有效。

(2)附条件和附期限合同的生效时间。当事人可以对合同生效约定附条件或者约定附期限。附条件的合同，包括附生效条件的合同和附解除条件的合同两类。附生效条件的合同，自条件成就时生效；附解除条件的合同，自条件成就时失效。当事人为了自己的利益不正当阻止条件成就的，视为条件已经成就；不正当促成条件成就的，视为条件不成就。附期限的合同，包括附生效期限的合同和附终止期限的合同。附生效期限的合同，自期限届至时生效；附终止期限的合同，自期限届满时失效。

附条件合同的成立与生效不是同一时间，合同成立后虽然并未开始履行，但任何一方不得撤销要约和承诺，否则应承担缔约过失责任，赔偿对方因此而受到的损失；合同生效后，当事人双方必须忠实履行合同约定的义务，如果不履行或未正确履行义务，应按违约责任条款的约定追究责任。一方不正当地阻止条件成就，视为合同已生效，同样要追究其违约责任。

(二)效力待定合同

效力待定合同又称效力未定合同，是指法律效力尚未确定，尚待有权利的第三方为一定意思表示来最终确定效力的合同。效力待定合同主要有以下几种情况：

(1)限制民事行为能力人订立的合同。无民事行为能力人不能订立合同，限制行为能力人一般情况下也不能独立订立合同。限制民事行为能力人订立的合同，经法定代理人追认以后，合同有效。限制民事行为能力人的监护人是其法定代理人。相对人可以催告法定代理人在1个月内予以追认，法定代理人未作表示的，视为拒绝追认。合同被追认之前，善意相对人有撤销的权利。撤销应当以通知的方式做出。

(2)无权代理订立的合同。代理人没有代理权(即自始不存在被代理人的授权)、超越代理权(被代理人有授权但代理人的行为不在授权之列)、代理权终止(指定的代理事项完结、代理期限届满、被代理人撤回授权)后以被代理人名义订立的合同，只有经过被代理人的追认，才对被代理人发生法律效力，即合同生效；如果被代理人不追认，代理人所签合同对被代理人不发生效力，由行为人承担法律责任。可见，无权代理订立的合同对被代理人是否有效，关键取决于被代理人是否追认。

(3)无处分权人订立的合同。处分权是所有权内容的核心，是所有权最基本的权能，指对物进行处置、决定物的命运的权能。如承租人未经出租人同意擅自转租，保管人擅自将储存物变卖，这种无处分权的人处分他人财产订立的合同，为效力待定合同，但"经权利人追认或者无处分权的人订立合同后取得处分权的，该合同有效"。如保管人将变卖储存物的货款交给货主，货主收取而无异议的，或处分财产时尚无处分权，事后由于继承、合并、买卖或赠与等方式取得了处分权的，合同均为有效。

(4)表见代理人订立的合同。"表见代理"是善意相对人通过被代理人的行为足以相信无权代理人具有代理权的代理。基于此项信赖，该代理行为有效。善意第三人与无权代理人进行的交易行为(订立合同)，其后果由被代理人承担。表见代理的规定，其目的是保护善意的第三人。在现实生活中，较为常见的表见代理是采购员或者推销员拿着盖有单位公章的空白合同文本，超越授权范围与其他单位订立合同。此时其他单位如果不知采购员或者推销员的授权范围，即为善意第三人。此时订立的合同有效。

(5)法人或其他组织的法定代表人、负责人越权订立的合同。法人或其他组织的法定代表人、负责人超越权限订立的合同，除相对人知道或应当知道其超越权限以外，该代表行为有效。

(三)无效合同

无效合同是指虽经当事人协商签订，但因其不具备或违反法定条件，按国家法律规定不承认其效力的合同。

1. 无效合同的情形

根据《合同法》规定，有下列五种情形之一的，合同无效：

(1)一方以欺诈、胁迫的手段订立合同，损害国家利益。

(2)恶意串通，损害国家、集体或者第三人利益。

(3)以合法形式掩盖非法目的。

(4)损害社会公共利益。

(5)违反法律、行政法规的强制性规定。

2. 免责条款

免责条款是指合同中旨在排除或限制当事人未来应负责任的合同条款。免责条款根据不同的划分标准可作不同的分类。

(1)按排除和限制的责任范围，免责条款可划分为：

1)完全免责条款，如"货经售出，概不退换"。

2)部分免责条款，可以表现为规定责任的最高限额、计算方法，如洗涤、冲晒合同规定："如有遗失、损坏，最高按收取费用的10倍赔偿"；有的列明免责的具体项目，如保险单；有的两者同时使用。

(2)按免责条款的运用，可划分为格式合同中的免责条款和一般合同中的免责条款。一般而言，国家对格式合同的规制较严，对其中的免责条款效力的认定条件从严；对于后者相对较宽。

【注意】 并不是所有免责条款都有效，合同中的下列条款无效：

(1)造成对方人身伤害的。

(2)因故意或者重大过失造成对方财产损失的。

上述两种免责条款具有一定的社会危害性，双方即使没有合同关系也可追究对方的侵权责任。因此，这两种免责条款无效。

3. 无效合同的法律后果

合同被确认无效后，尚未履行或正在履行的，应当立刻终止履行。对无效合同的财产后果，应本着维护国家利益、社会公共利益和保护当事人合法权益相结合的原则，根据《合同法》的规定予以处理。

(1)返还财产。由于无效合同自始没有法律约束力，因此返还财产是处理无效合同的主要方式。合同被确认无效后，当事人依据该合同所取得的财产，应当返还给对方；不能返还的，应当作价补偿。建设工程合同如果无效一般都无法返还财产，因为无论是勘察设计成果还是工程施工，承包人的付出都是无法返还的，一般应当采用作价补偿的方法处理。

(2)赔偿损失。赔偿损失是指不能返还财产时，由有过错一方当事人承担因其过错而给另一方当事人造成额外损失的法律责任。如果无效经济合同当事人双方都有过错，也即发生混合过错时，则当事人双方各自承担与其过错相应的法律责任。

(3)追缴财产。追缴财产是指当事人故意违反国家利益或社会公共利益所签订的经济合同被确认无效后，国家机关依法采取的最严厉的经济制裁手段。如果只有一方是故意的，那么故意的一方应将从对方取得的财产返还对方；非故意的一方已经从对方取得或约定取得的财产，应收归国库所有。

(四)可变更或可撤销的合同

可变更或可撤销的合同，是指欠缺生效条件，但一方当事人可依照自己的意思使合同的内容变更或者使合同的效力归于消灭的合同。如果合同当事人对合同的可变更或可撤销发生争议，那么只有人民法院或者仲裁机构有权变更或者撤销合同。可变更或可撤销的合同不同于无效合同，当事人提出请求是合同被变更、撤销的前提，人民法院或者仲裁机构不得主动变更或者撤销合同。当事人如果只要求变更，人民法院或者仲裁机构不得撤销其合同。

1. 可变更或可撤销合同的条件

有下列情形之一的，当事人一方有权请求人民法院或者仲裁机构变更或者撤销其合同：

(1)因重大误解订立。

(2)在订立合同时显失公平。

(3)一方以欺诈、胁迫的手段或者乘人之危，使对方在违背真实意思的情况下订立的合同。

【提示】 对于可撤销合同，只有受损害方才有权提出变更或撤销。有过错的一方不仅不能提出变更或撤销，而且还要赔偿对方因此所受到的损失。

2. 可变更或可撤销合同的变更或撤销

可撤销合同为效力相对合同，依据权利人的意思表示可使合同处于不同的效力状态。也就是说，权利人有按其意思决定合同命运的选择权。例如，权利人有权完全接受原合同，不行使变更或撤销的请求权；有权在承认合同效力的前提下，请求变更合同内容；也有权请求撤销合同。当事人的自由选择权应受到尊重，可撤销的合同是否变更或被撤销，以当事人主动行使请求权为前提，即必须向法院或仲裁机构诉讼或申请仲裁，当事人不行使程序上的主张权，有关机关不得依职权加以变更或撤销。

由于可撤销的合同只涉及当事人意思表示不真实的问题，因此法律对撤销权的行使有一定的限制。有下列情形之一的，撤销权消灭：

(1)具有撤销权的当事人自知道或者应当知道撤销事由之日起1年内没有行使撤销权。

签订合同有哪些注意事项

(2)具有撤销权的当事人知道撤销事由后明确表示或者以自己的行为放弃撤销权。

(3)确认权属人民法院或仲裁机构。《合同法》一方面赋予当事人一方撤销权，另一方面要求必须由当事人一方行使请求权，由人民法院或仲裁机构来确认，即人民法院或仲裁机构有权决定变更或是否撤销。

3. 合同被撤销后的法律后果

合同被撤销后的法律后果与合同无效的法律后果相同，也是返还财产、赔偿损失、追缴财产三种。

第五节　合同的履行与担保

一、合同的履行

(一)合同履行的概念

合同的履行方式

合同的履行是指当事人双方按照合同规定的标的、数量、质量、价款或酬金、履行期限、履行地点和履行方式等，全面地完成各自承担的义务。合同的内容是债权人的权利和债务人的义务。债务人履行了自己的义务，债权人实现了自己的权利，合同的内容就得到了实现，合同也就得到了履行。

如果当事人只完成了合同规定的部分义务，则称为合同的部分履行，或不完全履行合同；如果完全没有履行合同规定的义务，则称为合同未履行，或不履行合同。

(二)合同履行的原则

1. 全面履行原则

当事人应当按照约定全面履行自己的义务，即按合同约定的标的、价款、数量、质量、地点、期限、方式等全面履行各自的义务。按照约定履行自己的义务，既包括全面履行合同义务，也包括正确适当地履行合同义务。合同有明确约定的，应当依约定履行。但是，合同约定不明确并不意味着合同无须全面履行或约定不明确部分可以不履行。

当事人就合同内容没有约定或者约定不明确的，可以协议补充；不能达成补充协议的，按照合同有关条款或者交易习惯确定，仍不能确定的，适用下列规定：

(1)质量要求不明确的，按照国家标准、行业标准履行；没有国家标准、行业标准的，按照通常标准或者符合合同目的的特定标准履行。

(2)价款或者报酬不明确的，按照订立合同时履行地的市场价格履行；依法应当执行政府定价或者政府指导价的，按照规定履行。

(3)履行地点不明确，给付货币的，在接受货币一方所在地履行；交付不动产的，在不动产所在地履行；其他标的，在履行义务一方所在地履行。

(4)履行期限不明确的，债务人可以随时履行，债权人也可以随时要求履行，但应当给对方必要的准备时间。

(5)履行方式不明确的，按照有利于实现合同目的的方式履行。

(6)履行费用的负担不明确的，由履行义务一方负担。

2. 诚实信用原则

诚实信用原则要求人们在市场交易中讲究信用、恪守诺言、诚实无欺，在不损害他人经济利益的前提下追求自己的利益。这一原则对于一切合同及合同履行的各个方面均应适用。

(三)合同履行中的抗辩权

对于双务合同，合同各方当事人既享有权利也负有义务。当事人应当按照合同的约定履行义务，如果不履行义务或者履行义务不符合约定，债权人有权要求对方履行。所谓抗辩权，就是指一方当事人有依法对抗对方要求或否认对方权利主张的权利。

1. 同时履行抗辩权

当事人互负债务，没有先后履行顺序的，应当同时履行。同时履行抗辩权包括：一方在对方履行之前有权拒绝其履行要求；一方在对方履行债务不符合约定时，有权拒绝其相应的履行要求。例如，施工合同中期付款时，对承包人施工质量不合格部分，发包人有权拒付该部分的工程款；如果发包人拖欠工程款，则承包人可以放慢施工进度，甚至停止施工，产生的后果，由违约方承担。

同时履行抗辩权的构成条件是：

(1)双方当事人因同一双务合同互负对价义务，即双方的债务须是同一双务合同产生，且债务具有对价性。两项给付互为条件或互为原因，两项给付的交换即为合同的履行。若双方非因同一合同产生的债务或债务虽是同一合同产生但不具有对价性，都不能成立，不能同时履行抗辩权。

(2)两项给付没有履行先后顺序。当事人没有约定，法律也没有规定合同哪一方负有先履行给付的义务，当事人只有在此情况下才可行使同时履行抗辩权。

(3)对方当事人未履行给付或未提出履行给付。同时履行的提出是为了催促另一方当事人及时给付，故在一方当事人履行了给付后，同时履行抗辩原因就消失了。对于当事人提出履行给付的，一般来说，对方当事人不产生同时履行抗辩权。但此处的“提出履行给付”应满足两个条件：一是当事人表示要履行给付义务；二是当事人在合同规定的履行期限到来时有充分的能力履行其给付义务。否则提出履行给付不可能构成对同时履行抗辩权的对抗。

(4)同时履行抗辩权的行使，以对方给付尚属可能为限。同时履行抗辩权的行使是期待对方当事人与自己同时履行给付。若对方当事人已丧失履行能力，则合同归于解除，同时履行抗辩权就丧失了存在价值和基础。

2. 后履行抗辩权

后履行抗辩权也包括两种情况：当事人互负债务，有先后履行顺序的，应当先履行的一方未履行时，后履行的一方有权拒绝其对本方的履行要求；应当先履行的一方履行债务不符合规定的，后履行的一方也有权拒绝其相应的履行要求。例如，材料供应合同按照约定应由供货方先行交付订购的材料后，采购方再行付款结算，若合同履行过程中供货方交付的材料质量不符合约定的标准，那么采购方有权拒付货款。

后履行抗辩权的构成条件是：

(1)由同一双务合同产生互负的对价给付债务。

(2)合同中约定了履行的顺序。

(3)应当先履行的合同当事人没有履行债务或者没有正确履行债务。

(4)应当先履行的对价给付是可能履行的义务。

3. 先履行抗辩权

先履行抗辩权又称不安抗辩权，是指合同中约定了履行的顺序，合同成立后发生了应当后履行合同一方财务状况恶化的情况，应当先履行合同一方在对方未履行或者提供担保前有权拒绝先为履行。设立不安抗辩权的目的在于，预防合同成立后情况发生变化而损害合同另一方的利益。

先履行抗辩权的构成条件是：

(1)先履行抗辩权的合同属双务合同，在时间上存在前后先继的两个不同履行次序。倘若没有履行上的先后次序之分，应为同时履行，则适用同时履行抗辩权。

(2)行使先履行抗辩权必须基于对方有不履行合同的危险。如后履行一方财务状况恶化，履约能力急剧下降，存在明显的不履行合同的预兆，此时要求先履行一方依约履行合同，只能是无谓地扩大损失，是不公平的。因而先履行一方预料到对方确实不能履行义务时有权行使抗辩权。

(3)对方不履行合同必须建立在确切的证据基础上。由于经济生活极为复杂多变，对后履行一方的担忧不应当是主观上的推测、预料、臆断，必须通过客观的事实来证明。

【提示】 应当先履行合同的一方有确切证据证明对方有下列情形之一的，可以中止履行：

(1)经营状况严重恶化。

(2)转移财产、抽逃资金，以逃避债务的。

(3)丧失商业信誉。

(4)有丧失或者可能丧失履行债务能力的其他情形。

当事人中止履行合同的，应当及时通知对方。对方提供适当的担保时应当恢复履行。中止履行后，对方在合理的期限内未恢复履行能力并且未提供适当的担保，中止履行一方可以解除合同。当事人没有确切证据就中止履行合同的应承担违约责任。

(四)合同保全措施

合同保全措施是指为防止合同债务人消极对待债权导致没有履行能力而给债权人带来危害，允许债权人实施一定的行为以保持债务人财产的完整、实现债权的法律措施。合同保全措施有代位权和撤销权两种。

1. 代位权

代位权是指因债务人怠于行使其到期债权，对债权人造成损害，债权人可以向人民法院请求以自己的名义代位行使债务人的债权。但该债权专属于债务人时不能行使代位权。代位权的行使范围以债权人的债权为限，其发生的费用由债务人承担。

代位权的效力，对于债务人，可消灭其与债权人、第三人之间的债权关系。对于债权人，其行使代位权，在取得的财产的范围内，消灭了对债务人的债权关系。对于第三人，合同债权人行使权利的效果等同于合同债务人行使，具有消灭债的效力，其对合同债务人的抗辩权均能对抗债权人。

2. 撤销权

撤销权是指因债务人放弃其到期债权或者无偿转让财产，对债权人造成损害的，债权人可以请求人民法院撤销债务人的行为。债务人以明显不合理低价转让财产，对债权人造成损害的，并且受让人知道该情形的，债权人可以请求人民法院撤销债务人的行为。撤销权的行使范围以债权人的债权为限，其发生的费用由债务人承担。撤销权自债权人知道或者应当知道撤销事由之日起1年内行使。自债务人的行为发生之日起5年内没有行使撤销权的，该撤销权消灭。

二、合同的担保

(一)合同担保的概念

合同担保是指法律规定或者由当事人双方协商约定的确保合同按约履行所采取的具有法律效力的一种保证措施。担保通常由当事人双方订立担保合同。担保合同是被担保合同的从合同，被担保合同是主合同，主合同无效，从合同也无效。担保合同另有约定的按照约定。

(二)合同担保的方式

合同的担保方式有保证、抵押、质押、留置和定金五种。

1. 保证

保证是指保证人和债权人约定，当债务人不履行债务时，保证人按照约定履行债务或者承担责任的行为。具有代为清偿债务能力的法人、其他组织或者公民，可以作保证人。保证人和债权人应当以书面形式订立保证合同，保证合同应包括以下内容：被保证的主债权种类、数额；债务人履行债务的期限；保证的方式；保证担保的范围；保证的期限；双方认为需要约定的其他事项等。

同一债务有两个以上保证人的，保证人应当按照保证合同约定的保证份额，承担保证责任。没有约定保证份额的，保证人承担连带责任，债权人可以要求任何一个保证人承担全部保证责任，保证人都负有担保全部债权实现的义务。

保证的方式有一般保证和连带责任保证两种。

(1)一般保证。当事人在保证合同中约定，债务人不能履行债务时，由保证人承担保证责任的，为一般保证。除特殊情况外，一般保证的保证人在主合同纠纷未经审判或者仲裁，并就债务人财产依法强制执行仍不能履行债务前，对债权人可以拒绝承担保证责任。

(2)连带责任保证。当事人在保证合同中约定保证人与债务人对债务承担连带责任的，为连带责任保证。连带责任保证的债务人在主合同规定的债务履行期届满没有履行债务的，债权人可以要求债务人履行债务，也可以要求保证人在其保证范围内承担保证责任。

2. 抵押

抵押是指合同当事人一方或者第三人不转移对财产的占有，将该财产向对方保证履行经济合同义务的一种担保方式。提供财产的一方称为抵押人，接受抵押财产的一方称为抵押权人，抵押人不履行合同时，抵押权人有权在法律许可的范围内变卖抵押物，从变卖抵押物价款中优先受偿。所谓优先受偿，是指抵押人有两个以上债权人时，抵押权人将抵押财产变卖后，可以优先于其他债权人受偿。变卖抵押物价款，不足给付应当清偿的数额时，抵押权人有权向负有清偿义务的一方请求给付不足部分，如有剩余，则应退还抵押人。

(1)抵押财产。抵押的财产必须是法律允许流通和允许强制执行的财产。下列财产可以抵押：

1)抵押人所有的房屋和其他地上定着物。

2)抵押人所有的机器、交通运输工具和其他财产。

3)抵押人依法有权处分的国有土地使用权、房屋和其他地上定着物。

4)抵押人依法有权处分的国有机器、交通运输工具和其他财产。

5)抵押人依法承包并经发包方同意抵押的荒山、荒沟、荒丘、荒滩等荒地的土地使用权。

6)依法可以抵押的其他财产。

(2)抵押合同。抵押人和抵押权人应当以书面形式订立抵押合同。抵押合同应当包括以下内容：被担保的主债权种类、数额；履行债务的期限；抵押物的名称、数量、所有权权属等；抵押担保的范围。

订立抵押合同时，抵押权人和抵押人在合同中不得约定，在债务履行期届满抵押权人未受清偿时，抵押物的所有权转移为债权人所有。

法律规定，抵押人以土地使用权、城市房地产权等财产作为抵押物时，当事人应到有关主管登记部门办理抵押物登记手续，抵押合同自登记之日起生效。当事人以其他财产抵押的，可以自愿办理抵押物登记，抵押合同自签订之日起生效。

(3)抵押权的实现。当债务履行期届满而抵押权人未受清偿的，债权人可以与抵押人协议以抵押物折价或者以拍卖、变卖该抵押物所得的价款受偿；协议不成的，抵押权人可以向人民法院提起诉讼。抵押物折价或者拍卖、变卖后，其价款超过债权数额的部分归债务人所有，不足部分由债务人清偿。

3. 质押

质押是指债务人或者第三人将其动产或者权利凭证移交债权人占有，将该动产或者权利作为债权的担保。质押分为动产质押和权利质押两类。

质权人有权收取质物所生的孳息，负有妥善保管质物的义务。债务履行期届满债务人履行债务的，或者出质人提前清偿所担保的债权的，质权人应当返还质物。

债务履行期届满质权人未受清偿的，可以与出质人协议以质物折价，也可以依法拍卖、变卖质物。质物折价或者拍卖、变卖后，其价款超过债权数额的部分归出质人所有，不足部分由债务人清偿。

可以质押的权利包括：

(1)汇票、支票、本票、债券、存款单、仓单和提单。

(2)依法可以转让的股份、股票。

(3)依法可以转让的商标专用权、专利权、著作权中的财产权。

(4)依法可以质押的其他权利。

4. 留置

留置是指债权人按照合同约定占有债务人的动产，债务人不按照合同约定的期限履行债务的，债权人有权依照法律规定留置该财产，以该财产折价或者以拍卖、变卖该财产的价款优先受偿。

由于留置是一种较为强烈的担保方式，故必须有法律明确规定才可实施。因保管合同、运输合同、加工承揽合同、法律规定可以留置的其他合同发生的债权，债务人不履行债务的，债权人有留置权。当事人可以在合同中约定不得留置的物。

债权人与债务人应当在合同中约定，债权人留置财产后，债务人应当在不少于两个月的期限内履行债务。债权人与债务人如未约定，债权人留置债务人财产后，应当确定两个月以上的期限，通知债务人在该期限内履行债务。债务人逾期仍不履行的，债权人可以与债务人协议以留置物折价，也可以依法拍卖、变卖留置物，其价款超过债权数额的部分归债务人所有，不足部分由债务人清偿。

留置权与抵押权作为经济合同的担保各有特点。它们的主要区别如下：

(1)抵押行为是抵押人的自愿行为；留置行为则是留置人被强制行为。

(2)抵押物的所有人可能是合同当事人，也可能是第三者；留置物的所有人是合同当事人。

(3)抵押物并非债权人、债务人权利义务关系的客体，而是主债关系客体之外的物；而留置物则正是引起主债关系之物。

5. 定金

定金是指在债权债务关系中，一方当事人在债务未履行之前交付给另一方的一定数额货币的担保。债务人履行债务后，定金应当抵作价款或者收回。给付定金的一方不履行约定的债务的，无权要求返还定金；收受定金的一方不履行约定的债务的，应当双倍返还定金。

定金应当以书面形式约定。当事人在定金合同中应当约定交付定金的期限。定金合同从实际交付定金之日起生效。定金的数额由当事人约定，但不得超过主合同标的额的20%。

第六节　合同的变更、转让和终止

一、合同的变更

合同的变更是指合同依法成立后，在尚未履行或尚未完全履行时，当事人双方经协商依法对合同的内容进行修订或调整所达成的协议。例如，对合同约定的数量、质量标准、履行期限、履行地点和履行方式等进行变更。合同变更一般不涉及已履行部分，而只对未履行的部分进行变更，因此，合同变更不能在合同完全履行后进行，只能在完全履行合同之前进行。

《合同法》规定，当事人协商一致，可以变更合同。当事人变更合同的方式类似于订立合同的方式，经过提议和接受两个步骤。要求变更合同的一方首先提出建议，明确变更的内容，以及变更合同引起的后果处理。另一方当事人对变更表示接受。这样，双方当事人对合同的变更达成协议。一般来说，书面形式的合同，变更协议也应采用书面形式。应当注意的是，当事人对合同变更只是一方提议，而未达成协议时，不产生合同变更的效力；当事人对合同变更的内容约定不明确的，同样也不产生合同变更的效力。

合同变更与合同更新

二、合同的转让

合同的转让，是指当事人一方将合同的权利和义务转让给第三人，由第三人接受权利和承担义务的法律行为。合同转让可以部分转让，也可以全部转让。随着合同的全部转让，原合同当事人之间的权利和义务关系消灭，与此同时，在未转让一方当事人和第三人之间形成新的权利义务关系。

1. 债权转让

债权转让是指合同当事人将合同中的权利全部或部分转让给第三方的行为。转让合同权利的当事人称为让与人，接受转让的第三人称为受让人。《合同法》规定了权利不得转让的情形和债权人转让权利的条件如下：

(1)不得转让的情形：

1)根据合同性质不得转让；

2)按照当事人约定不得转让；

3)依照法律规定不得转让。

(2)债权人转让权利的条件：债权人转让权利的，应当通知债务人。未经通知，该转让对债务人不发生效力。除非受让人同意，否则债权人转让权利的通知不得撤销。

2. 债务转让

债务转让是指债务人将合同的义务全部或部分地转移给第三人的行为。《合同法》规定了债务人转让合同义务的条件：债务人将合同的义务全部或部分转让给第三人，应当经债权人同意。

3. 债权债务一并转让

债权债务一并转让是指当事人一方将债权债务一并转让给第三人，由第三人接受这些债权债务的行为。

当事人订立合同后合并的，由合并后的法人或其他组织行使合同权利，履行合同义务。当事人订立合同后分立的，除另有约定外，由分立的法人或其他组织对合同的权利和义务享有连带债权，承担连带债务。

三、合同的终止

合同的终止是指合同效力归于消灭，合同中的权利义务对双方当事人不再具有法律约束力。合同的终止即为合同的死亡，是合同生命旅程的终结。合同终止后，权利义务主体不复存在，但一些附随义务依然存在。

另外，合同终止后有些内容具有独立性，并不因合同的终止而失去效力。《合同法》第五十七条规定，合同终止的，不影响合同中独立存在的有关解决争议方法的条款的效力；第九十八条规定，合同权利义务终止，不影响合同中结算和清理条款的效力。

1. 合同终止的原因

合同的权利义务可由下列原因而终止：

(1)债务已经按照约定履行。债务人向债权人履行合同规定的义务后，合同的权利义务即告终止。但这种履行一般情况下应由债务人自己履行，且标的物应符合合同的约定。

(2)合同解除。

(3)债务相互抵消。当合同当事人彼此互负债务，且债务种类相同，并均已届清偿期，则双方各以其债权充当债务的清偿，从而使其债务与对方的债务在等额的范围内相互消灭。

(4)债务人依法将标的物提存。提存是指在债务人履行债务时，由于债权人无正当理由拒绝受领、下落不明等情形，债务人有权把应给付的金钱或其他物品寄托于法定的提存所，从而使债的关系归于消灭的一种行为。

(5)债权人免除债务。免除债务是指债权人免除债务人的债务，也即债权人放弃其债权。债权人既可免除全部债务，也可部分免除债务。

(6)债权债务同归于一人。当债权与债务同属于一个人时，债的关系已无存在的必要，应归于消灭。但合同涉及第三人利益的则不能终止权利义务。

(7)法律规定的其他情形。合同权利义务终止的情形不限于以上几种，如时效等法律有规定的情况也可能导致合同终止。

2. 合同的解除

合同的解除是指在合同没有履行或没有完全履行之前，因订立合同所依据的主、客观情况发生变化，致使合同的履行成为不可能或不必要，依照法律规定的程序和条件，合同当事人的一方或者协商一致后的双方终止原合同法律关系。

(1)合同解除的种类。合同解除可分为约定解除和法定解除。

1)约定解除。约定解除是当事人通过行使约定的解除权或者双方协商决定而进行的合同解除。当事人协商一致可以解除合同，即合同的协商解除。当事人也可以约定一方解除合同的条件，解除合同条件成熟时，解除权人可以解除合同，即合同约定解除权的解除。

2)法定解除。法定解除是解除条件直接由法律规定的合同解除。当法律规定的解除条件具备时，当事人可以解除合同。它与合同约定解除权的解除都是具备一定解除条件时，由一方行使解除权；区别则在于解除条件的来源不同。

(2)合同解除的条件。当有下列情形之一的，当事人可以解除合同：

合同终止与
合同解除的区别

1)因不可抗力致使不能实现合同目的。

2)在履行期限届满之前，当事人一方明确表示或者以自己的行为表明不履行主要债务。

3)当事人一方迟延履行主要债务，经催告后在合理期限内仍未履行。

4)当事人一方迟延履行债务或者有其他违约行为致使不能实现合同目的。

5)法律规定的其他情形。

第七节 违约责任及合同争议的处理

一、违约责任

(一)违约责任的概念及分类

违约责任是指当事人任何一方不履行合同义务或者履行合同义务不符合约定而应当承担的法律责任。违约行为的表现形式包括不履行和不适当履行。不履行是指当事人不能履行或者拒绝履行合同义务。不能履行合同的当事人一般也应承担违约责任。不适当履行则包括不履行以外的其他所有违约情况。当事人一方不履行合同义务，或履行合同义务不符合约定的，应当承担继续履行、采取补救措施或者赔偿损失等违约责任。当事人双方都违反合同的，应各自承担相应的责任。

违反合同的责任，可以从约定违约责任的角度分为：

(1)法定违约责任，是指当事人根据法律规定的具体数目或百分比所承担的违约责任。

(2)约定违约责任，是指在现行法律中没有具体规定违约责任的情况下，合同当事人双方根据有关法律的基本原则和实际情况，共同确定的合同违约责任。当事人在约定违约责任时，应遵循合法和公平的原则。

(3)法律和合同共同确定的违约责任，是指现行法律对违约责任只规定了一个浮动幅度(具体数目或百分比)，然后由当事人双方在法定浮动幅度之内具体确定一个数目或百分比。例如，工矿产品购销合同中，通用产品的违约金为不能交货部分货款总值的1%～5%，在此浮动幅度内由供、需双方共同确定具体比例。

(二)承担违约责任的条件

当事人承担违约责任的条件，是指当事人承担违约责任应当具备的要件。按照《合同法》规定，承担违约责任的条件采用严格责任原则，只要当事人有违约行为，即当事人不履行合同或者履行合同不符合约定的条件，就应当承担违约责任。具体来说，违反合同的当事人的行为符合下列条件时，应当承担法律责任：

(1)违反合同要有违约事实。当事人不履行或不完全履行合同约定义务的行为一经出现，即形成违约事实，无论造成损失与否，均应承担违约责任。

(2)违反合同的行为人有过错。所谓过错，包括故意和过失，是指行为人决定实施其行为时的心理状态。

(3)违反合同的行为与违约事实之间有因果关系。

【提示】 当事人一方不履行非金钱债务或者履行非金钱债务不符合约定的，对方可以要求履行，但有下列情形之一的除外：

(1)法律上或事实上不能履行。

(2)债务的标的不适于强制履行或者履行费用过高。

(3)债权人在合理期限内未要求履行。

(三)承担违约责任的方式

1. 继续履行

继续履行，是指由于当事人一方的过错造成违约事实发生，并向对方支付违约金或赔偿金之后，合同未经解除，仍然不失去其法律效力，也即并不因违约人支付违约金或赔偿金而免除其继续履行合同的义务。合同的继续履行，既是实际履行原则的体现，也是一种违约责任，它可以实现双方当事人订立合同时要达到的实际目的。合同的继续履行有如下限制：

(1)法律上或者事实上不能履行。例如，合同标的物成为国家禁止或限制物，标的物丧失、毁坏、转卖他人等情形，使继续履行成为不必要或不可能。

(2)债务的标的不适于强制履行或者履行费用过高。

(3)债权人在合理期限内未要求履行的，债务人可以免除继续履行的责任。

2. 采取补救措施

补救措施主要是指《民法通则》和《合同法》中所确定的，在当事人违反合同的事实发生后，为防止损失发生或者扩大，而由违反合同一方依照法律规定或者约定采取的修理、更换、重新制作、退货、降低价格或者报酬等措施，以给权利人弥补或者挽回损失的责任形式。补救措施应是继续履行合同、质量救济、赔偿损失等之外的法定救济措施。补救措施在不同的违约中有不同的表现形式，如出卖人自己生产的产品数量不足，经买受人同意用购买替代品来履行等。

3. 赔偿损失

当事人一方不履行合同义务或者履行合同义务不符合约定的，给对方造成损失的，应当赔偿对方的损失。当事人一方违反经济合同的赔偿责任，应当赔偿另一方因此所受到的损失，包括财产的毁损、灭失、减少和为减少损失所发生的费用以及按照合同约定履行可以获得的利益。但违约一方的损失赔偿不得超过它订立合同时应当预见到的损失。法律、法规规定责任限额的，依照法律、法规的规定承担责任。当事人也可以在合同中约定因违约而产生的损失赔偿额的计算方法。

赔偿损失金应在明确责任后10日内偿付，否则按逾期付款处理。所谓明确责任，在实践中有两种情况：一是由双方自行协商明确各自的责任；二是由合同仲裁机关或人民法院明确责任。日期的计算，前者以双方达成协议之日起计算，后者以调解书送达之日起或裁决书、审判书生效之日起计算。

4. 支付违约金

违约金是指当事人因过错不履行或不完全履行经济合同，应付给对方当事人的、由法律规定或合同约定的一定数额的货币。违约金兼具补偿性和惩罚性。当事人约定的违约金应当在法律、法规允许的幅度、范围内；如果法律、法规未对违约金幅度作限定，约定违约金的数额一般以不超过合同未履行部分的价款总额为限。违约金一般分为法定违约金和约定违约金。

5. 定金

定金是指合同当事人一方为担保合同债权的实现而向另一方支付的金钱。定金作为合同成立的证明和履行的保证，在合同履行后，应将定金收回或者抵作价款。给付定金的一方不履行约定债务的，无权要求返还定金；收受定金的一方不履行约定债务的，应当双倍返还定金。

当事人既约定违约金，又约定定金的，一方违约时，对方可以选择适用违约金或定金的条款。但是，这两种违约责任不能合并使用。

二、合同争议的处理

合同争议也称合同纠纷，是指合同当事人对合同规定的权利和义务产生了不同的理解。合同争议的解决方式有协商、调解、仲裁、诉讼等四种。

(一)协商

协商是由合同当事人双方在自愿互谅的基础上，按照法律、法规的规定，通过摆事实、讲道理解决纠纷的一种办法。

合同当事人之间发生争议时，首先应当采取友好协商解决纠纷，这种方式可以最大限度地减少由于纠纷而造成的损失，从而实现合同目的。此外，还可以节省人力、时间和财力，有利于双方往来的发展，提高社会信誉。

(二)调解

调解是指合同当事人对合同所约定的权利、义务发生争议，不能达成和解协议时，在经济合同管理机关或有关机关、团体等的主持下，通过对当事人进行说服教育，促使双方互相做出适当的让步，平息争端，自愿达成协议，以求解决经济合同纠纷的方法。

在实践中，依据调解人的不同，合同调解有民间调解、行政调解、仲裁机关调解和法庭调解四种方式。

(三)仲裁

仲裁又称为公断，是指当发生合同纠纷而协商不成时，仲裁机构根据当事人的申请，对其相互之间的合同争议，按照仲裁法律规范的要求进行仲裁并做出裁决，从而解决合同纠纷的法律制度。

1. 仲裁的原则

合同的仲裁应遵守以下原则：

(1)自愿原则。我国法律对解决合同争议是否选择仲裁方式以及选择何种仲裁机构本身并无强制性规定。当事人采用仲裁方式解决纠纷，应当贯彻双方自愿原则，达成仲裁协议。如有一方不同意进行仲裁的，仲裁机构即无权受理合同纠纷。

(2)公平合理原则。仲裁员应依法公平合理地进行裁决。

(3)仲裁依法独立进行原则。仲裁机构是独立的组织，相互间也无隶属关系。仲裁依法独立进行，不受行政机关、社会团体和个人的干涉。

(4)一裁终局原则。裁决做出后，当事人就同一纠纷再申请仲裁或者向人民法院起诉的，仲裁委员会或者人民法院不予受理，依据《中华人民共和国仲裁法》规定撤销裁决的除外。

2. 仲裁的程序

(1)仲裁的申请和受理。当事人申请仲裁，应当向仲裁委员会递交仲裁协议或合同副本、仲裁申请书及副本。仲裁申请书应依据规范载明有关事项。当事人、法定代理人可以委托律师和其他代理人进行仲裁活动。委托律师和其他代理人进行仲裁活动的，应当向仲裁委员会提交授权委托书。仲裁机构收到当事人的申请书，首先要进行审查，经审查符合申请条件的，应当在7日内立案，对不符合规定的，也应当在7日内书面通知申请人不予受理，并说明理由。申请人可以放弃或者变更仲裁请求。被申请人可以承认或者反驳仲裁请求，有权提出反请求。

(2)仲裁庭的组成。当事人约定由3名仲裁员组成仲裁庭的，应当各自选定或者各自委托仲裁委员会主任指定一名仲裁员，第三名仲裁员由当事人共同选定或者共同委托仲裁委员会主任指定。第三名仲裁员是首席仲裁员。当事人也可约定由一名仲裁员组成仲裁庭。

法律规定，当事人有权依据法律规定请求仲裁员回避。提出请求者应当说明理由，并在首次开庭前提出。回避事由在首次开庭后知道的，可以在最后一次开庭终结前提出。

(3)开庭和裁决。仲裁应当开庭进行。当事人协议不开庭的，仲裁庭可以根据仲裁申请书、答辩书以及其他材料做出裁决，仲裁不公开进行。当事人协议公开的，可以公开进行，但涉及国家秘密的除外。申请人经书面通知，无正当理由不到庭或者未经仲裁庭许可中途退庭的，可以视为撤回仲裁申请。被申请人经书面通知，无正当理由不到庭或者未经仲裁庭许可中途退庭的，可以缺席裁决。

裁决应当按照多数仲裁员的意见做出，少数仲裁员的不同意见可以记入笔录。仲裁庭不能形成多数意见时，裁决应当按照首席仲裁员的意见做出。仲裁的最终结果以仲裁决定书的形式做出。

(4)执行。仲裁委员会的裁决做出后，当事人应当履行。当一方当事人不履行仲裁裁决时，另一方当事人可以依照民事诉讼法的有关规定向人民法院申请执行，受申请人民法院应当执行。

(四)诉讼

诉讼是指合同当事人依法请求人民法院行使审判权，审理双方之间发生的合同争议，保证实现其合法权益，从而解决纠纷的审判活动。合同双方当事人如果未约定仲裁协议，则只能以诉讼作为解决争议的最终方式。

1. 诉讼起诉应具备的条件

根据《民事诉讼法》规定，因为合同纠纷向人民法院起诉的，必须符合以下条件：

(1)原告是与本案有直接利害关系的企事业单位、机关、团体或个体工商户、农村承包经营户。

(2)有明确的被告、具体的诉讼请求和事实依据。

(3)属于人民法院管辖范围和受诉人民法院管辖。

人民法院接到原告起诉状后，要审查是否符合起诉条件。符合起诉条件的，应于7日内立案，并通知原告；不符合起诉条件的，应于7日内通知原告不予受理，并说明理由。

2. 诉讼审判程序

诉讼审判应按照以下程序进行：

(1)起诉与受理。符合起诉条件的起诉人首先应向人民法院递交起诉状，并按被告法人数目呈交副本。起诉状上应加盖本单位公章。案件受理时，应在受案后5日内将起诉状副本发送被告。被告应在收到副本后15日内提出答辩状。被告不提出答辩状的，并不影响法院的审理。

(2)诉讼保全。在诉讼过程中，人民法院对于可能因当事人一方的行为或者其他原因，使将来的判决难以执行或不能执行的案件，可以根据对方当事人的申请，或者依照职权做诉讼保全的裁定。

(3)调查研究与搜集证据。立案受理后，审理该案人员必须认真审阅诉讼材料，进行调查研究和搜集证据。证据主要有书证、物证、视听资料、证人证言、当事人的陈述、鉴定结论、勘验笔录。

当事人对自己提出的主张，有责任提供证据。当事人及其诉讼代理人因客观原因不能自行收集的证据，或者人民法院认为审理案件需要的证据，人民法院应当调查收集。人民法院应当按照法定程序，全面地、客观地审查核实证据。

证据应当在法庭上出示，并由当事人互相质证。对涉及国家秘密、商业秘密和个人隐私的证据应当保密，需要在法庭出示的，不得在公开开庭时出示。经过法定程序公证证明的法律行为、法律事实和文书，人民法院应当作为认定事实的根据。但有相反证据足以推翻公证证明的除外。书证应当提交原件。物证应当提交原物。提交原件或者原物确有困难的，可以提交复制品、照片、副本、节录本。提交外文书证，必须附有中文译本。人民法院对视听资料应当辨别真伪，并结合本案的其他证据，审查确定能否作为认定事实的根据。

(4)调解与审判。法院审理经济案件时，首先依法进行调解。如达成协议，则由法院制定有法定内容的调解书。调解未达成协议或调解书送达前有一方反悔时，法院再进行审判。在开庭审理前3日，法院应通知当事人和其他诉讼参与人，通过法庭上的调查和辩论，进一步审查证据、核对事实，以便根据事实与法律做出公正合理的判决。

当事人不服地方人民法院第一审判决的，有权在判决书送达之日起15日内向上一级人民法院提起上诉。对第一审裁决不服的则应在10日内提起上诉。

第二审人民法院应当对上诉请求的有关事实和适用法律进行审查。经过审理，应根据不同情形，分别做出维持原判决、依法改判、发回原审人民法院重审的判决、裁定。

第二审判决是终审判决，当事人必须履行，否则法院将依法强制执行。

(5)执行。对于人民法院已经发生法律效力的调解书、判决书、裁定书，当事人应自动执行。不自动执行的，对方当事人可向原审法院申请执行。法院有权采取措施强制执行。

本章小结

合同是平等主体的自然人、法人、其他组织之间设立、变更、终止民事权利义务关系的协议。一般认为，合同的形式可分为口头形式、书面形式和其他形式。法律关系是一定的社会关系在相应的法律规范的调整下形成的权利义务关系，是指由合同法律规范调整的当事人在民事流转过程中形成的权利义务关系。合同的内容一般包括当事人的名称或者姓名和住所、标的、数量、质量、价款或者报酬、合同期限、履行地点和方式、违约责任、解决争议的方法。合同订立后，当事人双方应按照合同规定的标的、数量、质量、价款或酬金、履行期限、履行地点和履行方式等，全面履行合同，完成各自承担的义务。在合同尚未履行或尚未完全履行时，当事人双方如需变更合同，应经协商依法对合同的内容进行修订或调整。合同履行过程中，当事人任何一方不履行合同义务或者履行合同义务不符合约定，应当承担相应的法律责任。合同当事人对合同规定的权利和义务产生了不同的理解时，应视情节采取协商、调解、仲裁、诉讼等方式处理。

思考题

一、填空题

1. 合同作为一种协议，其本质是一种合意，必须是________。
2. 法律要求必须具备一定形式和手续的合同称为________。
3. 合同法律关系的主体是________。
4. 法律事实包括________和________。
5. 根据代理权发生依据的不同，代理可分为________、________和________三种。
6. 委托代理关系需要通过________明确代理人与被代理人的权利义务关系。
7. 书面形式的合同由________后签署。
8. ________是希望他人向自己发出要约的意思表示。
9. ________是合同当事人双方权利、义务共同指向的对象。
10. ________是指合同对双方当事人的法律约束力的开始。
11. 对于可撤销合同，只有________才有权提出变更或撤销。
12. 合同保全措施有________和________两种。
13. 合同的担保方式有________、________、________、________和________五种。
14. 合同担保的形式中，保证的方式有________和________两种。
15. 合同争议的解决方式有________、________、________、________四种。

二、选择题

1. 合同具有法律效力的前提是(　　)。
   A. 合同中所确立的权利义务，必须是当事人依法可以享有的权利和能够承担的义务
   B. 合同双方协商一致
   C. 必须是合同当事人亲口做出的意思表示
   D. 必须是在市场经济条件下签订的
2. 当事人意思表示一致即可成立的合同是(　　)。
   A. 诺成合同　　B. 实践合同　　C. 要式合同　　D. 计划合同
3. 合同法律关系的主体(　　)。
   A. 只能是自然人　　B. 只能是法人
   C. 可以是自然人、法人和其他组织　　D. 不可以是其他组织
4. (　　)是委托代理关系产生的前提。
   A. 委托代理关系　　B. 授权委托　　C. 代理人　　D. 被代理人

5. 下列有关无权代理的描述错误的是(　　)。

A. 无权代理没有合法授权的行为

B. 这种“代理”是行为人享有代理权，但实施的经济行为超越了委托授权或法律规定的范围

C. 无权代理是代理权已经消灭后的行为

D. 无权代理就是代理人没有代理权

6. 下列关于合同形式描述错误的是(　　)。

A. 合同形式是当事人意思表示一致的外在表现形式

B. 合同的形式可分为口头形式和书面形式

C. 口头形式是指以口头语言表现合同内容的形式

D. 书面形式是指以合同书、信件和数据电文等有形地表现所载内容的形式

7. 赔偿损失金应在明确责任后(　　)日内偿付，否则按逾期付款处理。

A. 10　　B. 20　　C. 30　　D. 40

8. 人民法院接到原告起诉状后，对于符合起诉条件的，应于(　　)日内立案，并通知原告。

A. 7　　B. 10　　C. 15　　D. 20

三、问答题

1. 什么是双务合同与单务合同?
2. 合同法律关系的内容是什么?
3. 代理具有哪些特征?
4. 导致委托代理关系终止的原因有哪些?
5. 为什么要推行合同示范文本制度?
6. 书面合同形式的优点是什么?
7. 要约的条件是什么?
8. 承诺的条件是什么?
9. 合同成立的时间应符合哪些规定?
10. 什么是效力待定合同?
11. 哪些情形下的合同属于无效合同?
12. 可以质押的权利有哪些?
13. 造成合同权利和义务终止的原因有哪些?

第五章　工程项目设计施工总承包合同管理

能力目标

通过本章内容的学习，能够拟定工程项目设计施工总承包合同，并能够处理和解决合同履行过程中遇到的各种问题。

知识目标

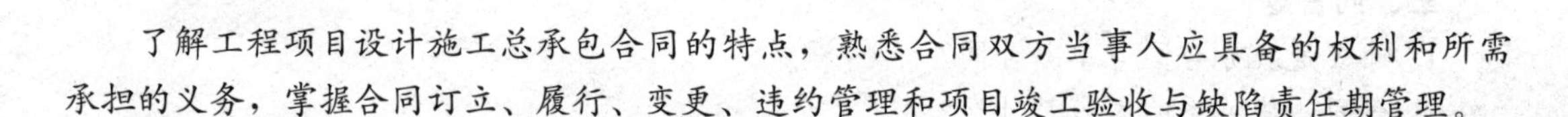

了解工程项目设计施工总承包合同的特点，熟悉合同双方当事人应具备的权利和所需承担的义务，掌握合同订立、履行、变更、违约管理和项目竣工验收与缺陷责任期管理。

案例导入

某国际市政管道工程，属于设计施工总承包。业主未正式移交征地范围，但有初设，且业主要求施工图设计应尊重初设。承包商按业主批复的设计图施工后发现，有部分项目处于私人营地范围内(该项目未超出初设范围)，私人营地拥有者不同意在该区域施工，业主要求设计修改，且不同意对已施工项目进行计量支付，其理由是根据合同条款，承包商应"了解现场所有条件"(合同内确实有该条款)。

请问：承包商应如何应对？按国际通行惯例，征地范围的合法性也必须由承包商调查吗？

第一节　工程总承包特点及合同管理当事人职责

一、工程总承包的特点

工程总承包是指依据合同约定对建设项目的设计、采购、施工和试运行实行全过程或若干阶段的承包。其特点如下：

1. 总承包方式的优点

与发包人将工程项目建设的全部任务采用平行发包或陆续发包的方式比较，项目建设总承包方式对发包人而言，在实施项目的管理有较为突出的优点。

(1)单一的合同责任。发包人与承包人签订总承包合同后，合同责任明确，对设计、招标、实施过程的管理均仅进行宏观控制，简化了管理的工作内容。

(2)固定工期、固定费用。国际工程总承包合同通常采用固定工期、固定费用的承包方式，项目建设的预期目标容易实现。我国的标准设计施工总承包合同，分别给出可以补偿或不补偿两种可供发包人选择的合同模式。

(3)可以缩短建设周期。由于承包人对项目实施的全过程进行一体化管理，不必等工程的全部设计完成后再开始施工，故单位工程的施工图设计完成并通过评审后即可开始该单位工程的施工。设计与施工在时间上可以进行合理的搭接，缩短项目实施的总时间。

(4)减少设计变更。承包的范围内包括设计、招标、施工、试运行的全部工作内容，设计在满足招标人要求的前提下，可以充分体现施工的专利技术、专有技术在施工中的应用，达到设计与施工的紧密衔接。

(5)减少承包人的索赔。常规的施工承包合同在履行过程中，发包人承担了较多自己主观无法控制不确定因素发生的风险，承包人的索赔将分散双方管理过程中的很多精力，而总承包合同发包人仅承担签订合同阶段承包人无法合理预见的重大风险，单一的合同责任减少了大量的索赔处理工作，可以使投资和工期得到保障。

2. 总承包方式的缺点

总承包方式对发包人而言也有一些不利的因素。

(1)设计不一定是最优方案。由于在招标文件中发包人仅对项目的建设提出具体要求，实际方案由承包人提出，故设计可能受到实施者利益影响，对工程实施成本的考虑往往会影响到设计方案的优化。工程选用的质量标准只要满足发包人要求即可，不会采用更高的质量标准。

(2)减弱实施阶段发包人对承包人的监督和检查。虽然设计和施工过程中，发包人也聘请监理人(或发包人代表)，但由于设计方案和质量标准均出自承包人，监理人对项目实施的监督力度比发包人委托设计再由承包人施工的管理模式，对设计的细节和施工过程的控制能力降低。

二、设计施工总承包合同管理当事人职责

(一)发包人

发包人是总承包合同的一方当事人，对工程项目的实施负责投资支付和项目建设有关重大事项的决定。

(二)承包人

承包人是总承包合同的另一方当事人，按合同的约定承担完成工程项目的设计、招标、采购、施工、试运行和缺陷责任期的质量缺陷修复责任。

1. 对联合体承包人的规定

总承包合同的承包人可以是独立承包人，也可以是联合体。对于联合体的承包人，合

同履行过程中发包人和监理人仅与联合体牵头人或联合体授权的代表联系，由其负责组织和协调联合体各成员全面履行合同。由于联合体的组成和内部分工是评标中很重要的评审内容，联合体协议经发包人确认后已作为合同附件，因此通用条款规定，履行合同过程中，未经发包人同意，承包人不得擅自改变联合体的组成和修改联合体协议。

2. 对分包工程的规定

在项目实施过程中可能需要分包人承担部分工作，如设计分包人、施工分包人、供货分包人等。尽管委托分包人的招标工作由承包人完成，发包人也不是分包合同的当事人，但为了保证工程项目完满实现发包人预期的建设目标，通用条款中对工程分包依旧做了如下的规定：

(1)承包人不得将其承包的全部工程转包给第三人，也不得将其承包的全部工程肢解后以分包的名义分别转包给第三人。

(2)分包工作需要征得发包人同意。发包人已同意投标文件中说明的分包，合同履行过程中承包人还需要分包的工作，仍应征得发包人同意。

(3)承包人不得将设计和施工的主体、关键性工作的施工分包给第三人。要求承包人是具有实施工程设计和施工能力的合格主体，而非皮包公司。

(4)分包人的资格能力应与其分包工作的标准和规模相适应，其资质能力的材料应经监理人审查。

(5)发包人同意分包的工作，承包人应向发包人和监理人提交分包合同副本。

(三)监理人

监理人的地位和作用与标准施工合同相同，但对承包人的干预较少。总监理工程师可以授权其他监理人员负责执行其指派的一项或多项监理工作。总监理工程师应将被授权监理人员的姓名及其授权范围通知承包人。被授权的监理人员在授权范围内发出的指示视为已得到总监理工程师的同意，与总监理工程师发出的指示具有同等效力。

【提示】 承包人对总监理工程师授权的监理人员发出的指示有疑问时，可在该指示发出的48小时内向总监理工程师提出书面异议，总监理工程师应在48小时内对该指示予以确认、更改或撤销。

第二节　设计施工总承包合同管理实务

一、项目设计施工总承包合同的订立

设计施工总承包合同的文件组成与标准施工合同相同，也是由协议书、通用条款和专用条款组成，与标准施工合同内容相同的条款在用词上也完全一致。项目设计施工总承包合同订立过程中应明确合同文件内容，在标准总承包合同的通用条款中规定，履行合同过程中，构成对发包人和承包人有约束力合同的组成文件包括：合同协议书；中标通知书；投标函及投标函附录；专用条款；通用合同条款；发包人要求；承包人建议书；价格清单及经合同当事人双方确认构成合同文件的其他文件。

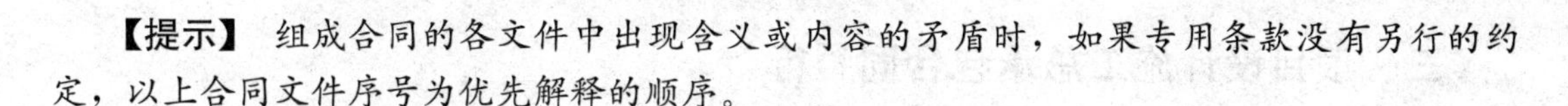

【提示】 组成合同的各文件中出现含义或内容的矛盾时，如果专用条款没有另行的约定，以上合同文件序号为优先解释的顺序。

二、项目设计施工总承包合同履约担保与保险

(一)合同履约担保

承包人应保证其履约担保在发包人颁发工程接收证书前一直有效。如果合同约定需要进行竣工后试验，承包人应保证其履约担保在竣工后试验通过前一直有效。

如果工程延期竣工，承包人有义务保证履约担保继续有效。由于发包人原因导致延期的，继续提供履约担保所需的费用由发包人承担；由于承包人原因导致延期的，继续提供履约担保所需费用由承包人承担。

(二)保险责任

1. 承包人办理保险

投保的险种见表 5-1。

表 5-1　承包人投保的险种

序号	险种	内容
1	设计和工程保险	承包人按照专用条款的约定向双方同意的保险人投保建设工程设计责任险、建筑工程一切险或安装工程一切险。具体的投保险种、保险范围、保险金额、保险费率、保险期限等有关内容应当在专用条款中明确约定
2	第三者责任保险	承包人按照专用条款约定投保第三者责任险的担保期限，应保证颁发缺陷责任期终止证书前一直有效
3	工伤保险	承包人应为其履行合同所雇佣的全部人员投保工伤保险和人身意外伤害保险，并要求分包人也投保此项保险
4	其他保险	承包人应为其施工设备、进场的材料和工程设备等办理保险

对表 5-1 中各项保险的要求如下：

(1)保险凭证。承包人应在专用条款约定的期限内向发包人提交各项保险生效的证据和保险单副本，保险单必须与专用条款约定的条件保持一致。

(2)保险合同条款的变动。承包人需要变动保险合同条款时，应事先征得发包人同意，并通知监理人。对于保险人做出的变动，承包人应在收到保险人通知后立即通知发包人和监理人。

如果承包人未按合同约定办理设计和工程保险、第三者责任保险，或未能使保险持续有效，发包人可代为办理，所需费用由承包人承担。

因承包人未按合同约定办理设计和工程保险、第三者责任保险，导致发包人受到保险范围内事件影响的损害而又不能得到保险人的赔偿时，原本应从该项保险得到的保险赔偿金由承包人承担。

2. 发包人办理保险

发包人应为其现场机构雇佣的全部人员投保工伤保险和人身意外伤害保险，并要求监理人也进行此项保险。

三、项目设计施工总承包合同履行

（一）承包人现场查勘

承包人应对施工场地和周围环境进行查勘，核实发包人提供的资料，并收集与完成合同工作有关的当地资料，以便进行设计和组织施工。在全部合同工作中，视为承包人已充分估计了应承担的责任和风险。

发包人对提供的施工场地及毗邻区域内的供水、排水、供电、供气、供热、通信、广播电视等地下管线位置的资料；气象和水文观测资料；相邻建筑物和构筑物、地下工程的有关资料，以及其他与建设工程有关的原始资料，承担原始资料错误造成的全部责任。承包人应对其阅读这些有关资料后，所做出的解释和推断负责。

（二）承包人提交实施项目的计划

承包人应按合同约定的内容和期限，编制详细的进度计划，包括设计、承包人提交文件、采购、制造、检验、运达现场、施工、安装、试验的各个阶段的预期时间以及设计和施工组织方案说明等报送监理人。监理人应在专用条款约定的期限内批复或提出修改意见，批准的计划作为“合同进度计划”。监理人未在约定的时限内批准或提出修改意见，则该进度计划视为已得到批准。

（三）开始工作

符合专用条款约定的开始工作条件时，监理人获得发包人同意后应提前 7 天向承包人发出开始工作通知。合同工期自开始工作通知中载明的开始工作日期起计算。设计施工总承包合同未用开工通知是由于承包人收到开始工作通知后首先开始设计工作。

【提示】 因发包人原因造成监理人未能在合同签订之日起 90 天内发出开始工作通知，承包人有权提出价格调整要求，或者解除合同。发包人应当承担由此增加的费用和（或）工期延误，并向承包人支付合理利润。

（四）设计管理

1. 承包人的设计义务

承包人应按照法律规定，以及国家、行业和地方规范和标准完成设计工作，并符合发包人要求。

承包人完成设计工作所应遵守的法律规定，以及国家、行业和地方规范、标准，均应采用基准日适用的版本。基准日之后，规范或标准的版本发生重大变化，或者有新的法律，以及国家、行业和地方规范、标准实施时，承包人应向发包人或监理人提出遵守新规定的建议。发包人或监理人应在收到建议后 7 天内发出是否遵守新规定的指示。发包人或监理人指示遵守新规定后，按照变更对待，采用商定或确定的方式调整合同价格。

承包人的设计应遵守发包人要求和承包人建议书的约定，保证设计质量。如果发包人要求中的质量标准高于现行规范规定的标准，应以合同约定为准。

承包人应按照发包人要求，在合同进度计划中专门列出设计进度计划，报发包人批准后执行。设计的实际进度滞后计划进度时，发包人或监理人有权要求承包人提交修正的进度计划、增加投入资源并加快设计进度。

设计过程中因发包人原因影响了设计进度，如改变发包人要求文件中的内容或提供的原始基础资料有错误，应按变更对待。

2. 设计审查

(1)发包人审查。承包人的设计文件提交监理人后，发包人应组织设计审查，按照发包人要求文件中约定的范围和内容审查是否满足合同要求。为了不影响后续工作，自监理人收到承包人的设计文件之日起，对承包人的设计文件审查期限不得超过21天。承包人的设计与合同约定有偏离时，应在提交设计文件的通知中予以说明。如果承包人需要修改已提交的设计文件，应立即通知监理人。向监理人提交修改后的设计文件后，审查期重新起算。发包人审查后认为设计文件不符合合同约定，监理人应以书面形式通知承包人，说明不符合要求的具体内容。承包人应根据监理人的书面说明，对承包人文件进行修改后重新报送发包人审查，审查期限重新起算。合同约定的审查期限届满，发包人没有做出审查结论也没有提出异议，视为承包人的设计文件已获发包人同意。对于设计文件不需要政府有关部门审查或批准的工程，承包人应当严格按照经发包人审查同意的设计文件进行后续的设计和实施工程。

(2)有关部门的设计审查。设计文件需政府有关部门审查或批准的工程，发包人应在审查同意承包人的设计文件后7天内，向政府有关部门报送设计文件，承包人予以协助。政府有关部门提出的审查意见，不需要修改“发包人要求”文件，只需完善设计，承包人按审查意见修改设计文件；如果审查提出的意见需要修改发包人要求文件，如某些要求与法律法规相抵触，发包人应重新提出“发包人要求”文件，承包人根据新提出的发包人要求修改设计文件。后一种情况增加的工作量和拖延的时间按变更对待。提交审查的设计文件经政府有关部门审查批准后，应由承包人进行后续的设计和实施工程。

(五)进度管理

1. 修订进度计划

无论何种原因造成工程的实际进度与合同进度计划不符时，承包人可以在专用条款约定的期限内向监理人提交修订合同进度计划的申请报告，并附有关措施和相关资料，报监理人批准。

监理人也可以直接向承包人发出修订合同进度计划的指示，承包人应按该指示修订合同进度计划，报监理人批准。监理人审查并获得发包人同意后，应在专用条款约定的期限内批复。

2. 顺延合同工期的情况

通用条款规定，在履行合同过程中非承包人原因导致合同进度计划工作延误，应给承包人延长工期和(或)增加费用，并支付合理利润。

(1)发包人责任原因包括：变更；未能按照合同要求的期限对承包人文件进行审查；因发包人原因导致的暂停施工；未按合同约定及时支付预付款、进度款；发包人提供的基准资料错误；发包人采购的材料、工程设备延误到货或变更交货地点；发包人未及时按照“发包人要求”履行相关义务；发包人造成工期延误的其他原因。

(2)政府管理部门的原因。按照法律法规的规定，合同约定范围内的工作需国家有关部门审批时，发包人、承包人应按照合同约定的职责分工完成行政审批的报送。因国家有关部门审批迟延造成费用增加和(或)工期延误，由发包人承担。

设计施工总承包合同中有关进度管理的暂停施工、发包人要求提前竣工的条款，与标准施工合同的规定相同。施工阶段的质量管理也与标准施工合同的规定相同。

(六)工程款支付管理

1. 合同价格

设计施工总承包合同通用条款规定，除专用条款约定合同工程采用固定总价承包的情况外，应以实际完成的工作量作为支付的依据。

(1)合同价格组成。

1)合同价格包括签约合同价以及按照合同约定进行的调整；

2)合同价格包括承包人依据法律规定或合同约定应支付的规费和税金；

3)价格清单列出的任何数量仅为估算的工作量，不视为要求承包人实施工程的实际或准确工作量。在价格清单中列出的任何工作量和价格数据应仅用于变更和支付的参考资料，而不能用于其他目的。

(2)施工阶段工程款的支付。合同约定工程的某部分按照实际完成的工程量进行支付时，应按照专用条款的约定进行计量和估价，并据此调整合同价格。

2. 预付款

设计施工总承包合同对预付款的规定与标准施工合同相同。

3. 工程进度付款

(1)支付分解表。承包人编制进度付款支付分解表。承包人应当在收到经监理人批复的合同进度计划后7天内，将支付分解报告以及形成支付分解报告的支持性资料报监理人审批。承包人应根据价格清单的价格构成、费用性质、计划发生时间和相应工作量等因素，对拟支付的款项进行分解并编制支付分解表。分类和分解的原则是：

1)勘察设计费。按照提交勘察设计阶段性成果文件的时间、对应的工作量进行分解。

2)材料和工程设备费。分别按订立采购合同、进场验收合格、安装就位、工程竣工等阶段和专用条款约定的比例进行分解。

3)技术服务培训费。按照价格清单中的单价，结合合同进度计划对应的工作量进行分解。

4)其他工程价款。按照价格清单中的价格，结合合同进度计划拟完成的工程量或者比例进行分解。

以上的分解计算并汇总后，形成月度支付的分解报告。

【提示】 监理人当在收到承包人报送的支付分解报告后7天内给予批复或提出修改意见，经监理人批准的支付分解报告为有合同约束力的支付分解表。合同履行过程中，合同进度计划进行修订后，承包人也应对支付分解表做出相应的调整，并报监理人批复。

(2)付款时间。除专用条款另有约定外，工程进度付款按月支付。

(3)承包人提交进度付款申请单。设计施工总承包合同通用条款规定，承包人进度付款申请单应包括下列内容：

1)当期应支付进度款的金额总额，以及截至当期期末累计应支付金额总额和已支付的进度付款金额总额；

2)当期根据支付分解表应支付金额，以及截至当期期末累计应支付金额；

3)当期根据专用条款约定，计量的已实施工程应支付金额，以及截至当期期末累计应支付金额；

4)当期变更应增加和扣减的金额，以及截至当期期末累计变更金额；

5)当期索赔应增加和扣减的金额，以及截至当期期末累计索赔金额；

6)当期应支付的预付款和扣减的返还预付款金额，以及截至当期期末累计返还预付款金额；

7)当期应扣减的质量保证金金额，以及截至当期期末累计扣减的质量保证金金额；

8)当期应增加和扣减的其他金额，以及截至当期期末累计增加和扣减的金额。

(4)监理人审查。监理人在收到承包人进度付款申请单以及相应的支持性证明文件后的14天内完成审核，提出发包人到期应支付给承包人的金额以及相应的支持性材料，经发包人审批同意后，由监理人向承包人出具经发包人签认的进度付款证书。

监理人有权核减承包人未能按照合同要求履行任何工作或义务的相应金额。

(5)发包人支付。发包人最迟应在监理人收到进度付款申请单后的28天内，将进度应付款支付给承包人。发包人未能在约定时间内完成审批或不予答复，视为发包人同意进度付款申请。发包人不按期支付，按专用条款的约定支付逾期付款违约金。

(6)工程进度付款的修正。在对以往历次已签发的进度付款证书进行汇总和复核中发现错、漏或重复情况时，监理人有权予以修正，承包人也有权提出修正申请。经监理人、承包人复核同意的修正，应在本次进度付款中支付或扣除。

设计施工总承包合同管理有关各方的职责

4. 质量保证金

设计施工总承包合同通用条款对质量保证金的约定与标准施工合同的规定相同。

四、项目设计施工总承包合同变更

合同履行过程中的变更，可能涉及发包人要求变更、监理人发给承包人文件中的内容构成变更和发包人接受承包人提出的合理化建议三种情况。

(一)监理人指示的变更

1. 发出变更意向书

合同履行过程中，经发包人同意监理人可向承包人做出有关“发包人要求”改变的变更意向书，说明变更的具体内容和发包人对变更的时间要求，并附必要的相关资料，以及要求承包人提交实施方案。变更应在相应内容实施前提出，否则发包人应承担承包人损失。

2. 承包人同意变更

承包人按照变更意向书的要求，提交包括拟实施变更工作的设计、计划、措施和竣工时间等内容的实施方案。发包人同意承包人的变更实施方案后，由监理人发出变更指示。

3. 承包人不同意变更

承包人收到监理人的变更意向书后认为难以实施此项变更时，应立即通知监理人，说明原因并附详细依据。监理人与承包人和发包人协商后，确定撤销、改变或不改变原变更意向书。

(二)监理人发出文件的内容构成变更

承包人收到监理人按合同约定发给的文件，认为其中存在对“发包人要求”构成变更情形时，可向监理人提出书面变更建议。建议应阐明要求变更的依据，以及实施该变更工作对合同价款和工期的影响，并附必要的图纸和说明。

监理人收到承包人书面建议与发包人共同研究后，确认存在变更时，应在收到承包人书面建议后的14天内做出变更指示；不同意作为变更的，应书面答复承包人。

(三)承包人提出的合理化建议

履行合同过程中，承包人可以书面形式向监理人提交改变“发包人要求”文件中有关内容的合理化建议书。合理化建议书的内容应包括建议工作的详细说明、进度计划和效益以及与其他工作的协调等，并附必要的设计文件。

监理人应与发包人协商是否采纳承包人的建议。建议被采纳并构成变更，由监理人向承包人发出变更指示。

如果接受承包人提出的合理化建议，降低了合同价格、缩短了工期或者提高了工程的经济效益，发包人可依据专用条款中的约定给予奖励。

五、项目设计施工总承包合同违约责任与索赔

违约责任：

(1)承包人的违约。设计施工总承包合同通用条款对于承包人违约，除标准施工合同规定的7种情况外，还增加了承包人的设计、承包人文件、实施和竣工的工程不符合法律以及合同约定。

由于承包人原因未能通过竣工试验或竣工后试验两种情况，违约处理与标准施工合同规定相同。

(2)发包人违约。设计施工总承包合同通用条款中，对发包人违约的规定与标准施工合同相同。

设计施工总承包合同通用条款中，对发包人和承包人索赔的程序规定与标准施工合同相同。

六、项目竣工验收与缺陷责任期管理

(一)竣工试验

1. 承包人申请竣工试验

承包人应提前21天将申请竣工试验的通知送达监理人，并按照专用条款约定的份数，向监理人提交竣工记录、暂行操作和维修手册。监理人应在14天内，确定竣工试验的具体时间。

(1)竣工记录。反映工程实施结果的竣工记录，应如实记载竣工工程的确切位置、尺寸和已实施工作的详细说明。

(2)暂行操作和维修手册。该手册应足够详细，以便发包人能够对生产设备进行操作、维修、拆卸、重新安装、调整及修理。待竣工试验完成后，承包人再完善、补充相关内容，完成正式的操作和维修手册。

2. 竣工试验程序

通用条款规定的竣工试验程序按三阶段进行：

第一阶段，承包人进行适当的检查和功能性试验，保证每一项工程设备都满足合同要求，并能安全地进入下一阶段试验。

第二阶段，承包人进行试验，保证工程或区段工程满足合同要求，在所有可利用的操作条件下安全运行。

第三阶段，当工程能安全运行时，承包人应通知监理人，可以进行其他竣工试验，包括各种性能测试，以证明工程符合发包人要求中列明的性能保证指标。

当某项竣工试验未能通过时，承包人应按照监理人的指示限期改正，并承担合同约定的相应责任。竣工试验通过后，承包人应按合同约定进行工程及工程设备试运行。试运行所需人员、设备、材料、燃料、电力、消耗品、工具等必要的条件以及试运行费用等，按照专用条款约定执行。

(二)承包人申请竣工验收

1. 工程竣工应满足的条件

(1)除监理人同意列入缺陷责任期内完成的尾工(甩项)工程和缺陷修补工作外，合同范围内的全部区段工程以及有关工作，包括合同要求的试验和竣工试验均已完成，并符合合同要求；

(2)已按合同约定的内容和份数备齐了符合要求的竣工文件；

(3)已按监理人的要求编制了在缺陷责任期内完成的尾工(甩项)工程和缺陷修补工作清单以及相应施工计划；

(4)监理人要求在竣工验收前应完成的其他工作；

(5)监理人要求提交的竣工验收资料清单。

2. 竣工验收申请报告

承包人完成上述工作并提交竣工文件、竣工图、最终操作和维修手册后，即可向监理人报送竣工验收申请报告。

(三)监理人审查竣工申请

设计施工总承包合同通用条款对监理人审查竣工验收申请报告的规定与标准施工合同相同。

(四)竣工验收

设计施工总承包合同通用条款对竣工验收和区段工程验收的规定与标准施工合同相同。经验收合格工程，监理人经发包人同意后向承包人签发工程接收证书。证书中注明的实际竣工日期，以提交竣工验收申请报告的日期为准。

(五)竣工结算

设计施工总承包合同通用条款对竣工结算的规定与标准施工合同相同。

(六)缺陷责任期管理

1. 承包人修复工程缺陷

(1)承包人修复工程缺陷的义务。缺陷责任期内，发包人对已接收使用的工程负责日常维护工作。发包人在使用过程中，发现已接收的工程存在新的缺陷或已修复的缺陷部位或部件又遭损坏，由承包人负责修复，直至检验合格。

任何一项缺陷或损坏修复后，经检查证明其影响了工程或工程设备的使用性能，承包人应重新进行合同约定的试验和试运行，全部费用由责任方承担。

承包人不能在合理时间内修复的缺陷，发包人可自行修复或委托其他人修复，所需费用和利润按缺陷原因的责任方承担。

缺陷责任期内承包人进行缺陷修复工作，有权进入工程现场，但应遵守发包人的保安和保密的规定。

(2)工程缺陷的责任。监理人和承包人应共同查清工程缺陷或损坏的原因，属于承包人原因造成的，应由承包人承担修复和查验的费用；属于发包人原因造成的，发包人应承担修复和查验的费用，并支付承包人合理利润。

(3)缺陷责任期的延长。由于承包人原因造成某项缺陷或损坏使某项工程或工程设备不能按原定目标使用而需要再次检查、检验和修复时，发包人有权要求承包人相应延长缺陷责任期，但缺陷责任期最长不超过2年。

2. 竣工后试验

对于大型工程，为了检验承包人的设计、设备选型和运行情况等的技术指标是否满足合同的约定，通常在缺陷责任期内工程稳定运行一段时间后，在专用条款约定的时间内进行竣工后试验。竣工后试验按专用条款的约定由发包人或承包人进行。

(1)发包人进行竣工试验。由于工程已由投入正式运行，发包人应将竣工后试验的日期提前21天通知承包人。如果承包人未能在该日期出席竣工后试验，发包人可自行进行试验，承包人应对检验数据予以认可。因承包人原因造成某项竣工后试验未能通过，承包人应按照合同约定进行赔偿，或者承包人提出修复建议，在发包人指示的合理期限内改正，并承担合同约定的相应责任。

(2)承包人进行竣工试验。发包人应提前21天将工后试验的日期通知承包人。承包人应在发包人在场的情况下，进行竣工后试验。因承包人原因造成某项竣工后试验未能通过，承包人应按照合同的约定进行赔偿，或者承包人提出修复建议，在发包人指示的合理期限内改正，并承担合同约定的相应责任。

总承包合同管理方法

3. 缺陷责任期终止

承包人完满完成缺陷责任期的义务后，其缺陷责任终止证书的签发、结清单和最终结清的管理规定，与标准施工合同通用条款相同。

本章小结

工程总承包是指依据合同约定对建设项目的设计、采购、施工和试运行实行全过程或若干阶段的承包。设计施工总承包合同的文件组成与标准施工合同相同，也是由协议书、通用条款和专用条款组成，设计施工总承包合同履行过程中承包人和发包人应按合同约定行使权利、履行义务。合同履行过程中的变更，可能涉及发包人要求变更、监理人发给承

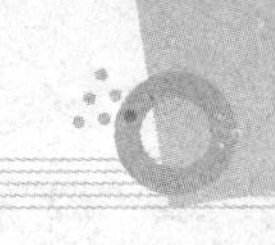

包人文件中的内容构成变更和发包人接受承包人提出的合理化建议三种情况，均应按照合同约定处理。

思考题

一、填空题

1. ________应保证其履约担保在发包人颁发工程接收证书前一直有效。

2. 发包人应为其现场机构雇佣的全部人员投保________和________，并要求监理人也进行此项保险。

二、选择题

1. 下列关于项目设计施工总承包合同管理当事人的职责描述错误的是(　　)。

A. 发包人是总承包合同的一方当事人，对工程项目的实施负责投资支付和项目建设有关重大事项的决定

B. 承包人是总承包合同的另一方当事人，按合同的约定承担完成工程项目的设计、招标、采购、施工、试运行和缺陷责任期的质量缺陷修复责任

C. 总承包合同的承包人必须是独立承包人

D. 总承包合同的承包人可以是独立承包人，也可以是联合体

2. 因发包人原因造成监理人未能在合同签订之日起(　　)天内发出开始工作通知，承包人有权提出价格调整要求，或者解除合同。

A. 90　　B. 100　　C. 120　　D. 150

3. 为了不影响后续工作，自监理人收到承包人的设计文件之日起，对承包人的设计文件审查期限不超过(　　)天。

A. 10　　B. 11　　C. 20　　D. 21

4. 承包人应当在收到经监理人批复的合同进度计划后(　　)天内，将支付分解报告以及形成支付分解报告的支持性资料报监理人审批。

A. 7　　B. 10　　C. 25　　D. 20

5. 发包人最迟应在监理人收到进度付款申请单后的(　　)天内，将进度应付款支付给承包人。

A. 28　　B. 20　　C. 18　　D. 10

6. 发包人应提前(　　)天将工后试验的日期通知承包人。

A. 10　　B. 11　　C. 20　　D. 21

三、问答题

1. 简述设计施工总承包合同价的组成。

2. 设计施工总承包合同通用条款规定，承包人进度付款申请单应包括哪些内容?

3. 监理人指示的变更包括哪些内容?

4. 简述竣工试验程序。

5. 工程竣工应满足哪些条件?

第六章 工程项目勘察设计合同管理

能力目标

通过本章内容的学习，能够拟定项目勘察、设计合同，并能够处理和解决勘察、设计合同履行过程中遇到的各种问题。

知识目标

了解项目勘察合同、设计合同的概念，熟悉勘察合同、设计合同双方当事人职责，掌握勘察合同、设计合同的订立、履行管理。

案例导入

某房地产开发公司(以下简称开发公司)与某设计院(以下简称设计院)签订了一份建设工程设计合同，由设计院承接开发公司发包的关于某大楼建设的初步设计，设计费20万元，设计期限为3个月。同时，双方还约定，由开发公司提供设计所需要的勘察报告等基础资料和提交时间。设计院按进度要求交付设计文件，如不能按时交付设计文件，则应当承担违约责任。合同签订后，开发公司向设计院交付定金4万元。但是在提供基础资料时缺少有关工程勘察报告。后经设计院多次催要，开发公司才于10天后交付全部资料，导致设计院加班加点仍未按时完成设计任务。在工程结算时，开发公司要求设计院减少设计费。设计院提出异议，遂产生纠纷。

请问：该案例产生的纠纷是哪方合同当事人造成的？应如何处理？

第一节 工程项目勘察合同管理

一、勘察合同的概念及当事人

建设工程勘察合同是指根据建设工程的要求，查明、分析、评价建设场地的地质地理环境特征和岩土工程条件，编制建设工程勘察文件订立的协议。

建设工程勘察合同当事人包括发包人和勘察人。发包人通常是工程建设项目的建设单位或者工程总承包单位。勘察工作是一项专业性很强的工作，是工程质量保障的基础。因此，国家对勘察合同的勘察人有严格的管理制度。勘察人必须具备以下条件：

(1)依据我国法律规定，作为承包人的勘察单位必须具备法人资格，任何其他组织和个人均不能成为承包人。这不仅是因为建设工程项目具有投资大、周期长、质量要求高、技术要求强、事关国计民生等特点，还因为勘察设计是工程建设的重中之重，影响整个工程建设的成败，因此，一般的非法人组织和自然人是无法承担的。

(2)建设工程勘察合同的承包方须持有工商行政管理部门核发的企业法人营业执照，并且必须在其核准的经营范围内从事建设活动。超越其经营范围订立的建设工程勘察合同为无效合同。因为建设工程勘察业务需要专门的技术和设备，所以只有取得相应资质的企业才能经营。

(3)建设工程勘察合同的承包方必须持有建设行政主管部门颁发的工程勘察资质证书、工程勘察收费资格证书，而且应当在其资质等级许可的范围内承揽建设工程勘察、设计业务。

关于建设工程勘察设计企业资质管理制度，我国法律、行政法规以及大量的规章均做了十分具体的规定。建设工程勘察、设计企业应当按照其拥有的注册资本，专业技术、人员、技术装备和勘察设计业绩等条件申请资质，经审查合格，取得建设工程勘察、设计资质证书后，方可在资质等级许可的范围内从事建设工程勘察、设计活动。取得资质证书的建设工程勘察、设计企业可以从事相应的建设工程勘察、设计咨询和技术服务。

工程勘察资质分为工程勘察综合资质、工程勘察专业资质、工程勘察劳务资质。工程勘察综合资质只设甲级；工程勘察专业资质设甲级、乙级，根据工程性质和技术特点，部分专业可以设丙级；工程勘察劳务资质不分等级。取得工程勘察综合资质的企业，可以承接各专业(海洋工程勘察除外)、各等级工程勘察业务；取得工程勘察专业资质的企业，可以承接相应等级相应专业的工程勘察业务；取得工程勘察劳务资质的企业，可以承接岩土工程治理、工程钻探、凿井等工程勘察劳务业务。

二、勘察合同的订立

(一)勘察合同示范文本

《建设工程勘察合同(示范文本)》(GF—2016—0203)(以下简称《勘察合同(示范文本)》)为非强制性使用文本，合同当事人可结合工程具体情况，根据《勘察合同(示范文本)》订立合同，并按照法律法规和合同约定履行相应的权利义务，承担相应的法律责任。

《勘察文本(示范文本)》适用于岩土工程勘察、岩土工程设计、岩土工程物探/测试/检测/监测、水文地质勘察及工程测量等工程勘察活动，岩土工程设计也可使用《建设工程设计合同示范文本(专业建设工程)》(GF—2015—0210)。

合同条款的主要内容包括：

第一部分：合同协议书。合同协议书包括：工程概况；勘察范围和阶段、技术要求及工作量；合同工期；质量标准；合同价款；合同文件构成；承诺；词语定义；签订时间；签订地点；合同生效；合同份数。

第二部分：通用合同条款。通用合同条款包括：一般约定；发包人；勘察人；工期；成果资料；后期服务；合同价款与支付；变更与调整；知识产权；不可抗力；合同生效与终止；合同解除；责任与保险；违约；索赔；争议解决；补充条款。

第三部分：专用合同条款。专用合同条款包括：一般约定；发包人；勘察人；工期；成果资料；后期服务；合同价款与支付；变更与调整；知识产权；不可抗力，责任与保险；违约；索赔；争议解决；补充条款。

(二)建设工程勘察合同委托的工作内容

建设工程勘察合同是指发包人与勘察人就完成建设工程地理、地质状况的调查研究工作而达成的明确双方权利、义务的协议。建设工程勘察，是指根据建设工程的要求，查明、分析、评价建设场地的地质地理环境特征和岩土工程条件，编制建设工程勘察文件的活动。建设工程勘察的内容一般包括工程测量、水文地质勘察和工程地质勘察。目的在于查明工程项目建设地点的地形地貌、地层土壤岩型、地质构造、水文条件等自然地质条件资料，做出鉴定和综合评价，为建设项目的工程设计和施工提供科学的依据。就具体工程项目的需求而言，可以委托勘察人承担一项或多项工作，订立合同时应具体明确约定勘察工作范围和成果要求。

1. 工程测量

工程测量包括平面控制测量、高程控制测量、地形测量、摄影测量、线路测量和绘制测量图等项工作，其目的是为建设项目的选址(选线/设计和施工)提供有关地形、地貌的依据。

2. 水文地质勘察

水文地质勘察一般包括水文地质测绘、地球物理勘探、钻探、抽水试验、地下水动态观测、水文地质参数计算、地下水资源评价和地下水资源保护方案等工作。其任务在于提供有关供水地下水源的详细资料。

3. 工程地质勘察

工程地质勘察包括选址勘察、初步勘察、详细勘察以及施工勘察。选址勘察主要解决工程地址的确定问题；初步勘察是为了初步设计做好基础性工作，详细勘察和施工勘察则主要针对建设工程地基做出评价，并为地基处理和加固基础而进行深层次勘察。

(三)订立勘察合同时应约定的内容

1. 发包人应向勘察人提供的文件资料

发包人应及时向勘察人提供下列文件资料，并对其准确性、可靠性负责。

(1)本工程的批准文件(复印件)，以及用地(附红线范围)、施工、勘察许可等批件(复印件)。

(2)工程勘察任务委托书、技术要求和工作范围的地形图、建筑总平面布置图。

(3)勘察工作范围已有的技术资料及工程所需的坐标与标高资料。

(4)勘察工作范围地下已有埋藏物的资料(如电力、电信电缆、各种管道、人防设施、洞室等)及具体位置分布图。

(5)其他必要相关资料。

【提示】 如果发包人不能提供上述资料，一项或多项由勘察人收集时，订立合同时应予以明确，发包人需向勘察人支付相应费用。

2. 发包人应为勘察人提供现场的工作条件

根据项目的具体情况，双方可以在合同内约定由发包人负责保证勘察工作顺利开展需要的条件，可能包括：

(1)落实土地征用、青苗树木赔偿；

(2)拆除地上地下障碍物；

(3)处理施工扰民及影响施工正常进行的有关问题；

(4)平整施工现场；

(5)修好通行道路、接通电源水源、挖好排水沟渠以及水上作业用船等。

3. 勘察工作的成果

在明确委托勘察工作的基础上，约定勘察成果的内容、形式以及成果的要求等。具体写明勘察人应向发包人交付的报告、成果、文件的名称，交付数量，交付时间和内容要求。

4. 勘察费用的阶段支付

订立合同时约定工程费用阶段支付的时间、占合同总金额的百分比和相应的款额。勘察合同的阶段支付时间通常按勘察工作完成的进度，或委托勘察范围内的各项工作中提交了某部分的成果报告进行分阶段支付，而不是按月支付。

5. 合同约定的勘察工作开始和终止时间

当事人双方应在订立的合同内，明确约定勘察工作开始的日期，以及交付勘察成果的时间。

6. 合同争议的最终解决方式

明确约定解决合同争议的最终方式是采用仲裁或诉讼。采用仲裁时，需注明仲裁委员会的名称。

三、勘察合同的履行

1. 发包人对勘察合同的履行

(1)发包人对勘察人的勘察工作有权依照合同约定实施监督，并对勘察成果予以验收。

(2)发包人对勘察人无法胜任工程勘察工作的人员有权提出更换。

(3)发包人拥有勘察人为其项目编制的所有文件资料的使用权，包括投标文件、成果资料和数据等。

(4)发包人应以书面形式向勘察人明确勘察任务及技术要求。

(5)发包人应提供开展工程勘察工作所需要的图纸及技术资料，包括总平面图、地形图、已有水准点和坐标控制点等。若上述资料由勘察人负责搜集，发包人应承担相关费用。

(6)发包人应提供工程勘察作业所需的批准及许可文件，包括立项批复、占用和挖掘道路许可等。

(7)发包人应为勘察人提供具备条件的作业场地及进场通道(包括土地征用、障碍物清除、场地平整、提供水电接口和青苗赔偿等)并承担相关费用。

(8)发包人应为勘察人提供作业场地内地下埋藏物(包括地下管线、地下构筑物等)的资料、图纸。没有资料、图纸的地区，发包人应委托专业机构查清地下埋藏物。若因发包人未提供上述资料、图纸，或提供的资料、图纸不实，致使勘察人在工程勘察工作过程中发生人身伤害或造成经济损失，由发包人承担赔偿责任。

(9)发包人应按照法律法规规定为勘察人安全生产提供条件并支付安全生产防护费用，发包人不得要求勘察人违反安全生产管理规定进行作业。

(10)若勘察现场需要看守，特别是在有毒、有害等危险现场作业，发包人应派人负责安全保卫工作；按国家有关规定，对从事危险作业的现场人员进行保健防护，并承担费用。发包人对安全文明施工有特殊要求时，应在专用合同条款中另行约定。

(11)发包人应对勘察人满足质量标准的已完工作，按照合同约定及时支付相应的工程勘察合同价款及费用。

2. 勘察人对勘察合同的履行

(1)勘察人在工程勘察期间，根据项目条件和技术标准、法律法规规定等方面的变化，有权向发包人提出增减合同工作量或修改技术方案的建议。

(2)除建设工程主体部分的勘察外，根据合同约定或经发包人同意，勘察人可以将建设工程其他部分的勘察分包给其他具有相应资质等级的建设工程勘察单位。发包人对分包的特殊要求应在专用合同条款中另行约定。

(3)勘察人对其编制的所有文件资料，包括投标文件、成果资料、数据和专利技术等拥有知识产权。

(4)勘察人应按勘察任务书和技术要求并依据有关技术标准进行工程勘察工作。

(5)勘察人应建立质量保证体系，按合同约定的时间提交质量合格的成果资料，并对其质量负责。

(6)勘察人在提交成果资料后，应为发包人继续提供后期服务。勘察人在工程勘察期间遇到地下文物时，应及时向发包人和文物主管部门报告并妥善保护。

(7)勘察人开展工程勘察活动时应遵守有关职业健康及安全生产方面的各项法律法规的规定，采取安全防护措施，确保人员、设备和设施的安全。

(8)下通道(地下隧道)附近等风险性较大的地点，以及在易燃易爆地段及放射、有毒环境中进行工程勘察作业时，应编制安全防护方案并制定应急预案。

(9)勘察人应在勘察方案中列明环境保护的具体措施，并在合同履行期间采取合理措施保护作业现场环境。

3. 勘察合同的工期

勘察人应在合同约定的时间内提交勘察成果资料，勘察工作有效期限以发包人下达的开工通知书或合同规定的时间为准。出现下列情况时，可以相应延长合同工期：

(1)变更；

(2)工作量变化；

(3)不可抗力影响；

(4)非勘察人原因造成的停工、窝工等。

4. 勘察费用的支付

依照法定程序进行招标工程的合同价款由发包人和勘察人依据中标价格载明在合同协议书中；非招标工程的合同价款由发包人和勘察人议定，并载明在合同协议书中。合同价款在合同协议书中约定后，除合同条款约定的合同价款调整因素外，任何一方不得擅自改变。

实行定金或预付款的，双方应在专用合同条款中约定发包人向勘察人支付定金或预付款数额，支付时间应不迟于约定的开工日期前7天。发包人不按约定支付，勘察人向发包人发出要求支付的通知，发包人收到通知后仍不能按要求支付，勘察人可在发出通知后推迟开工日期，并由发包人承担违约责任。

发包人应按照专用合同条款约定的进度款支付方式、支付条件和支付时间进行支付。

除专用合同条款另有约定外，发包人应在勘察人提交成果资料后28天内，依据有关条款约定进行最终合同价款确定，并予以全额支付。

5. 勘察合同的违约责任

(1)发包人违约情形。

1)合同生效后，发包人无故要求终止或解除合同；

2)发包人未按约定按时支付定金或预付款；

3)发包人未按约定按时支付进度款；

4)发包人不履行合同义务或不按合同约定履行义务的其他情形。

(2)发包人违约责任。

1)合同生效后，发包人无故要求终止或解除合同，勘察人未开始勘察工作的，不退还发包人已付的定金或发包人按照专用合同条款约定向勘察人支付违约金；勘察人已开始勘察工作的，若完成计划工作量不足50%的，发包人应支付勘察人合同价款的50%；完成计划工作量超过50%的，发包人应支付勘察人合同价款的100%。

2)发包人发生其他违约情形时，发包人应承担由此增加的费用和工期延误损失，并给予勘察人合理赔偿。双方可在专用合同条款内约定发包人赔偿勘察人损失的计算方法或者发包人应支付违约金的数额或计算方法。

(3)勘察人违约情形

1)合同生效后，勘察人因自身原因要求终止或解除合同；

2)因勘察人原因不能按照合同约定的日期或合同当事人同意顺延的工期提交成果资料；

3)因勘察人原因造成成果资料质量达不到合同约定的质量标准；

4)勘察人不履行合同义务或未按约定履行合同义务的其他情形。

(4)勘察人违约责任。

1)合同生效后，勘察人因自身原因要求终止或解除合同，勘察人应双倍返还发包人已支付的定金或勘察人按照专用合同条款约定向发包人支付违约金。

2)因勘察人原因造成工期延误的，应按专用合同条款约定向发包人支付违约金。

3)因勘察人原因造成成果资料质量达不到合同约定的质量标准，勘察人应负责无偿给予补充完善使其达到质量合格。因勘察人原因导致工程质量安全事故或其他事故时，勘察人除负责采取补救措施外，应通过所投工程勘察责任保险向发包人承担赔偿责任或根据直接经济损失程度按专用合同条款约定向发包人支付赔偿金。

4)勘察人发生其他违约情形时，勘察人应承担违约责任并赔偿因其违约给发包人造成的损失，双方可在专用合同条款内约定勘察人赔偿发包人损失的计算方法和赔偿金额。

第二节 工程项目设计合同管理

一、设计合同的概念及当事人

建设工程设计合同是指根据建设工程的要求，对建设工程所需的技术、经济、资源、环境等条件进行综合分析、论证，编制建设工程设计文件的协议。

建设工程设计合同当事人包括发包人和设计人。发包人通常也是工程建设项目的业主(建设单位)或者项目管理部门(如工程总承包单位)。承包人则是设计人，设计人须为具有相应设计资质的企业法人)。工程设计资质分为工程设计综合资质、工程设计行业资质、工程设计专业资质和工程设计专项资质。工程设计综合资质只设甲级；工程设计行业资质、工程设计专业资质、工程设计专项资质设甲级、乙级。根据工程性质和技术特点，个别行业、专业、专项资质可以设丙级，建筑工程专业资质可以设丁级。

取得工程设计综合资质的企业，可以承接各行业、各等级的建设工程设计业务；取得工程设计行业资质的企业，可以承接相应行业相应等级的工程设计业务及本行业范围内同级别的相应专业、专项(设计施工一体化资质除外)工程设计业务；取得工程设计专业资质的企业，可以承接本专业相应等级的专业工程设计业务及同级别的相应专项工程设计业务(除设计施工一体化资质以外的取得工程设计专项资质的企业，可以承接本专项相应等级的专项工程设计业务)。

二、设计合同的订立

(一)设计合同示范文本

建设工程设计合同示范文本分为两个版本。

1.《建设工程设计合同示范文本(房屋建筑工程)》(GF—2015—0209)

《建设工程设计合同示范文本(房屋建筑工程)》(GF—2015—0209)(以下简称《房屋建筑工程示范文本》)适用于建设用地规划许可证范围内的建筑物构筑物设计，室外工程设计，民用建筑修建的地下工程设计及住宅小区、工厂厂前区、工厂生活区、小区规划设计及单体设计等，以及所包含的相关专业的设计内容(总平面布置、竖向设计、各类管网管线设计、景观设计、室内外环境设计及建筑装饰、道路、消防、智能、安保、通信、防雷、人防、供配电、照明、废水治理、空调设施、抗震加固等)工程设计活动。《房屋建筑工程示范文本》由合同协议书、通用合同条款和专用合同条款三部分组成。通用合同条款包括：一般约定、发包人、设计人、工程设计资料、工程设计要求、工程设计进度与周期、工程设计文件交付、工程设计文件审查、施工现场配合服务、合同价款与支付、工程设计变更与索赔、专业责任与保险、知识产权、违约责任、不可抗力、合同解除、争议解决等。

2.《建设工程设计合同示范文本(专业建设工程)》(GF—2015—0210)

《建设工程设计合同示范文本(专业建设工程)》(GF—2015—0210)(以下简称《专业建设

工程示范文本》)适用于房屋建筑工程以外各行业建设工程项目的主体工程和配套工程(含厂/矿区内的自备电站、道路、专用铁路、通信、各种管网管线和配套的建筑物等全部配套工程)以及与主体工程、配套工程相关的工艺、土木、建筑、环境保护、水土保持、消防、安全、卫生、节能、防雷、抗震、照明工程等工程设计活动。《专业建设工程示范文本》由合同协议书、通用合同条款和专用合同条款三部分组成。

(二)建设工程设计合同的委托工作内容

建设工程设计合同，是指设计人依据约定向发包人提供建设工程设计文件，发包人受领该成果并按约定支付酬金的合同。建设工程设计，是指根据建设工程的要求，对建设工程所需的技术、经济、资源、环境等条件进行综合分析、论证，编制建设工程设计文件。设计是基本建设的重要环节。在建设项目的选址和设计任务书已确定的情况下，建设项目是否能保证技术上先进和经济上合理，设计将起着决定作用。

按照我国现行规定，一般建设项目按初步设计和施工图设计两个阶段进行，对于技术复杂而又缺乏经验的项目，可以增加技术设计阶段。对一些大型联合企业、矿区和水利枢纽，为解决总体部署和开发问题，还需进行总体规划设计或方案设计。

(三)订立设计合同时应约定的内容

1. 委托设计项目的内容

订立设计合同时应明确委托设计项目的具体要求，包括分项工程、单位工程的名称，设计阶段和各部分的设计费。如民用建筑工程中，各分项名称对应的建设规模(层数、建筑面积)设计人承担的设计任务是全过程设计(方案设计、初步设计、施工图设计)，还是部分阶段的设计任务；相应分项名称的建筑工程总投资；相应的设计费用。

2. 发包人应向设计人提供的有关资料和文件

(1)设计依据文件和资料。

1)经批准的项目可行性研究报告或项目建议书。

2)城市规划许可文件。

3)工程勘察资料等。

4)发包人应向设计人提交的有关资料和文件在合同内需约定资料和文件的名称、份数、提交的时间和有关事宜。

(2)项目设计要求。

1)限额设计的要求。

2)设计依据的标准。

3)建筑物的设计合理使用年限要求。

4)设计深度要求。设计标准可以高于国家规范的强制性规定，发包人不得要求设计人违反国家有关标准进行设计。方案设计文件应当满足编制初步设计文件和控制概算的需要；初步设计文件，应当满足编制施工招标文件、主要设备材料订货和编制施工图设计文件的需要；施工图设计文件，应当满足设备材料采购、非标准设备制作和施工的需要，并注明建设工程合理使用年限。具体内容要根据项目的特点在合同内约定。

5)设计人配合施工工作的要求。包括向发包人和施工承包人进行设计交底；处理有关设计问题；参加重要隐蔽工程部位验收和竣工验收等事项。

6)法律、法规规定应满足的其他条件。

(3)工作开始和终止时间。合同内约定设计工作开始和终止的时间，作为设计期限。

(4)设计费用的支付。合同双方不得违反国家有关最低收费标准的规定，任意压低勘察、设计费用。合同内除写明双方约定的总设计费外，还需列明分阶段支付进度款的条件、占总设计费的百分比及金额。

(5)发包人应为设计人提供现场的服务。包括施工现场的工作条件、生活条件及交通等方面的具体内容。

(6)设计人应交付的设计资料和文件。明确分项列明设计人应向发包人交付的设计资料和文件，包括资料和文件的名称、份数、提交日期和其他有关事项的要求。

(7)违约责任。需要约定的内容包括承担违约责任的条件和违约金的计算方法等。

(8)合同争议的最终解决方式。约定仲裁或诉讼为解决合同争议的最终方式。

三、设计合同的履行

(一)发包人应向设计人提供的文件资料

1. 按时提供设计依据文件和基础资料

发包人应当按照合同内的约定时间，一次性或陆续向设计人提交设计的依据文件和相关资料以保证设计工作的顺利进行。如果发包人提交上述资料及文件超过规定期限15天以内，设计人规定的交付设计文件时间相应顺延；交付上述资料及文件超过规定期限15天以上时，设计人有权重新确定提交设计文件的时间。进行专业工程设计时，如果设计文件中需选用国家标准图、部标准图及地方标准图，应由发包人负责解决。

一般来说，各个设计阶段需发包人提供的资料和文件有以下几种：

(1)方案设计阶段：

1)规划部门的规划要点、规划设计条件、选址意见书(有的地区如北京，将其合并为规划意见书)，确认建设项目的性质、规模、布局是否符合批准的修建性详细规划的要求，确定建设用地及代征城市公共用地范围和面积等；

2)场地规划红线图，确定规划批准的建筑物占地范围；

3)场地地形坐标图，确定建筑场地的地形坐标；

4)设计任务书，提出设计条件、设计依据和设计总体要求。

(2)初步设计阶段：除方案设计阶段应提供的资料和文件外，还需发包人提供以下资料：

1)已批准的方案设计资料；

2)场地工程勘察报告(初勘或详勘由勘察部门对场地地质、水文条件进行分析，提出试验报告，并对地基处理和基础选型提出建议)；

3)有关水、电、气、燃料等能源供应情况的资料；

4)有关公用设施和交通运输条件的资料；

5)有关使用要求或生产工艺等资料；

6)如工程设计项目属于技术改造或者扩建项目，发包人还应提供企业生产现状的资料、原设计资料和对现状的检测资料。

(3)施工图设计阶段：除初步设计阶段应提供的资料和文件外，还需发包人提供以下资料：

1)已批准的初步设计资料；

2)场地工程勘察报告(详勘)。

同时，设计人应当根据发包人的设计进度要求，要求发包人明确其提供相关资料的时间，以避免因发包人提供资料不及时而造成设计延误。实践中，设计人对发包人提交资料和文件的时间一般容易忽视，往往不填写提交日期，一旦发生纠纷，违约方可能会以此为借口逃避责任的承担。因此，双方当事人应对该条款引起足够重视。

2. 对资料的正确性负责

尽管提供的某些资料不是发包人自己完成的，如作为设计依据的勘察资料和数据等，但就设计合同的当事人而言，发包人仍需对所提交基础资料及文件的完整性、正确性和时限负责。

(二)设计合同双方的职责

1. 发包人的责任

(1)提供必要的现场开展工作条件。由于设计人完成设计工作的主要地点不是施工现场，因此发包人有义务为设计人在现场工作期间提供必要的工作、生活等方便条件。发包人为设计人派驻现场的工作人员提供的方便条件可能涉及工作、生活、交通等方面的便利条件，以及必要的劳动保护装备。

(2)外部协调工作。设计的阶段成果(初步设计、技术设计、施工图设计)完成后，应由发包人组织鉴定和验收，并负责向发包人的上级或有管理资质的设计审批部门完成报批手续，施工图设计完成后，发包人应将施工图报送建设行政主管部门，由建设行政主管部门委托的审查机构进行结构安全和强制性标准、规范执行情况等内容的审查。发包人和设计人必须共同保证施工图设计满足以下条件：

1)建筑物(包括地基基础、主体结构体系)的设计稳定、安全、可靠。

2)设计符合消防、节能、环保、抗震、卫生、人防等有关强制性标准、规范。

3)设计的施工图达到规定的设计深度。

4)不存在有可能损害公共利益的其他影响。

(3)其他相关工作。发包人委托设计配合引进项目的设计任务，从询价、对外谈判、国内外技术考察直至建成投产的各个阶段，应吸收承担有关设计任务的设计人参加。出国费用，除制装费外，其他费用由发包人支付。

发包人委托设计人承担合同约定委托范围之外的服务工作，需另行支付费用。

(4)保护设计人的知识产权。发包人应保护设计人的投标书、设计方案、文件、资料图纸、数据、计算软件和专利技术。未经设计人同意，发包人对设计人交付的设计资料及文件不得擅自修改、复制或向第三人转让或用于本合同外的项目。如发生以上情况，发包人应负法律责任，设计人有权向发包人提出索赔。

(5)遵循合理设计周期的规律。如果发包人从施工进度的需要或其他方面考虑，要求设计人比合同规定的时间提前交付设计文件，须征得设计人同意。设计的质量是工程发挥预期效益的基本保障，发包人不应严重背离合理设计周期的规律，强迫设计人不合理地缩短设计周期的时间。双方经过协商达成一致并签订提前交付设计文件的协议后，发包人应支付相应的赶工费。

2. 设计人的责任

(1)保证设计质量。保证工程设计质量是设计人的基本责任。设计人应依据批准的可行性研究报告、勘察资料，在满足国家规定的设计规范、规程、技术标准的基础上，按合同规定的标准完成各阶段的设计任务，并对提交的设计文件质量负责。在投资限额内，鼓励设计人采用先进的设计思想和方案。但若设计文件中采用的新技术、新材料可能影响工程的质量或安全，而又没有国家标准时，应当由国家认可的检测机构进行试验、论证，并经国务院有关部门或省、自治区、直辖市有关部门组织的建设工程技术专家委员会审定后才可使用。

负责设计的建(构)筑物需注明设计的合理使用年限。设计文件中选用的材料、构配件、设备等，应当注明规格、型号、性能等技术指标，其质量要求必须符合国家规定的标准。

各设计阶段设计文件审查会提出的修改意见，设计人应负责修正和完善。设计人交付设计资料及文件后，需按规定参加有关的设计审查，并根据审查结论负责对不超出原定范围的内容做必要调整补充。

《建设工程质量管理条例》规定：设计单位未根据勘察成果文件进行工程设计；设计单位指定建筑材料、建筑构配件的生产厂、供应商；设计单位未按照工程建设强制性标准进行设计的，均属于违反法律和法规的行为，要追究设计人的责任。

(2)各设计阶段的工作任务。

1)初步设计。

①总体设计。

②方案设计。方案设计主要包括建筑设计、工艺设计、进行方案比选等工作。

③编制初步设计文件。主要包括：完善选定的方案；分专业设计并汇总；编制说明与概算；参加初步设计审查会议；修正初步设计。

2)技术设计。

①提出技术设计计划。技术设计计划包括：工艺流程试验研究；特殊设备的研制；大型建(构)筑物关键部位的试验、研究；

②编制技术设计文件；

③参加初步审查，并做必要修正。

3)施工图设计。施工图设计主要包括：建筑设计；结构设计；设备设计；专业设计的协调；编制施工图设计文件。

(3)对外商的设计资料进行审查。委托设计的工程中，如果有部分属于外商提供的设计，如大型设备采用外商供应的设备则需使用外商提供的制造图纸，设计人应负责对外商的设计资料进行审查，并负责该合同项目的设计联络工作。

(4)配合施工的义务。

1)设计交底。设计人在建设工程施工前，需向施工承包人和施工监理人说明建设工程勘察、设计意图，解释建设工程勘察、设计文件，以保证施工工艺达到设计预期的水平要求。

设计人按合同规定时限交付设计资料及文件后，本年内项目开始施工，负责向发包人及施工单位进行设计交底、处理有关设计问题和参加竣工验收。如果在一年内项目未开始施工，设计人仍应负责上述工作，但按所需工作量向发包人适当收取咨询服务费，收费额由双方以补充协议商定。

2)解决施工中出现的设计问题。设计人有义务解决施工中出现的设计问题，如属于设计变更的范围，按照变更原因的责任确定费用负担责任。

发包人要求设计人派专人留驻施工现场进行配合与解决有关问题时，双方应另行签订补充协议或技术咨询服务合同。

3)工程验收。为了保证建设工程的质量，设计人应按合同约定参加工程验收工作。这些约定的工作可能涉及重要部位的隐蔽工程验收、试车验收和竣工验收。

(5)保护发包人的知识产权。设计人应保护发包人的知识产权，不得向第三人泄露、转让发包人提交的产品图纸等技术经济资料。如发生以上情况并给发包人造成经济损失，发包人有权向设计人索赔。

3. 设计费的支付

(1)定金的支付。设计合同由于采用定金担保，因此合同内没有预付款。发包人应在合同生效后3天内，支付设计费总额的20%作为定金。在合同履行的中期支付过程中，定金不参与结算，在双方的合同义务全部完成进行合同结算时，定金可以抵作设计费或收回。

(2)合同价格。在现行体制下，建设工程勘察、设计发包方与承包方应当执行国家有关建设工程勘察费、设计费的管理规定。签订合同时，双方商定合同的设计费，收费依据和计算方法按国家和地方有关规定执行。国家和地方没有规定的，由双方商定。

如果合同内约定的费用为估算设计费，则双方在初步设计审批后，须按照批准的初步设计概算核算设计费。工程建设期间如遇概算调整，则设计费也应做相应调整。

(3)支付管理原则。

1)设计人按合同约定提交相应报告、成果或阶段的设计文件后，发包人及时支付约定的各阶段设计费。

2)设计人提交最后一部分施工图的同时，发包人应结清全部设计费，不留尾款。

3)实际设计费按初步设计概算核定，多退少补。实际设计费与估算设计费出现差额时，双方需另行签订补充协议。

4)发包人委托设计人承担本合同内容之外的工作服务，另行支付费用。

(4)按设计阶段支付费用的百分比。

1)合同生效3天内，发包人支付设计费总额的20%作为定金。此笔费用支付后，设计人可以自主使用。

2)设计人提交初步设计文件后3天内，发包人应支付设计费总额的30%。

3)施工图阶段，当设计人按合同约定提交阶段性设计成果后，发包人应依据约定的支付条件、所完成的施工图工作量比例和时间，分期分批向设计人支付剩余总设计费的50%。施工图完成后，发包人结清设计费，不留尾款。

4. 设计工作内容的变更

设计合同的变更，通常指设计人承接工作范围和内容的改变。按照发生原因的不同，一般可能涉及以下几个方面的原因：

(1)设计人的工作。设计人交付设计资料及文件后，按规定参加有关的设计审查，并根据审查结论负责对不超出原定范围的内容做必要调整补充。

(2)委托任务范围内的设计变更。为了维护设计文件的严肃性，经过批准的设计文件不应随意变更。发包人、施工承包人、监理人均不得修改建设工程勘察、设计文件。如果发包人根据工程的实际需要确需修改建设工程勘察、设计文件，应当首先报经原审批机关批准，然后由原建设工程勘察、设计单位修改。经过修改的设计文件仍需按设计管理程序经有关部门审批后使用。

(3)委托其他设计单位完成的变更。在某些特殊情况下发包人需要委托其他设计单位完成设计变更工作，如变更增加的设计内容专业性特点较强；超过了设计人资质条件允许承接的工作范围；或施工期间发生的设计变更，设计人由于资源能力所限，不能在要求的时间内完成等原因。在此情况下，发包人经原建设工程设计人书面同意后，也可以委托其他具有相应资质的建设工程勘察、设计单位修改。修改单位对修改的勘察、设计文件承担相应责任，设计人不再对修改的部分负责。

(4)发包人原因的重大设计变更。发包人变更委托设计项目、规模、条件，或因提交的资料错误，或所提交资料做较大修改，以致造成设计人设计需返工时，双方除需另行协商签订补充协议(或另订合同)、重新明确有关条款外，发包人应按设计人所耗工作量向设计人增付设计费。

【提示】 在未签合同前发包人已同意，设计人为发包人所做的各项设计工作，应按收费标准，相应支付设计费。

(三)违约责任

1. 发包人的违约责任

(1)发包人延误支付。发包人应按合同规定的金额和时间向设计人支付设计费，每逾期支付1天，应承担支付金额千分之二的逾期违约金，且设计人提交设计文件的时间顺延。逾期超过30天以上时，设计人有权暂停履行下一阶段工作，并书面通知发包人。

(2)审批工作的延误。发包人的上级或设计审批部门对设计文件不审批或合同项目停缓建，均视为发包人应承担的风险。设计人提交合同约定的设计文件和相关资料后，按照设计人已完成全部设计任务对待，发包人应按合同规定结清全部设计费。

(3)发包人原因要求解除合同。在合同履行期间，发包人要求终止或解除合同，设计人未开始设计工作的，不退还发包人已付的定金；已开始设计工作的，发包人应根据设计人已进行的实际工作量，不足一半时，按该阶段设计费的一半支付；超过一半时，按该阶段设计费的全部支付。

2. 设计人的违约责任

(1)设计错误。作为设计人的基本义务，应对设计资料及文件中出现的遗漏或错误负责修改或补充。由于设计人员错误造成工程质量事故损失，设计人除负责采取补救措施外，应免收直接受损失部分的设计费。损失严重的还应根据损失的程度和设计人责任大小向发包人支付赔偿金。范本中要求设计人的赔偿责任按工程实际损失的百分比计算，当事人双方订立合同时需在相关条款内具体约定百分比的数额。

(2)设计人延误完成设计任务。由于设计人自身原因，延误了按合同规定交付的设计资料及设计文件的时间，每延误1天，应减收该项目应收设计费的千分之二。

(3)设计人原因要求解除合同。合同生效后，若设计人要求终止或解除合同，设计人应双倍返还定金。

3. 不可抗力事件的影响

由于不可抗力因素致使合同无法履行时，双方应及时协商解决。

本章小结

建设工程勘察合同是指根据建设工程的要求，查明、分析、评价建设场地的地质地理环境特征和岩土工程条件，编制建设工程勘察文件订立的协议，建设工程勘察合同当事人包括发包人和勘察人，双方应按照订立勘察合同时约定的内容履行合同条款；建设工程设计合同是指根据建设工程的要求，对建设工程所需的技术、经济、资源、环境等条件进行综合分析、论证，编制建设工程设计文件的协议，建设工程设计合同当事人包括发包人和设计人，双方也应按照订立设计合同时约定的内容履行合同条款。

思考题

一、填空题

1\. 勘察合同发包人通常可能是工程建设项目的__________。

2\. 工程勘察资质分为__________、__________、__________。

3\. 工程测量的目的是为__________。

二、选择题

1\. 下列关于工程勘察资质的描述错误的是(　　)。

A. 工程勘察综合资质设甲级、乙级

B. 工程勘察专业资质设甲级、乙级

C. 工程勘察劳务资质不分等级

D. 取得工程勘察专业资质的企业，可以承接相应等级相应专业的工程勘察业务

2\. 勘察合同生效后3天内，发包人应向勘察人支付预算勘察费的(　　)作为定金。

A. 20%　　B. 40%　　C. 50%　　D. 60%

3\. 设计人提交初步设计文件后3天内，发包人应支付设计费总额的(　　)。

A. 20%　　B. 30%　　C. 50%　　D. 60%

4\. 由于设计人自身原因，延误了按合同规定交付的设计资料及设计文件的时间，每延误1天，应减收该项目应收设计费的(　　)。

A. 2‰　　B. 20‰　　C. 2%　　D. 20%

三、问答题

1\. 勘察人应具备哪些条件？

2\. 哪些情形下可以相应延长勘察合同的工期？

3\. 项目设计应符合哪些要求？

4\. 在初步设计阶段，应向发包人提供哪些资料？

第七章　工程项目施工合同管理

能力目标

通过本章内容的学习，能够拟定工程项目施工合同，能够根据合同条款的约定进行工程项目的进度、质量、安全管理，并能够处理和解决施工合同履行过程中遇到的各种问题。

知识目标

了解工程项目施工合同的特点，熟悉工程项目施工合同当事人职责，掌握工程项目施工合同的订立、履行、变更管理和施工分包合同管理，并掌握施工合同保险与索赔管理、施工合同争议解决的方法。

案例导入

某公司中标某道路施工项目，在施工期间，甲方管理人员要求乙方所施工工程必须达到优良工程的要求，而合同约定为合格工程(合同中没有约定质量标准提高费用如何结算)。由于提高了质量标准，故结算时乙方向甲方提出增加施工费用的要求，甲方则坚持按合同价结算，双方发生争执。

请问：甲方坚持按合同价结算的做法合理吗？说明理由。

第一节　施工合同的特点及合同当事人

一、施工合同的特点

建设工程施工合同是发包人与承包人就完成具体工程项目的建筑施工、设备安装、设备调试、工程保修等工作内容，确定双方权利和义务的协议。施工合同是建设工程合同的一种，它与其他建设工程合同一样是双务有偿合同，在订立时应遵守自愿、公平、诚实信用等原则。

由于建筑产品是特殊的商品，它具有单件性、建设周期长、施工生产和技术复杂、工程付款和质量论证具备阶段性、受外界自然条件影响大等特点，因此施工合同与其他经济合同相比，具有自身的特点。

1. 合同标的的特殊性

施工合同的标的是各类建筑产品，建筑产品是不动产，建造过程中往往受到各种因素的影响，这就决定了每个施工合同的标的物不同于工厂批量生产的产品，具有单件性的特点。单件性是指不同地点建造的相同类型和级别的建筑，施工过程中所遇到的情况不尽相同，在甲工程施工中遇到的困难在乙工程不一定发生，而在乙工程施工中可能出现甲工程没有出现的问题。这就决定了每个施工合同的标的都是特殊的，相互间具有不可替代性。

2. 合同履行期限的长期性

由于建筑产品体积庞大、结构复杂、施工周期都较长，施工工期少则几个月，一般都是几年甚至十几年，在合同实施过程中不确定性影响因素多，受外界自然条件影响大，合同双方承担的风险高，当主观和客观情况发生变化时，就有可能造成施工合同的变化，因此施工合同的变更较频繁，施工合同争议和纠纷也比较多。

3. 合同内容的多样性和复杂性

与大多数合同相比，施工合同的履行期限长、标的额大，涉及的法律关系则包括了劳动关系、保险关系、运输关系、购销关系等，具有多样性和复杂性。这就要求施工合同的条款应当尽量详尽。

4. 合同管理的严格性

合同管理的严格性主要体现在：对合同签订管理的严格性；对合同履行管理的严格性；对合同主体管理的严格性。

【提示】 施工合同无论在合同文本结构还是合同内容上，都要反映上述特点，符合工程项目建设客观规律的内在要求，以保护施工合同当事人的合法权益，促使当事人严格履行自己的义务和职责，提高工程项目的社会效益和经济效益。

二、施工合同当事人

施工合同当事人是发包人和承包人，双方按照所签订合同约定的义务，履行相应的责任。

1. 发包人

发包人有义务按专用条款约定的内容和时间完成以下工作：

(1)开展土地征用、拆迁补偿、平整施工场地等工作，使施工现场具备施工条件，在开工后继续负责解决以上事项遗留问题。

(2)将施工所需水、电、电信线路从施工场地外部接至专用条款约定地点，保证施工期间的需要。

(3)开通施工场地与城乡公共道路的通道，以及专用条款约定的施工场地内的主要道路，满足施工运输的需要，保证施工期间的畅通。

(4)向承包人提供施工场地的工程地质和地下管线资料，对资料的真实性、准确性负责。

(5)办理施工许可证及其他施工所需证件、批件和临时用地、停水、停电、中断道路交通、爆破作业等的申请批准手续(证明承包人自身资质的证件除外)。

(6)确定水准点与坐标控制点，以书面形式交给承包人，进行现场交验。

(7)组织承包人和设计单位进行图纸会审和设计交底。

(8)协调处理施工场地周围地下管线和邻近建(构)筑物(包括文物保护建筑)、古树名木的保护工作，承担有关费用。

(9)发包人应做的其他工作，双方在专用条款内约定。

【注意】 属于合同约定的发包人义务，如果出现不按合同约定完成，导致工期延误或给承包人造成损失，发包人应赔偿承包人的有关损失，延误的工期相应顺延。

2. 承包人

承包人应按专用条款约定的时间和要求，完成下列工作：

(1)根据发包人的委托，在其设计资质允许的范围内，完成施工图设计或与工程配套的设计，经工程师确认后使用，发生的费用由发包人承担。如果属于设计施工总承包合同或承包工作范围内包括部分施工图设计任务，则在专用条款内需要约定承担设计任务单位的设计资质等级及设计文件的提交时间和文件要求(可能属于施工承包人的设计分包人)。

(2)向工程师提供年、季、月工程进度计划及相应进度统计报表。专用条款内需要约定提供计划、报表的具体名称和时间。

(3)按工程需要提供和维修非夜间施工使用的照明、围栏设施，并负责安全保卫。专用条款内需要约定具体的工作位置和要求。

(4)按专用条款约定的数量和要求，向发包人提供在施工现场办公和生活的房屋及设施，发生的费用由发包人承担。专用条款内需要约定设施名称、要求和完成时间。

(5)遵守政府有关主管部门对施工场地交通、施工噪声以及环境保护和安全生产等的管理规定，按规定办理有关手续，并以书面形式通知发包人，发包人承担由此发生的费用，因承包人责任造成的罚款除外。

(6)已竣工工程未交付发包人之前，承包人按专用条款约定负责已完工程的保护工作，保护期间发生损坏，承包人自费予以修复；发包人要求承包人采取特殊措施保护的工程部位和相应的追加合同价款，双方在专用条款内约定。

(7)按专用条款约定做好施工场地地下管线和邻近建(构)筑物(包括文物保护建筑)、古树名木的保护工作。

(8)保证施工场地清洁，符合环境卫生管理的有关规定，交工前清理现场达到专用条款约定的要求，承担因自身原因违反有关规定造成的损失和罚款。

(9)承包人应做的其他工作，双方在专用条款内约定。

承包人不履行上述各项义务，造成发包人损失的，应对发包人的损失给予赔偿。

第二节　施工合同的订立

一、施工合同示范文本

《建设工程施工合同(示范文本)》(GF—2017—0201)(以下简称《示范文本》)适用于房屋

建筑工程、土木工程、线路管道和设备安装工程、装修工程等建设工程的施工承发包活动，合同当事人可结合建设工程具体情况，根据《示范文本》订立合同，并按照法律法规规定和合同约定承担相应的法律责任及合同权利义务。

《示范文本》由合同协议书、通用合同条款和专用合同条款三部分组成。

1. 合同协议书

《示范文本》合同协议书共计 13 条，主要包括工程概况、合同工期、质量标准、签约合同价和合同价格形式、项目经理、合同文件构成、承诺以及合同生效条件等重要内容，集中约定了合同当事人基本的合同权利义务。

2. 通用合同条款

通用合同条款是指合同当事人根据《建筑法》《合同法》等法律法规的规定，就工程建设的实施及相关事项，对合同当事人的权利义务做出的原则性约定。

通用合同条款共计 20 条，具体条款分别为：一般约定、发包人、承包人、监理人、工程质量、安全文明施工与环境保护、工期和进度、材料与设备、试验与检验、变更、价格调整、合同价格、计量与支付、验收和工程试车、竣工结算、缺陷责任与保修、违约、不可抗力、保险、索赔和争议解决。前述条款安排既考虑了现行法律法规对工程建设的有关要求，也考虑了建设工程施工管理的特殊需要。

3. 专用合同条款

专用合同条款是指对通用合同条款原则性约定的细化、完善、补充、修改或另行约定的条款。合同当事人可以根据不同建设工程的特点及具体情况，通过双方的谈判、协商对相应的专用合同条款进行修改补充。在使用专用合同条款时，应注意以下事项：

(1)专用合同条款的编号应与相应的通用合同条款的编号一致；

(2)合同当事人可以通过对专用合同条款的修改，满足具体建设工程的特殊要求，避免直接修改通用合同条款；

(3)在专用合同条款中有横道线的地方，合同当事人可针对相应的通用合同条款进行细化、完善、补充、修改或另行约定；如无细化、完善、补充、修改或另行约定，则填写“无”或画“/”。

二、施工合同订立时需明确的内容

针对具体施工项目或标段的合同需要明确约定的内容较多，有些招标时已在招标文件的专用条款中做出了规定，另有一些还需要在签订合同时具体细化相应内容。

(一)施工现场范围和施工临时占地

发包人应明确说明施工现场永久工程的占地范围并提供征地图纸，以及属于发包人施工前期配合义务的有关事项，如从现场外部接至现场的施工用水、用电、用气的位置等，以便承包人进行合理的施工组织。

项目施工如果需要临时用地(招标文件中已说明或承包人投标书内提出要求)，也需明确占地范围和临时用地移交承包人的时间。

(二)发包人提供图纸的期限和数量

标准施工合同适用于发包人提供设计图纸，承包人负责施工的建设项目。由于初步设计完成后即可进行招标，因此订立合同时必须明确约定发包人陆续提供施工图纸的期限和数量。如果承包人有专利技术且有相应的设计资质，可能约定由承包人完成部分施工图设计。此时也应明确承包人的设计范围，提交设计文件的期限、数量，以及监理人签发图纸修改的期限等。

(三)材料与设备

1. 发包人提供的材料和工程设备

发包人自行供应材料、工程设备的，应在签订合同时在专用合同条款的附件《发包人供应材料设备一览表》中明确材料、工程设备的品种、规格、型号、数量、单价、质量等级和送达地点。

2. 承包人采购材料与工程设备

承包人负责采购材料、工程设备的，应按照设计和有关标准要求采购，并提供产品合格证明及出厂证明，对材料、工程设备质量负责。合同约定由承包人采购的材料、工程设备，发包人不得指定生产厂家或供应商，发包人违反本款约定指定生产厂家或供应商的，承包人有权拒绝，并由发包人承担相应责任。

3. 材料与工程设备的接收与拒收

发包人应按《发包人供应材料设备一览表》约定的内容提供材料和工程设备，并向承包人提供产品合格证明及出厂证明，对其质量负责。发包人应提前 24 小时以书面形式通知承包人、监理人材料和工程设备到货时间，承包人负责材料和工程设备的清点、检验和接收。

承包人采购的材料和工程设备，应保证产品质量合格，承包人应在材料和工程设备到货前 24 小时通知监理人检验。承包人进行永久设备、材料的制造和生产的，应符合相关质量标准，并向监理人提交材料的样本以及有关资料，且应在使用该材料或工程设备之前获得监理人同意。

4. 材料与工程设备的保管与使用

(1)发包人供应材料与工程设备的保管与使用。发包人供应的材料和工程设备，承包人清点后由承包人妥善保管，保管费用由发包人承担，但已标价工程量清单或预算书已经列支或专用合同条款另有约定除外。因承包人原因发生丢失毁损的，由承包人负责赔偿；监理人未通知承包人清点的，承包人不负责材料和工程设备的保管，由此导致丢失毁损的由发包人负责。发包人供应的材料和工程设备使用前，由承包人负责检验，检验费用由发包人承担，不合格的不得使用。

(2)承包人采购材料与工程设备的保管与使用。承包人采购的材料和工程设备由承包人妥善保管，保管费用由承包人承担。法律规定材料和工程设备使用前必须进行检验或试验的，承包人应按监理人的要求进行检验或试验，检验或试验费用由承包人承担，不合格的不得使用。发包人或监理人发现承包人使用不符合设计或有关标准要求的材料和工程设备时，有权要求承包人进行修复、拆除或重新采购，由此增加的费用和(或)延误的工期，由承包人承担。

5. 禁止使用不合格的材料和工程设备

(1)监理人有权拒绝承包人提供的不合格材料或工程设备，并要求承包人立即进行更换。监理人应在更换后再次进行检查和检验，由此增加的费用和(或)延误的工期由承包人承担。

(2)监理人发现承包人使用了不合格的材料和工程设备，承包人应按照监理人的指示立即改正，并禁止在工程中继续使用不合格的材料和工程设备。

(3)发包人提供的材料或工程设备不符合合同要求的，承包人有权拒绝，并可要求发包人更换，由此增加的费用和(或)延误的工期由发包人承担，并支付承包人合理的利润。

(四)异常恶劣的气候条件范围

施工过程中遇到不利于施工的气候条件直接影响施工效率，甚至被迫停工。气候条件对施工的影响是合同管理中一个比较复杂的问题，"异常恶劣的气候条件"属于发包人的责任，"不利气候条件"对施工的影响则属于承包人应承担的风险，因此，应当根据项目所在地的气候特点，在专用条款中明确界定不利于施工的气候和异常恶劣的气候条件之间的界限。如多少毫米以上的降水，多少级以上的大风，多少温度以上的超高温或超低温天气等，以明确合同双方对气候变化影响施工的风险责任。

(五)价格调整

1. 物价浮动的合同价格调整

除专用合同条款另有约定外，市场价格波动超过合同当事人约定的范围，合同价格应当调整。合同当事人可以在专用合同条款中约定选择以下一种方式对合同价格进行调整：

第 1 种方式：采用价格指数进行价格调整。

(1)价格调整公式。因人工、材料和设备等价格波动影响合同价格时，根据专用合同条款中约定的数据，按以下公式计算差额并调整合同价格：

$$\Delta P = P_0\left[A+\left(B_1\times\frac{F_{t1}}{F_{01}}+B_2\times\frac{F_{t2}}{F_{02}}+B_3\times\frac{F_{t3}}{F_{03}}+\cdots+B_n\times\frac{F_{tn}}{F_{0n}}\right)-1\right]$$

式中 ΔP——需调整的价格差额；

P_0——约定的付款证书中承包人应得到的已完成工程量的金额。此项金额应不包括价格调整、不计质量保证金的扣留和支付、预付款的支付和扣回。约定的变更及其他金额已按现行价格计价的，也不计在内；

A——定值权重(即不调部分的权重)；

B_1，B_2，B_3，…，B_n——各可调因子的变值权重(即可调部分的权重)，为各可调因子在签约合同价中所占的比例；

F_{t1}，F_{t2}，F_{t3}，…，F_{tn}——各可调因子的现行价格指数，指约定的付款证书相关周期最后一天的前 42 天的各可调因子的价格指数；

F_{01}，F_{02}，F_{03}，…，F_{0n}——各可调因子的基本价格指数，指基准日期的各可调因子的价格指数。

以上价格调整公式中的各可调因子、定值和变值权重，以及基本价格指数及其来源在投标函附录价格指数和权重表中约定，非招标订立的合同，由合同当事人在专用合同条款中约定。价格指数应首先采用工程造价管理机构发布的价格指数，无前述价格指数时，可采用工程造价管理机构发布的价格代替。

(2)暂时确定调整差额。在计算调整差额时无现行价格指数的，合同当事人同意暂用前次价格指数计算。实际价格指数有调整的，合同当事人进行相应调整。

(3)权重的调整。因变更导致合同约定的权重不合理时，按照合同商定或确定执行。

(4)因承包人原因工期延误后的价格调整。因承包人原因未按期竣工的，对合同约定的竣工日期后继续施工的工程，在使用价格调整公式时，应采用计划竣工日期与实际竣工日期的两个价格指数中较低的一个作为现行价格指数。

第2种方式：采用造价信息进行价格调整。

合同履行期间，因人工、材料、工程设备和机械台班价格波动影响合同价格时，人工、机械使用费按照国家或省、自治区、直辖市建设行政管理部门、行业建设管理部门或其授权的工程造价管理机构发布的人工、机械使用费系数进行调整；需要进行价格调整的材料，其单价和采购数量应由发包人审批，发包人确认需调整的材料单价及数量，作为调整合同价格的依据。

(1)人工单价发生变化且符合省级或行业建设主管部门发布的人工费调整规定，合同当事人应按省级或行业建设主管部门或其授权的工程造价管理机构发布的人工费等文件调整合同价格，但承包人对人工费或人工单价的报价高于发布价格的除外。

(2)材料、工程设备价格变化的价款调整按照发包人提供的基准价格，按以下风险范围规定执行：

1)承包人在已标价工程量清单或预算书中载明材料单价低于基准价格的：除专用合同条款另有约定外，合同履行期间材料单价涨幅以基准价格为基础超过5%时，或材料单价跌幅以在已标价工程量清单或预算书中载明材料单价为基础超过5%时，其超过部分据实调整。

2)承包人在已标价工程量清单或预算书中载明材料单价高于基准价格的：除专用合同条款另有约定外，合同履行期间材料单价跌幅以基准价格为基础超过5%时，材料单价涨幅以在已标价工程量清单或预算书中载明材料单价为基础超过5%时，其超过部分据实调整。

3)承包人在已标价工程量清单或预算书中载明材料单价等于基准价格的：除专用合同条款另有约定外，合同履行期间材料单价涨跌幅以基准价格为基础超过±5%时，其超过部分据实调整。

4)承包人应在采购材料前将采购数量和新的材料单价报发包人核对，发包人确认用于工程时，发包人应确认采购材料的数量和单价。发包人在收到承包人报送的确认资料后5天内不予答复的视为认可，作为调整合同价格的依据。未经发包人事先核对，承包人自行采购材料的，发包人有权不予调整合同价格。发包人同意的，可以调整合同价格。

【提示】 基准价格是指由发包人在招标文件或专用合同条款中给定的材料、工程设备的价格，该价格原则上应当按照省级或行业建设主管部门或其授权的工程造价管理机构发布的信息价编制。

(3)施工机械台班单价或施工机械使用费发生变化超过省级或行业建设主管部门或其授权的工程造价管理机构规定的范围时，按规定调整合同价格。

第3种方式：专用合同条款约定的其他方式。

2. 法律变化引起的调整

基准日期后，法律变化导致承包人在合同履行过程中所需要的费用发生除上述“1. 物价浮动的合同价格调整”约定以外的增加时，由发包人承担由此增加的费用；减少时，应从合同价格中予以扣减。基准日期后，因法律变化造成工期延误时，工期应予以顺延。

因法律变化引起的合同价格和工期调整，合同当事人无法达成一致的，由总监理工程师按合同商定或确定的约定处理。

因承包人原因造成工期延误，在工期延误期间出现法律变化的，由此增加的费用和(或)延误的工期由承包人承担。

(六)保险责任

1. 工程保险

除专用合同条款另有约定外，发包人应投保建筑工程一切险或安装工程一切险；发包人委托承包人投保的，因投保产生的保险费和其他相关费用由发包人承担。

2. 工伤保险

(1)发包人应依照法律规定参加工伤保险，并为在施工现场的全部员工办理工伤保险，交纳工伤保险费，且要求监理人及由发包人为履行合同聘请的第三方依法参加工伤保险。

(2)承包人应依照法律规定参加工伤保险，并为其履行合同的全部员工办理工伤保险，交纳工伤保险费，且要求分包人及由承包人为履行合同聘请的第三方依法参加工伤保险。

3. 其他保险

发包人和承包人可以为其施工现场的全部人员办理意外伤害保险并支付保险费，包括其员工及为履行合同聘请的第三方的人员，具体事项由合同当事人在专用合同条款约定。

除专用合同条款另有约定外，承包人应为其施工设备等办理财产保险。

4. 持续保险

合同当事人应与保险人保持联系，使保险人能够随时了解工程实施中的变动，并确保按保险合同条款要求持续保险。

5. 保险凭证

合同当事人应及时向另一方当事人提交其已投保的各项保险的凭证和保险单复印件。

6. 未按约定投保的补救

(1)发包人未按合同约定办理保险，或未能使保险持续有效的，则承包人可代为办理，所需费用由发包人承担。发包人未按合同约定办理保险，导致未能得到足额赔偿的，由发包人负责补足。

(2)承包人未按合同约定办理保险，或未能使保险持续有效的，则发包人可代为办理，所需费用由承包人承担。承包人未按合同约定办理保险，导致未能得到足额赔偿的，由承包人负责补足。

7. 通知义务

除专用合同条款另有约定外，发包人变更除工伤保险之外的保险合同时，应事先征得承包人同意，并通知监理人；承包人变更除工伤保险之外的保险合同时，应事先征得发包人同意，并通知监理人。

保险事故发生时，投保人应按照保险合同规定的条件和期限及时向保险人报告。发包人和承包人应当在知道保险事故发生后及时通知对方。

三、施工合同的谈判

合同谈判是建设工程施工合同签订双方对是否签订合同以及合同具体内容达成一

致的协商过程。通过谈判，能够充分了解对方及项目的情况，为高层决策提供信息和依据。

(一)合同谈判的目的

1. 发包人参加谈判的目的

(1)通过谈判，了解投标者报价的构成，进一步审核和压低报价。

(2)进一步了解和审查投标者的施工规划和各项技术措施是否合理，以及负责项目实施的班子力量是否足够雄厚，能否保证工程的质量和进度。

(3)根据参加谈判的投标者的建议和要求，也可吸收其他投标者的建议，对设计方案、图纸、技术规范进行某些修改，并估计可能对工程报价和工程质量产生的影响。

2. 投标者参加谈判的目的

(1)争取中标，即通过谈判宣传自己的优势，包括技术方案的先进性、报价的合理性、所提建议方案的特点、许诺优惠条件等，以争取中标。

(2)争取合理的价格，既要准备应付业主的压价，又要准备当业主拟增加项目、修改设计或提高标准时适当增加报价。

(3)争取改善合同条款，包括争取修改过于苛刻的和不合理的条款，澄清模糊的条款和增加有利于保护承包商利益的条款。

(二)合同谈判的准备工作

开始谈判之前，一定要做好各个方面的准备工作。对于一个建设工程而言，一般都具有投资数额大、实施时间长的特点，而施工合同内容涉及技术、经济、管理、法律等广阔的领域。因此，在开始谈判之前，必须细致地做好以下几方面的准备工作。

1. 成立谈判组织

成立谈判组织，其工作内容主要包括谈判组成员组成的确定和谈判组长的人选确定。

(1)谈判组成员组成的确定。一般来说，谈判组成员的选择要考虑以下几点：能充分发挥每一个成员的作用；组长便于组内协调；具有专业知识组合优势；国际工程谈判时还要配备业务能力强，特别是外语写作能力较强的翻译。

谈判组员以3～5人为宜，可根据谈判不同阶段的要求进行阶段性的人员更换，以确保谈判小组的知识结构与能力素质的针对性，取得最佳的效果。

(2)谈判组长的人选确定。谈判组长即主谈，是谈判小组的关键人物，一般要求主谈具有以下基本素质：具有较强的业务能力和应变能力；具有较宽的知识面和丰富的工程经验与谈判经验；具有较强的分析、判断能力，决策果断；年富力强，思维敏捷，体力充沛。

2. 谈判前的资料准备

合同谈判前的资料准备工作的主要任务就是要收集整理有关合同对方及项目的各种基础资料和背景材料。这些资料的内容包括对方的资信状况、履约能力、发展阶段、已有成绩等，包括工程项目的由来、土地获得情况、项目目前的进展、资金来源等。资料准备可以起到双重作用：其一是双方在某一具体问题上争执不休时，提供证据资料、背景资料，可起到事半功倍的作用；其二是防止谈判小组成员在谈判中出现口径不一的情况，以免造成被动局面。

3. 具体分析

在获得了相关资料以后，需要对本方、对方的情况和谈判目标进行一定的分析。

(1)对本方的分析。签订工程施工合同之前，首先要确定工程施工合同的标的物，即拟建工程项目。发包方必须运用科学研究的成果，对拟建工程项目的投资进行综合分析和论证。发包方必须按照可行性研究的有关规定做定性和定量的分析研究，包括工程水文地质勘察、地形测量以及项目的经济、社会、环境效益的测算比较，在此基础上论证工程项目在技术上、经济上的可行性，对各种方案进行比较，筛选出最佳方案。依据获得批准的项目建议书和可行性研究报告，编制项目设计任务书并选择建设地点。建设项目的设计任务书和选点报告批准后，发包方就可以委托取得工程设计资格证书的设计单位进行设计，然后再进行招标。

对于承包方，在发包方发出招标公告后，不应盲目地投标，而是应该做一系列调查研究工作。主要考察的问题有：工程建设项目是否确实由发包方立项？项目的规模如何？是否适合自身的资质条件？发包方的资金实力如何？等等。这些问题可以通过审查有关文件，如发包方的法人营业执照、项目可行性研究报告、立项批复、建设用地规划许可证等加以解决。

【提示】 承包方为承接项目，可以主动提出某些让利的优惠条件，但是，在项目是否真实、发包方主体是否合法、建设资金是否落实等原则性问题上不能让步；否则，即使在竞争中获胜，中标承包了项目，一旦发生问题，合同的合法性和有效性就得不到保证，此种情况下，受损害最大的往往是承包方。

(2)对对方的分析。对对方基本情况的分析主要从以下几个方面入手：

1)对对方谈判人员的分析，主要了解对手的谈判组由哪些人员组成，了解他们的身份、地位、性格、喜好、权限等，以注意与对方建立良好的关系，发展谈判双方的友谊，争取在谈判以前就有了亲切感和信任感，为谈判创造良好的氛围。

2)对对方实力的分析，主要是指对对方诚信、技术、财力、物力等状况的分析。可以通过各种渠道和信息取得有关资料。

(3)对谈判目标进行可行性分析。分析工作中还包括分析自身设置的谈判目标是否正确合理、是否切合实际、是否能被对方接受，以及对方设置的谈判目标是否合理。如果自身设置的谈判目标有疏漏或错误，就盲目接受对方不合理的谈判目标，同样会造成项目实施过程中的后患。在实际中，由于承包方中标心切，往往接受发包方极不合理的要求，比如带资、垫资、工期短等，造成其在今后发生回收资金、获取工程款、工期反索赔方面的困难。

(4)对双方地位进行分析。在此项目上与对方相比，己方所处地位的分析也是必要的。这一地位包括整体的与局部的优、劣势。如果己方在整体上存在优势，而在局部存有劣势，则可以通过以后的谈判等弥补局部的劣势。但如果己方在整体上已处于劣势，则除非能有契机转化这一情势，否则就不宜再耗时、耗资去进行无利的谈判。

4. 谈判的议程安排

谈判的议程安排主要指谈判的地点选择、主要活动安排等准备内容。承包合同谈判的议程安排，一般由发包人提出，征求对方意见后再确定。作为承包方要充分认识到非“主场”谈判的难度，做好充分的心理准备。

(三)合同谈判内容

1. 关于工程范围

谈判中应使施工、设备采购、安装与调试、材料采购、运输与储存等工作的范围具体明确，责任分明，以防报价漏项及引发施工过程中的矛盾。现举例说明如下：

(1)有的合同条件规定："除另有规定外的一切工程""承包商可以合理推知需要提供的为本工程服务所需的一切辅助工程"等。其中，不确定的内容可做无限制解释的，应该在合同中加以明确，或争取写明："未列入本合同中的工程量表和价格清单的工程内容，不包括在合同总价内。"

(2)在某些材料供应合同中，常规是写："……材料送到现场。"但是有些工地现场范围极大，对方只要送进工地围墙以内，就理解为"送到现场"。这对施工单位很不利，要增加二次搬运费。严谨的写法为："……材料送到操作现场。"

(3)对于"可供选择的项目"，应力争在签订合同前予以明确。如果确实难以在签订合同时澄清，则应当确定一个具体的期限来选定这些项目是否需要施工。应当注意，如果这些项目的确定时间太晚，可能会影响材料设备的订货，使承包商蒙受不应有的损失。

(4)对于现场监理工程师的办公建筑、家具设备、车辆和各项服务，如果已包括在投标价格中，而且招标书规定得比较明确和具体，则应当在签订合同时予以审定和确认。特别是对于建筑面积和标准、设备和车辆的牌号以及服务的详细内容等，应当十分具体和明确。

(5)某总包与分包签订的合同中写明："总包同意在分包完成工程，经监理工程师签发证书，并在业主支付总承包商该项已完工程款后 30 日内，向分包付款。"表面看似乎合理，实际上是总包转移风险的手段。因为发包人与总包之间的原因有很多方面，而监理工程师不签发证书，致使发包人拒绝或拖延向总包付款并非一定是分包的原因。这种笼统地把总包得到付款作为向分包付款的前提是不合理的。应补充以下条款："如果监理工程师未签发证书，或总包未能收到发包人付款，并非分包违约，那么总包应向分包支付其实际完成的工程款和最后结算款。"

2. 关于合同文件

对当事人来说，合同文件就是法律文书，应该使用严谨、周密的法律语言，不能使用日常通俗语言或"工程语言"，以防一旦发生争端合同中无准确依据，影响合同的履行，并为索赔创造一定的条件。

(1)对拟定合同文件中的缺欠，经双方协商一致同意后，可进行修改和补充，并应整理为正式的"补遗"或"附录"，由双方签字作为合同的组成部分，注明哪些条件由"补遗"或"附录"中的相应条款替代，以免发生矛盾与误解，在实施工程中发生争端。

(2)应当由双方同意将投标前发包人对各投标人质疑的书面答复或通知作为合同的组成部分，因为这些答复或通知既是标价计算的依据，也可能是今后索赔的依据。

(3)承包商提供的施工图纸是正式的合同文件内容。不能只认为"发包人提交的图纸属于合同文件。"应该表明"与合同协议同时由双方签字确认的图纸属于合同文件。"以防发包人借补充图纸的机会增加工程内容。

(4)对于作为付款和结算工程价款依据的工程量及价格清单，应该根据议标阶段做出的修正重新整理和审定，并经双方签字。

(5)即使采用的是标准合同文本，在签字前也须全面检查，对于关键词语和数字更应反复核对，不得有任何差错。

3. 关于双方的一般义务

关于双方的一般义务的谈判内容主要包括：有关监理工程师命令的执行；关于履约保证；关于工程保险；关于工人的伤亡事故保险和其他社会保险；关于不可预见的自然条件和人为障碍处理等的条款内容。

4. 关于劳务

关于劳务的谈判内容主要涉及以下几个方面：

(1)劳务来源与劳务选择权；劳务队伍的能力素质与资质要求；劳务费取费标准确定；关于劳务的聘用与解雇的有关规定；有关保险事宜等。

(2)在进行国际工程承包时，有关劳务的谈判内容则更加复杂。例如，发包人协助取得各种许可手续的责任；因劳务短缺造成延误工期的处理；为提高工效和缩短工期而需加班的允许条件及处理方法；现场人员必须遵守当地法律，尊重当地风俗习惯，禁酒，禁止出售和使用麻醉毒品、武器弹药，不得扰乱社会治安的条款；有关劳务的节假日；当地的劳工法、移民法、出入境规定及个人所得税法的规定等。

5. 关于工程的开工和工期

工期是施工合同的关键条件之一，是影响价格的一项重要因素，同时也是违约误期罚款的唯一依据。工期确定是否合理，直接影响着承包商的经济效益，影响业主所投资的工程项目能否早日投入使用，因此，工期确定一定要讲究科学性、可操作性，同时要注意以下问题：

(1)不能把工期混同为合同期。合同期是表明一个合同的有效期间，从合同生效之日到合同终止。而工期是对承包商完成其工作所规定的时间。在工程承包合同中，通常施工期虽已结束，但合同期并未终止。

(2)应明确规定保证开工的措施。要保证工程按期竣工，首先要保证按时开工。将发包方影响开工的因素列入合同条件之中。如果由于发包方的原因导致承包方不能如期开工，则工期应顺延。

(3)施工中，如因变更设计造成工程量增加或修改原设计方案，或工程师不能按时验收工程，承包方有权要求延长工期。

(4)必须要求发包方按时验收工程，以免拖延付款，影响承包方的资金周转和工期。

(5)发包方向承包方提交的现场应包括施工临时用地，并写明其占用土地的一切补偿费用均由发包方承担。

(6)如果工程项目付款中规定有初期工程付款，其中包括临时工程占用土地的各项费用开支，则承包商应在投标前做周密调查，尽可能减少日后额外占用的土地数量，并将所有费用列入报价。

(7)应规定现场移交的时间和移交的内容。现场移交应包括场地测量图纸、文件和各种测量标志的移交。

(8)单项工程较多的工程，应争取分批竣工，并提交工程师验收，发给竣工证明。工程全部具备验收条件而发包方无故拖延验收时，应规定发包方向承包方支付工程费用。

(9)由于发包人及其他非承包商原因造成工期延长，承包商有权提出延长工期要求。在施工过程中，如发包人未按时交付合格的现场、图纸及批准承包商的施工方案，增加工程量或修改设计内容，或发包人不能按时验收已完成工程而迫使承包商中断施工等，承包商有权要求延长工期，要在合同中明确规定。

6. 关于材料和操作工艺

关于材料和操作工艺谈判主要包括以下内容：

(1)材料供应方式，即发包人供应材料还是承包商提供材料。

(2)材料的种类、规格、数量、单价与质量等级。

(3)材料提供的时间、地点。

(4)对于报送给监理工程师或发包方审批的材料样品，应规定答复期限。发包方或监理工程师在规定答复期限不予答复，则视作“默许”。经“默许”后再提出更换，应该由发包方承担延误工期和原报批的材料已订货而造成的损失。

(5)对于应向监理工程师提供的现场测量和试验的仪器设备，应在合同中列出清单，写明名称、型号、规格、数量等。如果超出清单内容，则应由发包方承担超出的费用。

(6)关于工序质量检查问题。如果监理工程师延误了上道工序的检查时间，往往使承包方无法按期进行下一道工序，而使工程进度受到严重影响。因此，应对工序检验制度做出具体规定。特别是对需要及时安排检验的工序要有时间限制。当超出限制时，若监理工程师未予检查，则承包方可认为该工序已被接受，可进行下一道工序的施工。

7. 关于工程的变更和增减

关于工程的变更和增减谈判主要涉及工程变更与增减的基本要求，由于工程变更导致的经济支出，承包商核实的确定方法，发包人应承担的责任，延误的工期处理等内容。其主要包括：

(1)工程变更应有一个合适的限额，超过限额，承包商有权修改单价。

(2)对于单项工程的大幅度变更，应在工程施工初期提出，并争取规定限期。超过限期大幅度增加单项工程，由发包人承担材料、工资价格上涨而引起的额外费用；大幅度减少单项工程，发包人应承担材料已订货而造成的损失。

8. 关于工程维修

(1)应当明确维修工程的范围和维修责任。承包商只能承担由于材料和工艺不符合合同要求而产生缺陷、没有看管好工程而遭损坏时的责任。

(2)一些重要、复杂的工程，若要求承包商对其施工的工程主体结构进行寿命担保，则应规定合理的年限值、担保的内容和方式。承包商可争取用保函担保，或者在工程保险时一并由保险公司担保。

9. 关于付款

付款是承包商最为关心也是最为棘手的问题。发包人和承包商之间发生的争议，有很多与付款问题相关。关于付款主要涉及如下问题：

(1)价格问题。价格是施工合同最主要的内容之一，是双方讨论的关键，它包括单价、总价、工资、加班费和其他各项费用，以及付款方式和付款的附带条件等。价格主要是受工作内容、工期和其他各项义务的制约。在进行工程价格谈判时，一定要注意以下几个方面：

1)采用固定价格投标，还是同时考虑合同可包括一些伸缩性条款来应付货币贬值、物价上涨等变化因素，即遇到货币贬值等因素时合同价格是否可以调整等。

2)有无可能采用成本加酬金合同形式。

3)在合同期间，发包人是否能够保证一种商品价格的稳定。如在国际承包活动中，有些国家虽然要求承包商用固定价格投标，但可保证少数商品价格稳定。

(2)货币问题。货币问题主要是指货币兑换限制、货币汇率浮动、货币支付问题。货币支付条款主要有：固定货币支付条款，即合同中规定支付货币的种类和各种货币的数额，今后按此付款，而不受货币价值浮动的影响；选择性货币条款，即可在几种不同的货币中选择支付，并在合同中用不同的货币标明价格。这种方式不受货币价值浮动的影响，但关键在于选择权属于谁，承包商应争取主动权。

(3)支付问题。支付问题主要是指支付时间、支付方式和支付保证等问题。由于货币时间价值的存在，同等金额的工程款，承包商所能获取的实际利益却是不同的。常包括的支付内容主要有：工程预付款、工程进度款、最终付款和退还保留金等。付款方式则有：现金支付、实物支付、汇兑支付、异地支付、转账支付等。对于承包商来说，一定要争取得到预付款，而且预付款的偿还按预付款与合同总价的同一比例每次在工程进度款中扣除为好。对于工程进度付款，应争取它不仅包括当月已完成的工程价款，还应包括运到现场的合格材料与设备费用。最终付款，意味着工程的竣工，承包商有权取得全部工程的合同价款中一切尚未付清的款项。关于退还保留金问题，承包商争取降低扣留金额的数额，使之不超过合同总价的5%；并争取工程竣工验收合格后全部退回，或者用维修保函代替扣留的应付工程款。

10. 关于工程验收

工程验收主要包括对中间和隐蔽工程的验收、竣工验收和对材料设备的验收。在审查验收条款时，应注意的问题是验收范围、验收时间和验收质量标准等是否在合同中明确表明。因为验收是承包工程实施过程中的一项重要工作，它直接影响工程的工期和质量，需要认真对待。

11. 关于违约责任

为了确认违约责任，以便处罚得当，在审查违约责任条款时，应注意以下两点：

(1)要明确不履行合同的行为，如合同到期后未能完工，或施工过程中施工质量不符合要求，或劳务合同中的人员素质不符合要求，或发包人不能按期付款等。在对自己一方确定违约责任时，一定要同时规定对方的某些行为是自己一方履约的先决条件，否则不应构成违约责任。

(2)针对自己关键性的权利，即对方的主要义务，应向对方规定违约责任。例如，承包商必须按期、按质完工，发包人必须按规定付款等，都要详细规定各自的履约义务和违约责任。规定对方的违约责任就是保证自己享有的权利。

【提示】 需要谈判的内容非常多，而且双方均以维护自身利益为核心进行谈判，更增加了谈判的难度和复杂性。就某一具体谈判而言，由于受项目的特点、不同的谈判的客观条件等因素影响，在谈判内容上通常有所侧重，需谈判小组认真仔细地研究，进行具体谋划。

(四)合同谈判的策略和技巧

谈判是通过不断的会晤确定各方权利、义务的过程，它直接关系到谈判桌上各方最终利益的得失。因此，谈判绝不是一项简单的机械性工作，而是集合了策略与技巧的艺术。以下介绍几种常见的合同谈判策略和技巧：

(1)掌握谈判的进程。谈判大体上可分为五个阶段，即探测、报价、还价、拍板和签订合同。谈判各个阶段中谈判人员应该采取的策略主要有：

1)设计探测策略。探测阶段是谈判的开始，设计探测策略的主要目的在于尽快摸清对方的意图、关注的重点，以便在谈判中做到对症下药、有的放矢。

2)讨价还价技巧。此阶段是谈判的实质性进展阶段。在本阶段中双方从各自的利益出发，相互交锋、相互角逐。谈判人员应保持清醒的头脑，在争论中保持心平气和的态度，临阵不乱、镇定自若、据理力争。要避免不礼貌的提问，以防引起对方反感甚至导致谈判破裂。应努力求同存异，创造和谐气氛逐步接近。

3)控制谈判的进程。工程建设这样的大型谈判一定会涉及诸多需要讨论的事项，而各谈判事项的重要性并不相同，谈判各方对同一事项的关注程度也并不相同。成功的谈判者善于掌握谈判的进程，在充满合作气氛的阶段，展开对自己所关注议题的商讨，从而抓住时机，达成有利于己方的协议。而在气氛紧张时，则引导谈判进入双方具有共识的议题，一方面可缓和气氛；另一方面，可缩小双方差距，推进谈判进程。同时，谈判者应懂得合理分配谈判时间。对于各议题的商讨时间应得当，不要过多拘泥于细节性问题。这样，可以缩短谈判时间、降低交易成本。

4)注意谈判氛围。谈判各方往往存在利益冲突，要顺利获得谈判成功是不现实的。但有经验的谈判者会在各方分歧严重、谈判气氛激烈的时候采取润滑措施，舒缓压力。在我国最常见的方式是饭桌式谈判。通过餐宴联络谈判方的感情，拉近双方的心理距离，进而在和谐的氛围中重新回到议题。

(2)打破僵局策略。僵局往往是谈判破裂的先兆，为使谈判顺利进行并取得谈判成功，遇有僵持的局面必须适时采取相应策略，常用的打破僵局的方法有：

1)拖延和休会。当谈判遇到障碍、陷入僵局的时候，拖延和休会可以使明智的谈判方有时间冷静思考，在客观分析形势后提出替代性方案。在一段时间的冷处理后，各方都可以进一步考虑整个项目的意义，进而弥合分歧，将谈判从低谷引向高潮。

2)假设条件。当遇有僵持局面时，可以主动提出假设我方让步的条件，试探对方的反应，这样可以缓和气氛，增加解决问题的方案。

3)私下个别接触。当出现僵持局面时，观察对方谈判小组成员对引发僵持局面的问题的看法是否一致，寻找对本方意见的同情者与理解者，或对对方的主要持不同意见者，通过私下个别接触缓和气氛、消除隔阂、建立个人友谊，为下一步谈判创造有利条件。

4)设立专门小组。本着求同存异的原则，谈判中遇到各类障碍时，不必一一都在谈判桌上解决，而是建议设立若干专门小组，由双方的专家或组员去分组协商，提出建议。一方面可使僵持的局面缓解；另一方面可提高工作效率，使问题得以圆满解决。

(3)高起点战略。谈判的过程是各方妥协的过程，通过谈判，各方都或多或少会放弃部分利益以求得项目的进展。而有经验的谈判者在谈判之初会有意识地向对方提出苛刻的谈判条件。这样对方会过高估计本方的谈判底线，从而在谈判中做出更多让步。

(4)避实就虚策略。这是孙子兵法中已提出的策略。谈判各方都有自己的优势和弱点。谈判者应在充分分析形势的情况下做出正确判断，利用对方的弱点，猛烈攻击，迫其就范、做出妥协。而对于己方的弱点，则要尽量注意回避。

(5)对等让步策略。为使谈判取得成功，谈判中对对方所提出的合理要求进行适当让步是必不可少的，这种让步要求对双方都是存在的。但单向的让步要求则很难达成，因而主动在某问题上让步时，同时对对方提出相应的让步条件，一方面可争得谈判的主动；另一方面又可促使对方让步条件的达成。

(6)充分利用专家的作用。现代科技发展使个人不可能成为多方面的专家。而工程项目谈判又涉及广泛的学科领域。充分发挥各领域专家的作用，既可以在专业问题上获得技术支持，又可以利用专家的权威性给对方施以心理压力。

四、施工合同的签订

建设工程施工合同签订的过程，是当事人双方互相协商并最后就各方的权利、义务达成一致意见的过程。签约是双方意志统一的表现。签订施工合同的时间很长，实际上它是从准备招标文件开始，继而招标、投标、评标、中标，直到合同谈判结束为止的一段时间。

(一)施工合同签订的原则

施工合同签订的原则是指贯穿于订立施工合同的整个过程，对承、发包双方签订合同起指导和规范作用，双方均应遵守的准则。建设工程施工合同的签订原则如下：

1. 依法签订原则

(1)必须依据相关法律、法规签订。

(2)合同的内容、形式、签订的程序均不得违法。

(3)当事人应当遵守法律、行政法规和社会公德，不得扰乱社会经济秩序，不得损害社会公共利益。

(4)根据招标文件的要求，结合合同实施中可能发生的各种情况进行周密、充分的准备，按照“缔约过失责任原则”保护企业的合法权益。

2. 平等互利、协商一致的原则

(1)发包方、承包方作为合同的当事人，双方均平等地享有经济权利并平等地承担经济义务，其经济法律地位是平等的，没有主从关系。

(2)合同的主要内容须经双方协商达成一致，不允许一方将自己的意志强加于对方，也不允许一方以行政手段干预对方、压服对方。

3. 等价有偿的原则

(1)签约双方的经济关系要合理，当事人的权利、义务是对等的。

(2)合同条款中也应充分体现等价有偿原则，即：

1)一方给付，另一方必须按价值相等原则作相应给付。

2)不允许发生无偿占有、使用另一方财产现象。

3)工期提前、质量全优者，要予以奖励。

4)延误工期、质量低劣者，应予以罚款。

5)提前竣工的收益由双方共同分享。

4. 严密完备的原则

(1)充分考虑施工期内各个阶段，施工合同主体间可能发生的各种情况和一切容易引起争端的焦点问题，并预先约定解决问题的原则和方法。

(2)条款内容力求完备、避免疏漏，措辞力求严谨、准确、规范。

(3)对合同变更、纠纷协调、索赔处理等方面应有严格的合同条款作保证，以减少双方的矛盾。

5. 履行法律程序的原则

(1)签约双方都必须具备签约资格，手续健全齐备。

(2)代理人超越代理人权限签订的工程合同无效。

(3)签约的程序符合法律规定。

(4)签订的合同必须经过合同管理的授权机关鉴证、公证和登记等手续，对合同的真实性、可靠性、合法性进行审查，并给予确认，方能生效。

(二)施工合同签订的形式

《合同法》第十条规定："当事人订立合同，有书面形式、口头形式和其他形式。法律、行政法规规定采用书面形式的，应当采用书面形式。当事人约定采用书面形式的，应当采用书面形式。"书面形式是指合同书、信件和数据电文(包括电报、电传、传真、电子数据交换和电子邮件)等可以有形地表现所载内容的形式。

《合同法》第二百七十条规定："工程施工合同应当采用书面形式。"主要是因为施工合同涉及面广、内容复杂、标的金额大。

(三)施工合同签订的程序

建筑施工企业在签订施工合同中，应遵循以下程序：

1. 进行市场调查并建立联系

(1)施工企业对建筑市场进行调查研究。

(2)追踪获取拟建项目的情况和信息，以及业主情况。

(3)当对某项工程有承包意向时，可进一步详细调查并与业主取得联系。

2. 表明合作意愿，进行投标报价

(1)接到招标单位邀请或公开招标通告后，企业领导做出投标决策。

(2)向招标单位提出投标申请书，表明投标意向。

(3)研究招标文件，着手具体的投标报价工作。

3. 协商谈判

(1)接受中标通知书后，组成包括项目经理在内的谈判小组，依据招标文件和中标书草拟合同专用条款。

(2)与发包人就工程项目具体问题进行实质性谈判。

(3)通过协商达成一致，确立双方具体权利与义务，形成合同条款。

(4)参照施工合同示范文本和发包人拟定的合同条件与发包人订立施工合同。

4. 签署书面合同

(1)施工合同应采用书面形式的合同文本。

(2)合同使用的文字要经双方确定，用两种以上语言的合同文本，还须注明几种文本是否具有同等法律效力。

(3)合同内容要详尽、具体，责任义务要明确，条款应严密、完整，文字表达应准确、规范。

(4)确认甲方，即业主或委托代理人的法人资格或代理权限。

(5)施工企业经理或委托代理人代表承包方与甲方共同签署施工合同。

5. 签证与公证

施工合同签订应注意的问题及技巧

(1)合同签署后，必须在合同规定的时限内完成履约保函、预付款保函、有关保险等保证手续。

(2)送交工商行政管理部门对合同进行鉴证并交纳印花税。

(3)送交公证处对合同进行公证。

(4)经过鉴证、公证，确认合同的真实性、可靠性、合法性后，合同发生法律效力，并受法律保护。

五、施工合同的审查

合同双方当事人在合同签订前要进行合同审查。所谓合同审查，是指在合同签订以前，将合同文本"解剖"开来，检查合同结构和内容的完整性以及条款之间的一致性，分析评价每一合同条款执行的法律后果及其中的隐含风险，为合同的谈判和签订提供决策依据。

通过合同审查，可以发现合同中存在的内容含糊、概念不清之处或自己未能完全理解的条款，并加以仔细研究，认真分析，采取相应的措施，以减少合同中的风险，减少合同谈判和签订中的失误，有利于合同双方合作愉快，促进建设工程项目施工的顺利进行。

对于一些重大的建设工程项目或合同关系和内容很复杂的工程，合同审查的结果应经律师或合同法律专家核对评价，或在他们的直接指导下进行审查后才能正式签订双方间的施工合同。

(一)合同效力的审查

合同效力是指合同依法成立所具有的约束力。对建设工程施工合同效力的审查，基本上从合同主体、客体、内容三方面加以考虑。结合实践情况，主要审查以下几个方面：

1. 签订合同双方是否有经营资格

建设工程施工合同的签订双方是否有专门从事建筑业务的资格，是合同有效、无效的重要条件之一。例如，作为发包方的房地产开发公司应有相应的开发资格；作为承包方的勘察、设计、施工单位均应有其经营资格。

2. 签订工程施工合同的主体是否具备相应资质

建设工程是"百年大计"的不动产产品，而不是一般的产品，因此，工程施工合同的主体除了具备可以支配的财产、固定的经营场所和组织机构外，还必须具备与建设工程项目相适应的资质条件，而且也只能在资质证书核定的范围内承接相应的建设工程任务，不得擅自越级或超越规定的范围。

3. 订立的合同是否违反法定程序

如前所述，订立合同由要约与承诺两个阶段构成。在工程施工合同尤其是总承包合同和施工总承包合同的订立中，通常通过招标投标的程序，招标为要约邀请，投标为要约，中标通知书的发出意味着承诺。对通过这一程序缔结的合同，《招标投标法》有着严格的规定。

首先，《招标投标法》对必须进行招标投标的项目做了限定，具体内容见前面章节所述。其次，招投标遵循公平、公正的原则，违反这一原则，也可能导致合同无效。

4. 所签订的合同是否违反关于分包和转包的规定

《建筑法》允许建设工程总承包单位将承包工程中的部分发包给具有相应资质条件的分包单位，但是除总承包合同中约定的分包外，其他分包必须经建设单位认可。而且属于施工总承包的，建筑工程主体结构的施工必须由总承包单位自行完成。也就是说，未经建设单位认可的分包和施工总承包单位将工程主体结构分包出去所订立的分包合同，都是无效的。此外，将建设工程分包给不具备相应资质条件的单位或分包后将工程再分包的，均是法律禁止的。

《建筑法》及其他法律、法规对转包行为均做了严格规定。转包包括承包单位将其承包的全部建筑工程转包，承包单位将其承包的全部建筑工程肢解以后以分包的名义分别转包给他人。属于转包性质的合同，也因其违法而无效。

5. 所订立的合同是否违反其他法律和行政法规

如合同内容违反法律和行政法规，也可能导致整个合同的无效或合同的部分无效。例如，发包方指定承包单位购入的用于工程的建筑材料、构配件，或者指定生产厂、供应商等，此类条款均为无效。合同中某一条款的无效，并不必然影响整个合同的有效性。

实践中，构成合同无效的情况众多，需要有一定法律知识方能判别。所以，建议承发包双方将合同审查落实到合同管理机构和专门人员，每一项目的合同文本均须经过经办人员、部门负责人、法律顾问、总经理几道审查，批注具体意见，必要时还应听取财务人员的意见，以期尽量完善合同，确保在谈判时确定己方利益能够得到最大保护。

(二)合同内容的审查

合同条款的内容直接关系到合同双方的权利、义务，在建设工程施工合同签订之前，应当严格审查各项合同内容，其中尤其应注意以下内容：

1. 确定合理的工期

工期过长，不利于发包方及时收回投资；工期过短，不利于承包方工程质量的确保以及施工过程中建筑半成品的养护。因此，对承包方而言，应当合理计算自己能否在发包方要求的工期内完成承包任务，否则应当按照合同约定承担逾期竣工的违约责任。

2. 明确双方代表的权限

在建设工程施工合同中通常都明确甲方代表和乙方代表的姓名和职务，但对其作为代表的权限则往往规定不明。由于代表的行为代表了合同双方的行为，因此有必要对其权利范围以及权利限制做一定约定。

3. 明确工程造价或工程造价的计算方法

工程造价条款是工程施工合同的必备和关键条款，但通常会发生约定不明的情况，往往为日后争议与纠纷的发生埋下隐患。而处理这类纠纷，法院或仲裁机构一般委托有权审价单位鉴定造价，势必使当事人陷入旷日持久的诉讼，更何况经审价得出的造价也因缺少可靠的计算依据而缺乏准确性，对维护当事人的合法权益极为不利。

【说明】 如何在订立合同时就能明确工程造价？“设定分阶段决算程序，强化过程控制”将是一种有效的方法。具体而言，就是在设定承发包合同时增加工程造价过程控制的内容，按工程形象进度分段进行预决算并确定相应的操作程序，使承发包合同签约时不确定的工程造价，在合同履行过程中按约定的程序得到确定，从而避免可能出现的造价纠纷。

4. 明确材料和设备的供应

由于材料、设备的采购和供应引发的纠纷非常多，故必须在合同中明确约定相关条款，包括发包方或承包方所供应或采购的材料和设备的名称、型号、规格、数量、单价、质量要求、运送到达工地的时间、验收标准、运输费用的承担、保管责任、违约责任等。

5. 明确工程竣工交付标准

应当明确约定工程竣工交付的标准。如发包方需要提前竣工，而承包方表示同意的，则应约定由发包方另行支付赶工费用或奖励。因为赶工意味着承包方将投入更多的人力、物力、财力，劳动强度增大，损耗也会随之增加。

6. 明确违约责任

违约责任条款订立的目的在于促使合同双方严格履行合同义务，防止违约行为的发生。发包方拖欠工程款、承包方不能保证施工质量或不按期竣工，均会给对方以及第三方带来不可估量的损失。审查违约责任条款时，要注意以下两点：

(1)对违约责任的约定不应笼统化，而应区分情况做相应约定。有的合同不区分违约的具体情况，笼统地约定一笔违约金，这没有与因违约造成的真正损失额挂钩，从而会导致违约金过高或过低的情形，是不妥当的。应当针对不同的情形做不同的约定，如质量不符合合同约定标准应当承担的责任、因工程返修造成工期延长的责任、逾期支付工程款所应承担的责任等，衡量标准均不同。

(2)对双方的违约责任的约定是否全面。在工程施工合同中，双方的义务繁多，有的合同仅对主要的违约情况做了违约责任的约定，而忽视了违反其他非主要义务所应承担的违约责任。但实际上，违反这些义务极可能影响到整个合同的履行。

第三节　施工合同的履行

一、施工合同履行的概念

建设工程施工合同履行是指工程建设项目的发包方和承包方根据合同规定的时间、地点、方式、内容及标准等要求，各自完成合同义务的行为。对于发包方来说，履行合同最主要的义务是按照合同约定支付合同价款，而承包方最主要的义务是按约定交付合格的建筑产品。但是，当事人双方的义务都不是单一的最后交付行为，而是一系列义务的总和。当事人双方对合同约定的义务的履行具有法律约束力，任何一方当事人违反合同约定而给对方造成损失，都应当承担赔偿责任。

二、施工合同履行的原则

(1)全面履行原则。当事人应当严格按合同约定履行自己的义务，包括合同约定的数量、质量、标准、价格、方式、地点、期限等。全面履行原则对合同的履行具有重要意义，它是判断合同各方是否违约以及违约应当承担何种违约责任的根据和尺度。

(2)实际履行原则。当事人一定要按合同约定履行义务，不能用违约金或赔偿金来代替合同的标的。任何一方违约时，不能以支付违约金或赔偿损失的方式来代替合同的履行，守约一方要求继续履行的，应当继续履行。

(3)协作履行原则。合同当事人各方在履行合同过程中，应当互谅、互助，尽可能为对方履行合同义务提供相应的便利条件。各方应本着共同的目的，互相监督检查，及时发现问题，平等协商解决，以保证工程建设目标的顺利实现。

(4)诚实信用原则。当事人执行合同时，应讲究诚实，恪守信用，实事求是，以善意的方式行使权利并履行义务，不得违反法律和合同，以使双方所期待的正当利益得以实现。

(5)情事变更原则。在合同订立后，如果发生了订立合同时当事人不能预见并且不能克服的情况，改变了订立合同时的基础，使合同的履行失去意义或者履行合同将使当事人之间的利益发生重大失衡，应当允许受不利影响的当事人变更合同或者解除合同。情事变更原则实质上是按诚实信用原则履行合同的延伸，其目的在于消除合同因情事变更所产生的不公平后果。

三、施工合同履行涉及的几个时间期限

1. 合同工期

合同工期是指承包人在投标函内承诺合同工程的时间期限，以及按照合同条款通过变更和索赔程序应给予顺延工期的时间之和。合同工期用于判定承包人是否按期竣工的标准。

2. 施工期

承包人施工期从监理人发出的开工通知中写明的开工日起算，至工程接收证书中写明的实际竣工日。以此期限与合同工期比较，判定是提前竣工还是延误竣工。延误竣工承包人承担拖期赔偿责任，提前竣工是否应获得奖励需视专用条款中是否有约定。

3. 缺陷责任期

缺陷责任期从工程接收证书中写明的竣工日开始起算，期限视具体工程的性质和使用条件的不同在专用条款内约定(一般为 1 年)。对于合同内约定有分部移交的单位工程，按提前验收的该单位工程接收证书中确定的竣工日为准，起算时间相应提前。

由于承包人拥有施工技术、设备和施工经验，缺陷责任期内工程运行期间出现的工程缺陷，承包人应负责修复，直到检验合格为止。修复费用以缺陷原因的责任划分，经查验属于发包人原因造成的缺陷，承包人修复后可获得查验、修复的费用及合理利润。如果承包人不能在合理时间内修复缺陷，发包人可以自行修复或委托其他人修复，修复费用由缺陷原因的责任方承担。由于承包人责任原因产生的较大缺陷或损坏，致使工程不能按原定目标使用，经修复后需要再行检验或试验时，发包人有权要求延长该部分工程或设备的缺陷责任期。影响工程正常运行的有缺陷工程或部位，在修复检验合格日前已经过的时间归于无效，重新计算缺陷责任期，但包括延长时间在内的缺陷责任期最长时间不得超过 2 年。

4. 保修期

保修期自实际竣工日起算，发包人和承包人按照有关法律、法规的规定，在专用条款内约定工程质量保修范围、期限和责任。对于提前验收的单位工程起算时间相应提前。承

包人对保修期内出现的不属于其责任原因的工程缺陷，不承担修复义务。

四、施工合同中的监理人职责

1. 监理人的一般规定

工程实行监理的，发包人和承包人应在专用合同条款中明确监理人的监理内容及监理权限等事项。监理人应当根据发包人授权及法律规定，代表发包人对工程施工相关事项进行检查、查验、审核、验收，并签发相关指示，但监理人无权修改合同，且无权减轻或免除合同约定的承包人的任何责任与义务。

除专用合同条款另有约定外，监理人在施工现场的办公场所、生活场所由承包人提供，所发生的费用由发包人承担。

2. 监理人员

发包人授予监理人对工程实施监理的权利由监理人派驻施工现场的监理人员行使，监理人员包括总监理工程师及监理工程师。监理人应将授权的总监理工程师和监理工程师的姓名及授权范围以书面形式提前通知承包人。更换总监理工程师的，监理人应提前 7 天书面通知承包人；更换其他监理人员，监理人应提前 48 小时书面通知承包人。

3. 监理人的指示

监理人应按照发包人的授权发出监理指示。监理人的指示应采用书面形式，并经其授权的监理人员签字。紧急情况下，为了保证施工人员的安全或避免工程受损，监理人员可以口头形式发出指示，该指示与书面形式的指示具有同等法律效力，但必须在发出口头指示后 24 小时内补发书面监理指示，补发的书面监理指示应与口头指示一致。

监理人发出的指示应送达承包人项目经理或经项目经理授权接收的人员。因监理人未能按合同约定发出指示、指示延误或发出了错误指示而导致承包人费用增加和(或)工期延误的，由发包人承担相应责任。除专用合同条款另有约定外，总监理工程师不能将合同中“商定或确定”条款约定应由总监理工程师做出确定的权力授权或委托给其他监理人员。

承包人对监理人发出的指示有疑问的，应向监理人提出书面异议，监理人应在 48 小时内对该指示予以确认、更改或撤销，监理人逾期未回复的，承包人有权拒绝执行上述指示。

监理人对承包人的任何工作、工程或其采用的材料和工程设备未在约定的或合理期限内提出意见的，视为批准，但不免除或减轻承包人对该工作、工程、材料、工程设备等应承担的责任和义务。

4. 商定或确定

合同当事人进行商定或确定时，总监理工程师应当会同合同当事人尽量通过协商达成一致，不能达成一致的，由总监理工程师按照合同约定审慎做出公正的确定。

总监理工程师应将确定以书面形式通知发包人和承包人，并附详细依据。合同当事人对总监理工程师的确定没有异议的，按照总监理工程师的确定执行。任何一方合同当事人有异议，按照“争议解决”条款约定处理。争议解决前，合同当事人暂按总监理工程师的确定执行；争议解决后，争议解决的结果与总监理工程师的确定不一致的，按照争议解决的结果执行，由此造成的损失由责任人承担。

五、施工合同进度管理

(一)施工组织设计

施工组织设计应包含以下内容：

(1)施工方案；

(2)施工现场平面布置图；

(3)施工进度计划和保证措施；

(4)劳动力及材料供应计划；

(5)施工机械设备的选用；

(6)质量保证体系及措施；

(7)安全生产、文明施工措施；

(8)环境保护、成本控制措施；

(9)合同当事人约定的其他内容。

除专用合同条款另有约定外，承包人应在合同签订后 14 天内，但至迟不得晚于开工通知载明的开工日期前 7 天，向监理人提交详细的施工组织设计，并由监理人报送发包人。除专用合同条款另有约定外，发包人和监理人应在监理人收到施工组织设计后 7 天内确认或提出修改意见。对发包人和监理人提出的合理意见和要求，承包人应自费修改完善。根据工程实际情况需要修改施工组织设计的，承包人应向发包人和监理人提交修改后的施工组织设计。

(二)施工进度计划

1. 施工进度计划的编制与修订

承包人应按照施工组织设计约定提交详细的施工进度计划，施工进度计划的编制应当符合国家法律规定和一般工程实践惯例，施工进度计划经发包人批准后实施。施工进度计划是控制工程进度的依据，发包人和监理人有权按照施工进度计划检查工程进度情况。

施工进度计划不符合合同要求或与工程的实际进度不一致的，承包人应向监理人提交修订的施工进度计划，并附有关措施和相关资料，由监理人报送发包人。除专用合同条款另有约定外，发包人和监理人应在收到修订的施工进度计划后 7 天内完成审核和批准或提出修改意见。发包人和监理人对承包人提交的施工进度计划的确认，不能减轻或免除承包人根据法律规定和合同约定应承担的任何责任或义务。

2. 合同进度计划的动态管理

为了保证实际施工过程中承包人能够按计划施工，监理人通过协调保障承包人的施工不受到外部或其他承包人的干扰，对已确定的施工计划要进行动态管理。标准施工合同的通用条款规定，无论何种原因造成工程的实际进度与合同进度计划不符，包括实际进度超前或滞后于计划进度，均应修订合同进度计划，以使进度计划具有实际的管理和控制作用。

承包人可以主动向监理人提交修订合同进度计划的申请报告，并附有关措施和相关资料，报监理人审批；监理人也可以向承包人发出修订合同进度计划的指示，承包人应按该指示修订合同进度计划后报监理人审批。

监理人应在专用合同条款约定的期限内予以批复。如果修订的合同进度计划对竣工时

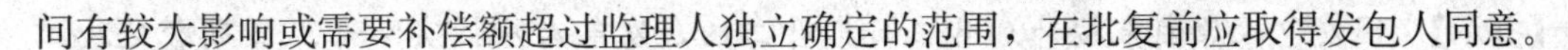

间有较大影响或需要补偿额超过监理人独立确定的范围，在批复前应取得发包人同意。

(三)开工

1. 开工准备

除专用合同条款另有约定外，承包人应按照施工组织设计约定的期限，向监理人提交工程开工报审表，经监理人报发包人批准后执行。开工报审表应详细说明按施工进度计划正常施工所需的施工道路、临时设施、材料、工程设备、施工设备、施工人员等落实情况以及工程的进度安排。

【注意】 除专用合同条款另有约定外，合同当事人应按约定完成开工准备工作。

2. 开工通知

发包人应按照法律规定获得工程施工所需的许可。经发包人同意后，监理人发出的开工通知应符合法律规定。监理人应在计划开工日期 7 天前向承包人发出开工通知，工期自开工通知中载明的开工日期起算。

除专用合同条款另有约定外，因发包人原因造成监理人未能在计划开工日期之日起 90 天内发出开工通知的，承包人有权提出价格调整要求，或者解除合同。发包人应当承担由此增加的费用和(或)延误的工期，并向承包人支付合理利润。

(四)测量放线

除专用合同条款另有约定外，发包人应在至迟不得晚于开工通知载明的开工日期前 7 天通过监理人向承包人提供测量基准点、基准线和水准点及其书面资料。发包人应对其提供的测量基准点、基准线和水准点及其书面资料的真实性、准确性和完整性负责。

承包人发现发包人提供的测量基准点、基准线和水准点及其书面资料存在错误或疏漏的，应及时通知监理人。监理人应及时报告发包人，并会同发包人和承包人予以核实。发包人应就如何处理和是否继续施工做出决定，并通知监理人和承包人。

承包人负责施工过程中的全部施工测量放线工作，并配置具有相应资质的人员、合格的仪器、设备和其他物品。承包人应负责矫正工程的位置、标高、尺寸或准线中出现的任何差错，并对工程各部分的定位负责。

施工过程中对施工现场内水准点等测量标志物的保护工作由承包人负责。

(五)工期延误

1. 因发包人原因导致工期延误

在合同履行过程中，因下列情况导致工期延误和(或)费用增加的，由发包人承担由此延误的工期和(或)增加的费用，且发包人应支付承包人合理的利润：

(1)发包人未能按合同约定提供图纸或所提供图纸不符合合同约定的；

(2)发包人未能按合同约定提供施工现场、施工条件、基础资料、许可、批准等开工条件的；

(3)发包人提供的测量基准点、基准线和水准点及其书面资料存在错误或疏漏的；

(4)发包人未能在计划开工日期之日起 7 天内同意下达开工通知的；

(5)发包人未能按合同约定日期支付工程预付款、进度款或竣工结算款的；

(6)监理人未按合同约定发出指示、批准等文件的；

(7)专用合同条款中约定的其他情形。

【提示】 因发包人原因未按计划开工日期开工的，发包人应按实际开工日期顺延竣工日期，确保实际工期不低于合同约定的工期总日历天数。因发包人原因导致工期延误需要修订施工进度计划的，按照施工进度计划的修订执行。

2. 因承包人原因导致工期延误

因承包人原因造成工期延误的，可以在专用合同条款中约定逾期竣工违约金的计算方法和逾期竣工违约金的上限。承包人支付逾期竣工违约金后，不免除承包人继续完成工程及修补缺陷的义务。

3. 不利物质条件

不利物质条件是指有经验的承包人在施工现场遇到的不可预见的自然物质条件、非自然的物质障碍和污染物，包括地表以下物质条件和水文条件以及专用合同条款约定的其他情形，但不包括气候条件。

承包人遇到不利物质条件时，应采取克服不利物质条件的合理措施继续施工，并及时通知发包人和监理人。通知应载明不利物质条件的内容以及承包人认为不可预见的理由。监理人经发包人同意后应当及时发出指示，指示构成变更的，按合同条款中变更约定执行。承包人因采取合理措施而增加的费用和(或)延误的工期由发包人承担。

4. 异常恶劣的气候条件

异常恶劣的气候条件是指在施工过程中遇到的，有经验的承包人在签订合同时不可预见的，对合同履行造成实质性影响的，但尚未构成不可抗力事件的恶劣气候条件。合同当事人可以在专用合同条款中约定异常恶劣的气候条件的具体情形。

承包人应采取克服异常恶劣的气候条件的合理措施继续施工，并及时通知发包人和监理人。监理人经发包人同意后应当及时发出指示，指示构成变更的，按合同条款中变更约定办理。承包人因采取合理措施而增加的费用和(或)延误的工期由发包人承担。

(六)暂停施工

1. 发包人原因引起的暂停施工

因发包人原因引起暂停施工的，监理人经发包人同意后，应及时下达暂停施工指示。情况紧急且监理人未及时下达暂停施工指示的，按照合同中“紧急情况下的暂停施工”条款执行。

因发包人原因引起的暂停施工，发包人应承担由此增加的费用和(或)延误的工期，并支付承包人合理的利润。

2. 承包人原因引起的暂停施工

因承包人原因引起的暂停施工，承包人应承担由此增加的费用和(或)延误的工期，且承包人在收到监理人复工指示后84天内仍未复工的，视为承包人违约，应按合同条款中有关承包人违约的情形约定的承包人无法继续履行合同的情形处理。

3. 指示暂停施工

监理人认为有必要时，并经发包人批准后，可向承包人做出暂停施工的指示，承包人应按监理人指示暂停施工。

4. 紧急情况下的暂停施工

因紧急情况需暂停施工，且监理人未及时下达暂停施工指示的，承包人可先暂停施工，并及时通知监理人。监理人应在接到通知后24小时内发出指示，逾期未发出指示，视为同意承包人暂停施工。监理人不同意承包人暂停施工的，应说明理由，承包人对监理人的答复有异议，按照合同条款中有关争议解决的约定处理。

5. 暂停施工后的复工

暂停施工后，发包人和承包人应采取有效措施积极消除暂停施工的影响。在工程复工前，监理人会同发包人和承包人确定因暂停施工造成的损失，并确定工程复工条件。当工程具备复工条件时，监理人应经发包人批准后向承包人发出复工通知，承包人应按照复工通知要求复工。

承包人无故拖延和拒绝复工的，承包人承担由此增加的费用和(或)延误的工期；因发包人原因无法按时复工的，按照合同条款中“因发包人原因导致工期延误”约定办理。

6. 暂停施工持续56天以上

监理人发出暂停施工指示后56天内未向承包人发出复工通知，除该项停工属于承包人原因引起的暂停施工或不可抗力因素造成外，承包人可向发包人提交书面通知，要求发包人在收到书面通知后28天内准许已暂停施工的部分或全部工程继续施工。发包人逾期不予批准的，则承包人可以通知发包人，将工程受影响的部分按合同变更的相关规定取消工作。

暂停施工持续84天以上不复工的，且不属于承包人原因引起的暂停施工或不可抗力约定的情形，并影响到整个工程以及合同目的实现的，承包人有权提出价格调整要求，或者解除合同。解除合同的，按照因发包人违约的相关内容执行。

7. 暂停施工期间的工程照管

暂停施工期间，承包人应负责妥善照管工程并提供安全保障，由此增加的费用由责任方承担。

8. 暂停施工的措施

暂停施工期间，发包人和承包人均应采取必要的措施确保工程质量及安全，防止因暂停施工扩大损失。

(七)工程竣工验收

1. 提前竣工

发包人要求承包人提前竣工的，发包人应通过监理人向承包人下达提前竣工指示，承包人应向发包人和监理人提交提前竣工建议书，提前竣工建议书应包括实施的方案、缩短的时间、增加的合同价格等内容。发包人接受该提前竣工建议书的，监理人应与发包人和承包人协商采取加快工程进度的措施，并修订施工进度计划，由此增加的费用由发包人承担。承包人认为提前竣工指示无法执行的，应向监理人和发包人提出书面异议，发包人和监理人应在收到异议后7天内予以答复。任何情况下，发包人不得压缩合理工期。发包人要求承包人提前竣工，或承包人提出提前竣工的建议能够给发包人带来效益的，合同当事人可以在专用合同条款中约定提前竣工的奖励。

2. 分部分项工程验收

(1)分部分项工程质量应符合国家有关工程施工验收规范、标准及合同约定，承包人应按照施工组织设计的要求完成分部分项工程施工。

(2)除专用合同条款另有约定外，分部分项工程经承包人自检合格并具备验收条件的，承包人应提前48小时通知监理人进行验收。监理人不能按时进行验收的，应在验收前24小时向承包人提交书面延期要求，但延期不能超过48小时。监理人未按时进行验收，也未提出延期要求的，承包人有权自行验收，监理人应认可验收结果。分部分项工程未经验收的，不得进入下一道工序施工。

(3)分部分项工程的验收资料应当作为竣工资料的组成部分。

3. 竣工验收

(1)竣工验收条件。工程具备以下条件的，承包人可以申请竣工验收：

1)除发包人同意的甩项工作和缺陷修补工作外，合同范围内的全部工程以及有关工作，包括合同要求的试验、试运行以及检验均已完成，并符合合同要求；

2)已按合同约定编制了甩项工作和缺陷修补工作清单以及相应的施工计划；

3)已按合同约定的内容和份数备齐竣工资料。

(2)竣工验收程序。除专用合同条款另有约定外，承包人申请竣工验收的，应当按照以下程序进行：

1)承包人向监理人报送竣工验收申请报告，监理人应在收到竣工验收申请报告后14天内完成审查并报送发包人。监理人审查后认为尚不具备验收条件的，应通知承包人在竣工验收前承包人还需完成的工作内容，承包人应在完成监理人通知的全部工作内容后，再次提交竣工验收申请报告。

2)监理人审查后认为已具备竣工验收条件的，应将竣工验收申请报告提交发包人，发包人应在收到经监理人审核的竣工验收申请报告后28天内审批完毕并组织监理人、承包人、设计人等相关单位完成竣工验收。

3)竣工验收合格的，发包人应在验收合格后14天内向承包人签发工程接收证书。发包人无正当理由逾期不颁发工程接收证书的，自验收合格后第15天起视为已颁发工程接收证书。

4)竣工验收不合格的，监理人应按照验收意见发出指示，要求承包人对不合格工程返工、修复或采取其他补救措施，由此增加的费用和(或)延误的工期由承包人承担。承包人在完成不合格工程的返工、修复或采取其他补救措施后，应重新提交竣工验收申请报告，并按本项约定的程序重新进行验收。

5)工程未经验收或验收不合格，发包人擅自使用的，应在转移占有工程后7天内向承包人颁发工程接收证书；发包人无正当理由逾期不颁发工程接收证书的，自转移占有后第15天起视为已颁发工程接收证书。

【提示】 除专用合同条款另有约定外，发包人不按照本项约定组织竣工验收、颁发工程接收证书的，每逾期一天，应以签约合同价为基数，按照中国人民银行发布的同期同类贷款基准利率支付违约金。

4. 竣工日期

工程经竣工验收合格的，以承包人提交竣工验收申请报告之日为实际竣工日期，并在工程接收证书中载明；因发包人原因，未在监理人收到承包人提交的竣工验收申请报告42天内完成竣工验收，或完成竣工验收不予签发工程接收证书的，以提交竣工验收申请报告的日期为实际竣工日期；工程未经竣工验收，发包人擅自使用的，以转移占有工程之日为实际竣工日期。

5. 拒绝接收全部或部分工程

对于竣工验收不合格的工程，承包人完成整改后，应当重新进行竣工验收，经重新组织验收仍不合格的且无法采取措施补救的，则发包人可以拒绝接收不合格工程，因不合格工程导致其他工程不能正常使用的，承包人应采取措施确保相关工程的正常使用，由此增加的费用和(或)延误的工期由承包人承担。

6. 移交、接收全部与部分工程

除专用合同条款另有约定外，合同当事人应当在颁发工程接收证书后 7 天内完成工程的移交。

发包人无正当理由不接收工程的，发包人自应当接收工程之日起，承担工程照管、成品保护、保管等与工程有关的各项费用，合同当事人可以在专用合同条款中另行约定发包人逾期接收工程的违约责任。

承包人无正当理由不移交工程的，承包人应承担工程照管、成品保护、保管等与工程有关的各项费用，合同当事人可以在专用合同条款中另行约定承包人无正当理由不移交工程的违约责任。

7. 竣工退场

颁发工程接收证书后，承包人应按以下要求对施工现场进行清理：

(1)施工现场内残留的垃圾已全部清除出场；

(2)临时工程已拆除，场地已进行清理、平整或复原；

(3)按合同约定应撤离的人员、承包人施工设备和剩余的材料，包括废弃的施工设备和材料，已按计划撤离施工现场；

(4)施工现场周边及其附近道路、河道的施工堆积物，已全部清理；

(5)施工现场其他场地清理工作已全部完成。

施工现场的竣工退场费用由承包人承担。承包人应在专用合同条款约定的期限内完成竣工退场，逾期未完成的，发包人有权出售或另行处理承包人遗留的物品，由此支出的费用由承包人承担，发包人出售承包人遗留物品所得款项在扣除必要费用后应返还承包人。

8. 地表还原

承包人应按发包人要求恢复临时占地及清理场地，承包人未按发包人的要求恢复临时占地，或者场地清理未达到合同约定要求的，发包人有权委托其他人恢复或清理，所发生的费用由承包人承担。

六、施工合同质量管理

1. 质量责任

(1)因承包人原因造成工程质量达不到合同约定验收标准，监理人有权要求承包人返工直至符合合同要求，由此造成的费用增加和(或)工期延误由承包人承担。

(2)因发包人原因造成工程质量达不到合同约定验收标准，发包人应承担由于承包人返工造成的费用增加和(或)工期延误，并支付承包人合理利润。

2. 承包人的管理

(1)项目部的人员管理。

1)质量检查制度。承包人应在施工场地设置专门的质量检查机构，配备专职质量检查人员，建立完善的质量检查制度。

2)规范施工作业的操作程序。承包人应加强对施工人员的质量教育和技术培训，定期考核施工人员的劳动技能，严格执行规范和操作规程。

3)撤换不称职的人员。当监理人要求撤换不能胜任本职工作、行为不端或玩忽职守的承包人项目经理和其他人员时，承包人应予以撤换。

(2)质量检查。

1)材料和设备的检验。承包人应对使用的材料和设备进行进场检验和使用前的检验，不允许使用不合格的材料和有缺陷的设备。承包人应按合同约定进行材料、工程设备和工程的试验和检验，并为监理人对材料、工程设备和工程的质量检查提供必要的试验资料和原始记录。按合同约定由监理人与承包人共同进行试验和检验的，承包人负责提供必要的试验资料和原始记录。

2)施工部位的检查。承包人应对施工工艺进行全过程的质量检查和检验，认真执行自检、互检和工序交叉检验制度，尤其要做好工程隐蔽前的质量检查。承包人自检确认的工程隐蔽部位具备覆盖条件后，通知监理人在约定的期限内检查，承包人的通知应附有自检记录和必要的检查资料。经监理人检查确认质量符合隐蔽要求，并在检查记录上签字后，承包人才能进行覆盖。监理人检查确认质量不合格的，承包人应在监理人指示的时间内修整或返工后，由监理人重新检查。

承包人未通知监理人到场检查，私自将工程隐蔽部位覆盖，监理人有权指示承包人钻孔探测或揭开检查，由此增加的费用和(或)工期延误由承包人承担。

3)现场工艺试验。承包人应按合同约定或监理人指示进行现场工艺试验。对大型的现场工艺试验，监理人认为必要时，应由承包人根据监理人提出的工艺试验要求，编制工艺试验措施计划，报送监理人审批。

3. 监理人的质量检查和试验

(1)与承包人的共同检验和试验。监理人应与承包人共同进行材料、设备的试验和工程隐蔽前的检验。收到承包人共同检验的通知后，若监理人既未发出变更检验时间的通知，又未按时参加，承包人为了不延误施工可以单独进行检查和试验，将记录送交监理人后可继续施工。此次检查或试验视为监理人在场情况下进行，监理人应签字确认。

(2)监理人指示的检验和试验。

1)材料、设备和工程的重新检验和试验。监理人对承包人的试验和检验结果有疑问，或为查清承包人试验和检验成果的可靠性要求承包人重新试验和检验时，由监理人与承包人共同进行。重新试验和检验的结果证明该项材料、工程设备或工程的质量不符合合同要求，由此增加的费用和(或)工期延误由承包人承担；重新试验和检验结果证明符合合同要求，由发包人承担由此增加的费用和(或)工期延误，并支付承包人合理利润。

2)隐蔽工程的重新检验。监理人对已覆盖的隐蔽工程部位质量有疑问时，可要求承包人对已覆盖的部位进行钻孔探测或揭开重新检验，承包人应遵照执行，并在检验后重新覆盖恢复原状。经检验证明工程质量符合合同要求，由发包人承担由此增加的费用和(或)工期延误，并支付承包人合理利润；经检验证明工程质量不符合合同要求，由此增加的费用和(或)工期延误由承包人承担。

4. 对发包人提供的材料和工程设备管理

承包人应根据合同进度计划的安排，向监理人报送要求发包人交货的日期计划。发包人应按照监理人与合同双方当事人商定的交货日期，向承包人提交材料和工程设备，并在到货 7 天前通知承包人。承包人会同监理人在约定的时间内，在交货地点共同进行验收。发包人提供的材料和工程设备验收后，由承包人负责接收、保管和施工现场内的二次搬运所发生的费用。

发包人要求向承包人提前接货的物资，承包人不得拒绝，但发包人应承担承包人由此增加的保管费用。发包人提供的材料和工程设备的规格、数量或质量不符合合同要求，或由于发包人原因发生交货日期延误及交货地点变更等情况时，发包人应承担由此增加的费用和(或)工期延误，并向承包人支付合理利润。

5. 对承包人施工设备的控制

承包人使用的施工设备不能满足合同进度计划或质量要求时，监理人有权要求承包人增加或更换施工设备，增加的费用和工期延误由承包人承担。

承包人的施工设备和临时设施应专用于合同工程，未经监理人同意，不得将施工设备和临时设施中的任何部分运出施工场地或挪作他用。对目前闲置的施工设备或后期不再使用的施工设备，经监理人根据合同进度计划审核同意后，承包人方可将其撤离施工现场。

七、施工合同安全管理

1. 发包人的施工安全责任

发包人应按合同约定履行安全管理职责，授权监理人按合同约定的安全工作内容监督、检查承包人安全工作的实施，组织承包人和有关单位进行安全检查。发包人应对其现场机构全部人员的工伤事故承担责任，但由于承包人原因造成发包人人员工伤的，应由承包人承担责任。

发包人应负责赔偿工程或工程的任何部分对土地的占用所造成的第三者财产损失，以及由于发包人原因在施工场地及其毗邻地带造成的第三者人身伤亡和财产损失。

2. 承包人的施工安全责任

承包人应按合同约定的安全工作内容，编制施工安全措施计划报送监理人审批，按监理人的指示制定应对灾害的紧急预案，报送监理人审批。承包人还应按预案做好安全检查，配置必要的救助物资和器材，切实保护好有关人员的人身和财产安全。

施工过程中负责施工作业安全管理，特别应加强易燃易爆材料、火工器材、有毒与腐蚀性材料和其他危险品的管理，加强爆破作业和地下工程施工等危险作业的管理。严格按照国家安全标准制定施工安全操作规程，配备必要的安全生产和劳动保护设施，加强对承包人人员的安全教育，并发放安全工作手册和劳动保护用具。合同约定的安全作业环境及安全施工措施所需费用已包括在相关工作的合同价格中；因采取合同未约定的安全作业环境及安全施工措施增加的费用，由监理人按商定或确定方式予以补偿。

承包人对其履行合同所雇佣的全部人员，包括分包人人员的工伤事故承担责任，但由于发包人原因造成承包人人员的工伤事故，应由发包人承担责任。由于承包人原因在施工场地内及其毗邻地带造成的第三者人员伤亡和财产损失，由承包人负责赔偿。

3. 安全事故处理程序

(1)通知。施工过程中发生安全事故时，承包人应立即通知监理人，监理人应立即通知发包人。

(2)及时采取减损措施。工程事故发生后，发包人和承包人应立即组织人员和设备进行紧急抢救和抢修，减少人员伤亡和财产损失，防止事故扩大，并保护事故现场。需要移动现场物品时，应做出标记和书面记录，妥善保管有关证据。

(3)报告。工程事故发生后，发包人和承包人应按国家有关规定，及时如实地向有关部门报告事故发生的情况，以及正在采取的紧急措施。

八、工程款支付管理

(一)合同价格与计量

1. 合同价格

发包人和承包人应在合同协议书中选择下列一种合同价格形式：

(1)单价合同。单价合同是指合同当事人约定以工程量清单及其综合单价进行合同价格计算、调整和确认的建设工程施工合同，在约定的范围内合同单价不作调整。合同当事人应在专用合同条款中约定综合单价包含的风险范围和风险费用的计算方法，并约定风险范围以外的合同价格的调整方法。

(2)总价合同。总价合同是指合同当事人约定以施工图、已标价工程量清单或预算书及有关条件进行合同价格计算、调整和确认的建设工程施工合同，在约定的范围内合同总价不做调整。合同当事人应在专用合同条款中约定总价包含的风险范围和风险费用的计算方法，并约定风险范围以外的合同价格的调整方法。

(3)其他价格形式。合同当事人可在专用合同条款中约定其他合同价格形式。

2. 计量

(1)计量原则。工程量计量按照合同约定的工程量计算规则、图纸及变更指示等进行计量。工程量计算规则应以相关的国家标准、行业标准等为依据，由合同当事人在专用合同条款中约定。

(2)计量周期。除专用合同条款另有约定外，工程量的计量按月进行。

(3)单价合同的计量。除专用合同条款另有约定外，单价合同的计量按照下列约定执行：

1)承包人应于每月 25 日向监理人报送上月 20 日至当月 19 日已完成的工程量报告，并附具进度付款申请单、已完成工程量报表和有关资料。

2)监理人应在收到承包人提交的工程量报告后 7 天内完成对承包人提交的工程量报表的审核并报送发包人，以确定当月实际完成的工程量。监理人对工程量有异议的，有权要求承包人进行共同复核或抽样复测。承包人应协助监理人进行复核或抽样复测，并按监理人要求提供补充计量资料。承包人未按监理人要求参加复核或抽样复测的，监理人复核或修正的工程量视为承包人实际完成的工程量。

3)监理人未在收到承包人提交的工程量报表后的 7 天内完成审核的，承包人报送的工程量报告中的工程量视为承包人实际完成的工程量，据此计算工程价款。

(4)总价合同的计量。除专用合同条款另有约定外，按月计量支付的总价合同，按照下列约定执行：

1)承包人应于每月 25 日向监理人报送上月 20 日至当月 19 日已完成的工程量报告，并附具进度付款申请单、已完成工程量报表和有关资料。

2)监理人应在收到承包人提交的工程量报告后 7 天内完成对承包人提交的工程量报表

的审核并报送发包人，以确定当月实际完成的工程量。监理人对工程量有异议的，有权要求承包人进行共同复核或抽样复测。承包人应协助监理人进行复核或抽样复测并按监理人要求提供补充计量资料。承包人未按监理人要求参加复核或抽样复测的，监理人审核或修正的工程量视为承包人实际完成的工程量。

3)监理人未在收到承包人提交的工程量报表后的7天内完成复核的，承包人提交的工程量报告中的工程量视为承包人实际完成的工程量。

4)总价合同采用支付分解表计量支付的，可以按照上述1)～3)进行计量，但合同价款按照支付分解表进行支付。

(5)其他价格形式合同的计量。合同当事人可在专用合同条款中约定其他价格形式合同的计量方式和程序。

(二)签订合同时签约合同内上部确定的款项

1. 暂估价

暂估价专业分包工程、服务、材料和工程设备的明细由合同当事人在专用合同条款中约定。

(1)依法必须招标的暂估价项目。对于依法必须招标的暂估价项目，采取以下第1种方式确定。合同当事人也可以在专用合同条款中选择其他招标方式。

第1种方式：对于依法必须招标的暂估价项目，由承包人招标，对该暂估价项目的确认和批准按照以下约定执行：

1)承包人应当根据施工进度计划，在招标工作启动前14天将招标方案通过监理人报送发包人审查，发包人应当在收到承包人报送的招标方案后7天内批准或提出修改意见。承包人应当按照经过发包人批准的招标方案开展招标工作。

2)承包人应当根据施工进度计划，提前14天将招标文件通过监理人报送发包人审批，发包人应当在收到承包人报送的相关文件后7天内完成审批或提出修改意见；发包人有权确定招标控制价并按照法律规定参加评标。

3)承包人与供应商、分包人在签订暂估价合同前，应当提前7天将确定的中标候选供应商或中标候选分包人的资料报送发包人，发包人应在收到资料后3天内与承包人共同确定中标人；承包人应当在签订合同后7天内，将暂估价合同副本报送发包人留存。

第2种方式：对于依法必须招标的暂估价项目，由发包人和承包人共同招标确定暂估价供应商或分包人的，承包人应按照施工进度计划，在招标工作启动前14天通知发包人，并提交暂估价招标方案和工作分工。发包人应在收到后7天内确认。确定中标人后，由发包人、承包人与中标人共同签订暂估价合同。

(2)不属于依法必须招标的暂估价项目。除专用合同条款另有约定外，对于不属于依法必须招标的暂估价项目，采取以下第1种方式确定：

第1种方式：对于不属于依法必须招标的暂估价项目，按以下约定确定和批准：

1)承包人应根据施工进度计划，在签订暂估价项目的采购合同、分包合同前28天向监理人提出书面申请。监理人应当在收到申请后3天内报送发包人，发包人应当在收到申请后14天内给予批准或提出修改意见，发包人逾期未予批准或提出修改意见的，视为该书面申请已获得同意。

2)发包人认为承包人确定的供应商、分包人无法满足工程质量或合同要求的，发包人可以要求承包人重新确定暂估价项目的供应商、分包人。

3)承包人应当在签订暂估价合同后7天内，将暂估价合同副本报送发包人留存。

第2种方式：承包人按照上述“(1)依法必须招标的暂估价项目”约定的第1种方式确定暂估价项目。

第3种方式：承包人直接实施的暂估价项目。承包人具备实施暂估价项目的资格和条件的，经发包人和承包人协商一致后，可由承包人自行实施暂估价项目，合同当事人可以在专用合同条款约定具体事项。

(3)因发包人原因导致暂估价合同订立和履行迟延的，由此增加的费用和(或)延误的工期由发包人承担，并支付承包人合理的利润。因承包人原因导致暂估价合同订立和履行迟延的，由此增加的费用和(或)延误的工期由承包人承担。

2. 暂列金额

暂列金额应按照发包人的要求使用，发包人的要求应通过监理人发出。合同当事人可以在专用合同条款中协商确定有关事项。

3. 计日工

需要采用计日工方式的，经发包人同意后，由监理人通知承包人以计日工计价方式实施相应的工作，其价款按列入已标价工程量清单或预算书中的计日工计价项目及其单价进行计算；已标价工程量清单或预算书中无相应的计日工单价的，按照合理的成本与利润构成的原则，由合同当事人按照合同中“商定或确定”条款确定计日工的单价。

采用计日工计价的任何一项工作，承包人应在该项工作实施过程中，每天提交以下报表和有关凭证报送监理人审查：

(1)工作名称、内容和数量；

(2)投入该工作的所有人员的姓名、专业、工种、级别和耗用工时；

(3)投入该工作的材料类别和数量；

(4)投入该工作的施工设备型号、台数和耗用台时；

(5)其他有关资料和凭证。

【提示】 计日工由承包人汇总后，列入最近一期进度付款申请单，由监理人审查并经发包人批准后列入进度付款。

(三)预付款

1. 预付款的支付

预付款的支付按照专用合同条款约定执行，但至迟应在开工通知载明的开工日期7天前支付。预付款应当用于材料、工程设备、施工设备的采购及修建临时工程、组织施工队伍进场等。

除专用合同条款另有约定外，预付款在进度付款中同比例扣回。在颁发工程接收证书前，提前解除合同的，尚未扣完的预付款应与合同价款一并结算。

发包人逾期支付预付款超过7天的，承包人有权向发包人发出要求预付的催告通知，发包人收到通知后7天内仍未支付的，承包人有权暂停施工，并按发包人违约的情形执行。

2. 预付款担保

发包人要求承包人提供预付款担保的，承包人应在发包人支付预付款7天前提供预付款担保，专用合同条款另有约定的除外。预付款担保可采用银行保函、担保公司担保等形式，具体由合同当事人在专用合同条款中约定。在预付款完全扣回之前，承包人应保证预付款担保持续有效。

发包人在工程款中逐期扣回预付款后，预付款担保额度应相应减少，但剩余的预付款担保金额不得低于未被扣回的预付款金额。

(四)工程进度款支付

1. 付款周期

除专用合同条款另有约定外，付款周期应按照“计量周期”的约定与计量周期保持一致。

2. 进度付款申请单的编制

除专用合同条款另有约定外，进度付款申请单应包括下列内容：

(1)截至本次付款周期已完成工作对应的金额；

(2)根据“变更”条款的约定应增加和扣减的变更金额；

(3)根据“预付款”条款约定应支付的预付款和扣减的返还预付款；

(4)根据“质量保证金”条款约定应扣减的质量保证金；

(5)根据“索赔”条款应增加和扣减的索赔金额；

(6)对已签发的进度款支付证书中出现错误的修正，应在本次进度付款中支付或扣除的金额；

(7)根据合同约定应增加和扣减的其他金额。

3. 进度付款申请单的提交

(1)单价合同进度付款申请单的提交。单价合同的进度付款申请单，按照“单价合同的计量”条款约定的时间按月向监理人提交，并附上已完成工程量报表和有关资料。单价合同中的总价项目按月进行支付分解，并汇总列入当期进度付款申请单。

(2)总价合同进度付款申请单的提交。总价合同按月计量支付的，承包人按照“总价合同的计量”条款约定的时间按月向监理人提交进度付款申请单，并附上已完成工程量报表和有关资料。总价合同按支付分解表支付的，承包人应按照“支付分解表”及“进度付款申请单的编制”的约定向监理人提交进度付款申请单。

(3)其他价格形式合同的进度付款申请单的提交。合同当事人可在专用合同条款中约定其他价格形式合同的进度付款申请单的编制和提交程序。

4. 进度款审核和支付

(1)除专用合同条款另有约定外，监理人应在收到承包人进度付款申请单以及相关资料后 7 天内完成审查并报送发包人，发包人应在收到后 7 天内完成审批并签发进度款支付证书。发包人逾期未完成审批且未提出异议的，视为已签发进度款支付证书。

发包人和监理人对承包人的进度付款申请单有异议的，有权要求承包人修正和提供补充资料，承包人应提交修正后的进度付款申请单。监理人应在收到承包人修正后的进度付款申请单及相关资料后 7 天内完成审查并报送发包人，发包人应在收到监理人报送的进度付款申请单及相关资料后 7 天内，向承包人签发无异议部分的临时进度款支付证书。存在争议的部分，按照“争议解决”条款的约定处理。

(2)除专用合同条款另有约定外，发包人应在进度款支付证书或临时进度款支付证书签发后 14 天内完成支付，发包人逾期支付进度款的，应按照中国人民银行发布的同期同类贷款基准利率支付违约金。

(3)发包人签发进度款支付证书或临时进度款支付证书，不表明发包人已同意、批准或接受了承包人完成的相应部分的工作。

5. 进度付款的修正

在对已签发的进度款支付证书进行阶段汇总和复核中发现错误、遗漏或重复的，发包人和承包人均有权提出修正申请。经发包人和承包人同意的修正，应在下期进度付款中支付或扣除。

6. 支付分解表

(1)支付分解表的编制要求。

1)支付分解表中所列的每期付款金额，应为“进度付款申请单的编制”条款中第一条的估算金额；

2)实际进度与施工进度计划不一致的，合同当事人可按照“商定或确定”条款修改支付分解表；

3)不采用支付分解表的，承包人应向发包人和监理人提交按季度编制的支付估算分解表，用于支付参考。

(2)总价合同支付分解表的编制与审批。

1)除专用合同条款另有约定外，承包人应根据“施工进度计划”条款约定的施工进度计划、签约合同价和工程量等因素对总价合同按月进行分解，编制支付分解表。承包人应当在收到监理人和发包人批准的施工进度计划后7天内，将支付分解表及编制支付分解表的支持性资料报送监理人。

2)监理人应在收到支付分解表后7天内完成审核并报送发包人。发包人应在收到经监理人审核的支付分解表后7天内完成审批，经发包人批准的支付分解表为有约束力的支付分解表。

3)发包人逾期未完成支付分解表审批的，也未及时要求承包人进行修正和提供补充资料的，则承包人提交的支付分解表视为已经获得发包人批准。

(3)单价合同的总价项目支付分解表的编制与审批。除专用合同条款另有约定外，单价合同的总价项目，由承包人根据施工进度计划和总价项目的总价构成、费用性质、计划发生时间和相应工程量等因素按月进行分解，形成支付分解表，其编制与审批参照总价合同支付分解表的编制与审批执行。

7. 支付账户

发包人应将合同价款支付至合同协议书中约定的承包人账户。

(五)工程竣工结算

1. 竣工结算申请

除专用合同条款另有约定外，承包人应在工程竣工验收合格后28天内向发包人和监理人提交竣工结算申请单，并提交完整的结算资料，有关竣工结算申请单的资料清单和份数等要求由合同当事人在专用合同条款中约定。

除专用合同条款另有约定外，竣工结算申请单应包括以下内容：

(1)竣工结算合同价格；

(2)发包人已支付承包人的款项；

(3)应扣留的质量保证金，已交纳履约保证金的或提供其他工程质量担保方式的除外；

(4)发包人应支付承包人的合同价款。

2. 竣工结算审核

(1)除专用合同条款另有约定外，监理人应在收到竣工结算申请单后14天内完成核查并报送发包人。发包人应在收到监理人提交的经审核的竣工结算申请单后14天内完成审批，并由监理人向承包人签发经发包人签认的竣工付款证书。监理人或发包人对竣工结算申请单有异议的，有权要求承包人进行修正和提供补充资料，承包人应提交修正后的竣工结算申请单。

发包人在收到承包人提交竣工结算申请书后28天内未完成审批且未提出异议的，视为发包人认可承包人提交的竣工结算申请单，并自发包人收到承包人提交的竣工结算申请单后第29天起视为已签发竣工付款证书。

(2)除专用合同条款另有约定外，发包人应在签发竣工付款证书后的14天内，完成对承包人的竣工付款。发包人逾期支付的，按照中国人民银行发布的同期同类贷款基准利率支付违约金；逾期支付超过56天的，按照中国人民银行发布的同期同类贷款基准利率的两倍支付违约金。

(3)承包人对发包人签认的竣工付款证书有异议的，对于有异议部分应在收到发包人签认的竣工付款证书后7天内提出异议，并由合同当事人按照专用合同条款约定的方式和程序进行复核，或按照“争议解决”条款约定处理。对于无异议部分，发包人应签发临时竣工付款证书，并按要求完成付款。承包人逾期未提出异议的，视为认可发包人的审批结果。

3. 甩项竣工协议

发包人要求甩项竣工的，合同当事人应签订甩项竣工协议。在甩项竣工协议中应明确，合同当事人按照“竣工结算申请”条款及“竣工结算审核”条款的约定，对已完合格工程进行结算，并支付相应合同价款。

4. 最终结清

(1)最终结清申请单。

1)除专用合同条款另有约定外，承包人应在缺陷责任期终止证书颁发后7天内，按专用合同条款约定的份数向发包人提交最终结清申请单，并提供相关证明材料。

除专用合同条款另有约定外，最终结清申请单应列明质量保证金、应扣除的质量保证金、缺陷责任期内发生的增减费用。

2)发包人对最终结清申请单内容有异议的，有权要求承包人进行修正和提供补充资料，承包人应向发包人提交修正后的最终结清申请单。

(2)最终结清证书和支付。

1)除专用合同条款另有约定外，发包人应在收到承包人提交的最终结清申请单后14天内完成审批并向承包人颁发最终结清证书。发包人逾期未完成审批，又未提出修改意见的，视为发包人同意承包人提交的最终结清申请单，且自发包人收到承包人提交的最终结清申请单后15天起视为已颁发最终结清证书。

2)除专用合同条款另有约定外，发包人应在颁发最终结清证书后7天内完成支付。发包人逾期支付的，按照中国人民银行发布的同期同类贷款基准利率支付违约金；逾期支付超过56天的，按照中国人民银行发布的同期同类贷款基准利率的两倍支付违约金。

3)承包人对发包人颁发的最终结清证书有异议的，按“争议解决”条款的约定办理。

九、不可抗力发生后的合同履行管理

1. 不可抗力的确认

不可抗力是指合同当事人在签订合同时不可预见，在合同履行过程中不可避免且不能克服的自然灾害和社会性突发事件，如地震、海啸、瘟疫、骚乱、戒严、暴动、战争和专用合同条款中约定的其他情形。

不可抗力发生后，发包人和承包人应收集证明不可抗力发生及不可抗力造成损失的证据，并及时认真统计所造成的损失。合同当事人对是否属于不可抗力或其损失的意见不一致的，由监理人按合同中"商定或确定"条款的约定处理。发生争议时，按合同中"争议解决"条款的约定处理。

2. 不可抗力的通知

合同一方当事人遇到不可抗力事件，使其履行合同义务受到阻碍时，应立即通知合同另一方当事人和监理人，书面说明不可抗力和受阻碍的详细情况，并提供必要的证明。

不可抗力持续发生的，合同一方当事人应及时向合同另一方当事人和监理人提交中间报告，说明不可抗力和履行合同受阻的情况，并于不可抗力事件结束后 28 天内提交最终报告及有关资料。

3. 不可抗力后果的承担

(1)不可抗力引起的后果及造成的损失由合同当事人按照法律规定及合同约定各自承担。不可抗力发生前已完成的工程应当按照合同约定进行计量支付。

(2)不可抗力导致的人员伤亡、财产损失、费用增加和(或)工期延误等后果，由合同当事人按以下原则承担：

1)永久工程、已运至施工现场的材料和工程设备的损坏，以及因工程损坏造成的第三人人员伤亡和财产损失由发包人承担；

2)承包人施工设备的损坏由承包人承担；

3)发包人和承包人承担各自人员伤亡和财产的损失；

4)因不可抗力影响承包人履行合同约定的义务，已经引起或将引起工期延误的，应当顺延工期，由此导致承包人停工的费用损失由发包人和承包人合理分担，停工期间必须支付的工人工资由发包人承担；

5)因不可抗力引起或将引起工期延误，发包人要求赶工的，由此增加的赶工费用由发包人承担；

6)承包人在停工期间按照发包人要求照管、清理和修复工程的费用由发包人承担。

【注意】 不可抗力发生后，合同当事人均应采取措施尽量避免和减少损失的扩大，任何一方当事人没有采取有效措施导致损失扩大的，应对扩大的损失承担责任。

因合同一方迟延履行合同义务，在迟延履行期间遭遇不可抗力的，不免除其违约责任。

4. 因不可抗力解除合同

因不可抗力导致合同无法履行连续超过 84 天或累计超过 140 天的，发包人和承包人均有权解除合同。合同解除后，由双方当事人按照合同中"商定或确定"条款的约定商定或确定发包人应支付的款项，该款项包括：

(1)合同解除前承包人已完成工作的价款；

(2)承包人为工程订购的并已交付给承包人，或承包人有责任接受交付的材料、工程设备和其他物品的价款；

(3)发包人要求承包人退货或解除订货合同而产生的费用，或因不能退货或解除合同而产生的损失；

(4)承包人撤离施工现场以及遣散承包人人员的费用；

(5)按照合同约定在合同解除前应支付给承包人的其他款项；

(6)扣减承包人按照合同约定应向发包人支付的款项；

(7)双方商定或确定的其他款项。

【提示】 除专用合同条款另有约定外，合同解除后，发包人应在商定或确定上述款项后28天内完成上述款项的支付。

十、违约责任

(一)发包人违约

1. 发包人违约的情形

在合同履行过程中发生的下列情形，属于发包人违约：

(1)因发包人原因未能在计划开工日期前7天内下达开工通知的；

(2)因发包人原因未能按合同约定支付合同价款的；

(3)发包人违反"变更的范围"约定，自行实施被取消的工作或转由他人实施的；

(4)发包人提供的材料、工程设备的规格、数量或质量不符合合同约定，或因发包人原因导致交货日期延误或交货地点变更等情况的；

(5)因发包人违反合同约定造成暂停施工的；

(6)发包人无正当理由没有在约定期限内发出复工指示，导致承包人无法复工的；

(7)发包人明确表示或者以其行为表明不履行合同主要义务的；

(8)发包人未能按照合同约定履行其他义务的。

发包人发生除上述第(7)条以外的违约情况时，承包人可向发包人发出通知，要求发包人采取有效措施纠正违约行为。发包人收到承包人通知后28天内仍不纠正违约行为的，承包人有权暂停相应部位工程施工，并通知监理人。

2. 发包人违约的责任

发包人应承担因其违约给承包人增加的费用和(或)延误的工期，并支付承包人合理的利润。此外，合同当事人可在专用合同条款中另行约定发包人违约责任的承担方式和计算方法。

3. 因发包人违约解除合同

除专用合同条款另有约定外，承包人按上述"发包人违约的情形"约定暂停施工满28天后，发包人仍不纠正其违约行为并致使合同目的不能实现的，或出现上述"发包人违约的情形"第(7)条约定的违约情况，承包人有权解除合同，发包人应承担由此增加的费用，并支付承包人合理的利润。

4. 因发包人违约解除合同后的付款

承包人按照本款约定解除合同的，发包人应在解除合同后28天内支付下列款项，并解除履约担保：

(1)合同解除前所完成工作的价款；

(2)承包人为工程施工订购并已付款的材料、工程设备和其他物品的价款；

(3)承包人撤离施工现场以及遣散承包人人员的款项；

(4)按照合同约定在合同解除前应支付的违约金；

(5)按照合同约定应当支付给承包人的其他款项；

(6)按照合同约定应退还的质量保证金；

(7)因解除合同给承包人造成的损失。

【提示】 合同当事人未能就解除合同后的结清达成一致的，按照“争议解决”条款的约定处理。

承包人应妥善做好已完工程和与工程有关的已购材料、工程设备的保护和移交工作，并将施工设备和人员撤出施工现场，发包人应为承包人撤出提供必要条件。

(二)承包人违约

1. 承包人违约的情形

在合同履行过程中发生的下列情形，属于承包人违约：

(1)承包人违反合同约定进行转包或违法分包的；

(2)承包人违反合同约定采购和使用不合格的材料和工程设备的；

(3)因承包人原因导致工程质量不符合合同要求的；

(4)承包人违反“材料与设备专用要求”条款的约定，未经批准，私自将已按照合同约定进入施工现场的材料或设备撤离施工现场的；

(5)承包人未能按施工进度计划及时完成合同约定的工作，造成工期延误的；

(6)承包人在缺陷责任期及保修期内，未能在合理期限对工程缺陷进行修复，或拒绝按发包人要求进行修复的；

(7)承包人明确表示或者以其行为表明不履行合同主要义务的；

(8)承包人未能按照合同约定履行其他义务的。

承包人发生除上述第(7)条约定以外的其他违约情况时，监理人可向承包人发出整改通知，要求其在指定的期限内改正。

2. 承包人违约的责任

承包人应承担因其违约行为而增加的费用和(或)延误的工期。此外，合同当事人可在专用合同条款中另行约定承包人违约责任的承担方式和计算方法。

3. 因承包人违约解除合同

除专用合同条款另有约定外，出现“承包人违约的情形”约定的违约情况时，或监理人发出整改通知后，承包人在指定的合理期限内仍不纠正违约行为并致使合同目的不能实现的，发包人有权解除合同。合同解除后，因继续完成工程的需要，发包人有权使用承包人在施工现场的材料、设备、临时工程、承包人文件和由承包人或以其名义编制的其他文件，合同当事人应在专用合同条款中约定相应费用的承担方式。发包人继续使用的行为不免除或减轻承包人应承担的违约责任。

4. 因承包人违约解除合同后的处理

因承包人原因导致合同解除的，合同当事人应在合同解除后 28 天内完成估价、付款和清算，并按以下约定执行：

(1)合同解除后，按“商定或确定”条款商定或确定承包人实际完成工作对应的合同价款，以及承包人已提供的材料、工程设备、施工设备和临时工程等的价值；

(2)合同解除后，承包人应支付的违约金；

(3)合同解除后，因解除合同给发包人造成的损失；

(4)合同解除后，承包人应按照发包人要求和监理人的指示完成现场的清理和撤离；

(5)发包人和承包人应在合同解除后进行清算，出具最终结清付款证书，结清全部款项。

【提示】 因承包人违约解除合同的，发包人有权暂停对承包人的付款，查清各项付款和已扣款项。发包人和承包人未能就合同解除后的清算和款项支付达成一致的，按照“争议解决”条款的约定处理。

5. 采购合同权益转让

因承包人违约解除合同的，发包人有权要求承包人将其为实施合同而签订的材料和设备的采购合同的权益转让给发包人，承包人应在收到解除合同通知后 14 天内，协助发包人与采购合同的供应商达成相关的转让协议。

(三)第三人造成的违约

在履行合同过程中，一方当事人因第三人的原因造成违约的，应当向对方当事人承担违约责任。一方当事人和第三人之间的纠纷，依照法律规定或者按照约定解决。

十一、施工缺陷责任与保修

1. 工程保修的原则

在工程移交发包人后，因承包人原因产生的质量缺陷，承包人应承担质量缺陷责任和保修义务。缺陷责任期届满，承包人仍应按照合同约定的工程各部位保修年限承担保修义务。

2. 缺陷责任期

(1)缺陷责任期从工程通过竣工验收之日起计算，合同当事人应在专用合同条款中约定缺陷责任期的具体期限，但该期限最长不得超过 24 个月。

单位工程先于全部工程进行验收，经验收合格并交付使用的，该单位工程缺陷责任期自单位工程验收合格之日起算。因承包人原因导致工程无法按合同约定期限进行竣工验收的，缺陷责任期从实际通过竣工验收之日起计算。因发包人原因导致工程无法按合同约定期限进行竣工验收的，在承包人提交竣工验收报告 90 天后，工程自动进入缺陷责任期；发包人未经竣工验收擅自使用工程的，缺陷责任期自工程转移占有之日起开始计算。

(2)缺陷责任期内，由承包人原因造成的缺陷，承包人应负责维修，并承担鉴定及维修费用。如承包人不维修也不承担费用，发包人可按合同约定从保证金或银行保函中扣除，费用超出保证金额的，发包人可按合同约定向承包人进行索赔。承包人维修并承担相应费用后，不免除对工程的损失赔偿责任。发包人有权要求承包人延长缺陷责任期，并应在原缺陷责任期届满前发出延长通知。但缺陷责任期(含延长部分)最长不能超过 24 个月。

由他人原因造成的缺陷，发包人负责组织维修，承包人不承担费用，且发包人不得从保证金中扣除费用。

(3)任何一项缺陷或损坏修复后，经检查证明其影响了工程或工程设备的使用性能，承包人应重新进行合同约定的试验和试运行，试验和试运行的全部费用应由责任方承担。

(4)除专用合同条款另有约定外，承包人应于缺陷责任期届满后7天内向发包人发出缺陷责任期届满通知，发包人应在收到缺陷责任期满通知后14天内核实承包人是否履行缺陷修复义务，承包人未能履行缺陷修复义务的，发包人有权扣除相应金额的维修费用。发包人应在收到缺陷责任期届满通知后14天内，向承包人颁发缺陷责任期终止证书。

3. 质量保证金

经合同当事人协商一致扣留质量保证金的，应在专用合同条款中予以明确。

在工程项目竣工前，承包人已经提供履约担保的，发包人不得同时预留工程质量保证金。

(1)承包人提供质量保证金的方式。承包人提供质量保证金有以下三种方式：

1)质量保证金保函；

2)相应比例的工程款；

3)双方约定的其他方式。

除专用合同条款另有约定外，质量保证金原则上采用上述第(1)种方式。

(2)质量保证金的扣留。质量保证金的扣留有以下三种方式：

1)在支付工程进度款时逐次扣留，在此情形下，质量保证金的计算基数不包括预付款的支付、扣回以及价格调整的金额；

2)工程竣工结算时一次性扣留质量保证金；

3)双方约定的其他扣留方式。

除专用合同条款另有约定外，质量保证金的扣留原则上采用上述第1)种方式。

发包人累计扣留的质量保证金不得超过工程价款结算总额的3%。如承包人在发包人签发竣工付款证书后28天内提交质量保证金保函，发包人应同时退还扣留的作为质量保证金的工程价款；保函金额不得超过工程价款结算总额的3%。

发包人在退还质量保证金的同时按照中国人民银行发布的同期同类贷款基准利率支付利息。

(3)质量保证金的退还。缺陷责任期内，承包人认真履行合同约定的责任，到期后，承包人可向发包人申请返还保证金。

发包人在接到承包人返还保证金申请后，应于14天内会同承包人按照合同约定的内容进行核实。如无异议，发包人应当按照约定将保证金返还给承包人。对返还期限没有约定或者约定不明确的，发包人应当在核实后14天内将保证金返还承包人，逾期未返还的，依法承担违约责任。发包人在接到承包人返还保证金申请后14天内不予答复，经催告后14天内仍不予答复，视同认可承包人的返还保证金申请。

4. 保修

(1)保修责任。工程保修期从工程竣工验收合格之日起算，具体分部分项工程的保修期由合同当事人在专用合同条款中约定，但不得低于法定最低保修年限。在工程保修期内，承包人应当根据有关法律规定以及合同约定承担保修责任。

发包人未经竣工验收擅自使用工程的，保修期自转移占有之日起算。

(2)修复费用。保修期内，修复的费用按照以下约定处理：

1)保修期内，因承包人原因造成工程的缺陷、损坏，承包人应负责修复，并承担修复的费用以及因工程的缺陷、损坏造成的人身伤害和财产损失；

2)保修期内，因发包人使用不当造成工程的缺陷、损坏，可以委托承包人修复，但发包人应承担修复的费用，并支付承包人合理利润；

3)因其他原因造成工程的缺陷、损坏，可以委托承包人修复，发包人应承担修复的费用，并支付承包人合理的利润，因工程的缺陷、损坏造成的人身伤害和财产损失由责任方承担。

(3)修复通知。在保修期内，发包人在使用过程中，发现已接收的工程存在缺陷或损坏的，应书面通知承包人予以修复，但情况紧急必须立即修复缺陷或损坏的，发包人可以口头通知承包人并在口头通知后48小时内书面确认，承包人应在专用合同条款约定的合理期限内到达工程现场并修复缺陷或损坏。

(4)未能修复。因承包人原因造成工程的缺陷或损坏，承包人拒绝维修或未能在合理期限内修复缺陷或损坏，且经发包人书面催告后仍未修复的，发包人有权自行修复或委托第三方修复，所需费用由承包人承担。但修复范围超出缺陷或损坏范围的，超出范围部分的修复费用由发包人承担。

建设施工合同履行过程中的风险防范

(5)承包人出入权。在保修期内，为了修复缺陷或损坏，承包人有权出入工程现场，除情况紧急必须立即修复缺陷或损坏外，承包人应提前24小时通知发包人进场修复的时间。承包人进入工程现场前应获得发包人同意，且不应影响发包人正常的生产经营，并应遵守发包人有关保安和保密等规定。

第四节　施工合同的变更

施工过程中出现的变更包括监理人指示的变更和承包人申请的变更两类。监理人可按通用条款约定的变更程序向承包人做出变更指示，承包人应遵照执行。没有监理人的变更指示，承包人不得擅自变更。

一、变更的范围

除专用合同条款另有约定外，合同履行过程中发生以下情形的，应按照本条约定进行变更：

(1)增加或减少合同中任何工作，或追加额外的工作；

(2)取消合同中任何工作，但转由他人实施的工作除外；

(3)改变合同中任何工作的质量标准或其他特性；

(4)改变工程的基线、标高、位置和尺寸；

(5)改变工程的时间安排或实施顺序。

二、变更权

发包人和监理人均可以提出变更。变更指示均通过监理人发出，监理人发出变更指示前应征得发包人同意。承包人收到经发包人签认的变更指示后，方可实施变更。未经许可，承包人不得擅自对工程的任何部分进行变更。

涉及设计变更的，应由设计人提供变更后的图纸和说明。如变更超过原设计标准或批准的建设规模，发包人应及时办理规划、设计变更等审批手续。

三、变更程序

1. 发包人提出变更

发包人提出变更的，应通过监理人向承包人发出变更指示，变更指示应说明计划变更的工程范围和变更的内容。

2. 监理人提出变更建议

监理人提出变更建议的，需要向发包人以书面形式提出变更计划，说明计划变更工程范围和变更的内容、理由，以及实施该变更对合同价格和工期的影响。发包人同意变更的，由监理人向承包人发出变更指示。发包人不同意变更的，监理人无权擅自发出变更指示。

3. 变更执行

承包人收到监理人下达的变更指示后，认为不能执行，应立即提出不能执行该变更指示的理由。承包人认为可以执行变更的，应当书面说明实施该变更指示对合同价格和工期的影响，且合同当事人应当按照“变更估价”条款约定确定变更估价。

四、变更估价

1. 变更估价原则

除专用合同条款另有约定外，变更估价按照本款约定处理：

(1)已标价工程量清单或预算书有相同项目的，按照相同项目单价认定；

(2)已标价工程量清单或预算书中无相同项目，但有类似项目的，参照类似项目的单价认定；

(3)变更导致实际完成的变更工程量与已标价工程量清单或预算书中列明的该项目工程量的变化幅度超过15%的，或已标价工程量清单或预算书中无相同项目及类似项目单价的，按照合理的成本与利润构成的原则，由合同当事人按照合同中“商定或确定”条款确定变更工作的单价。

2. 变更估价程序

承包人应在收到变更指示后14天内，向监理人提交变更估价申请。监理人应在收到承包人提交的变更估价申请后7天内审查完毕并报送发包人，若监理人对变更估价申请有异议，可通知承包人修改后重新提交。发包人应在承包人提交变更估价申请后14天内审批完毕。发包人逾期未完成审批或未提出异议的，视为认可承包人提交的变更估价申请。

因变更引起的价格调整应计入最近一期的进度款支付。

五、承包人的合理化建议

承包人提出合理化建议的，应向监理人提交合理化建议说明，说明建议的内容和理由，以及实施该建议对合同价格和工期的影响。

除专用合同条款另有约定外，监理人应在收到承包人提交的合理化建议后 7 天内审查完毕并报送发包人，发现其中存在技术上的缺陷，应通知承包人修改。发包人应在收到监理人报送的合理化建议后 7 天内审批完毕。合理化建议经发包人批准的，监理人应及时发出变更指示，由此引起的合同价格调整按照“变更估价”条款约定执行。发包人不同意变更的，监理人应书面通知承包人。

合理化建议降低了合同价格或者提高了工程经济效益的，发包人可对承包人给予奖励，奖励的方法和金额在专用合同条款中约定。

工程变更控制原则

六、变更引起的工期调整

因变更引起工期变化的，合同当事人均可要求调整合同工期，由合同当事人按照合同中“商定或确定”条款并参考工程所在地的工期定额标准确定增减工期天数。

第五节　施工合同保险与索赔

一、保险

1. 工程保险

除专用合同条款另有约定外，发包人应投保建筑工程一切险或安装工程一切险；发包人委托承包人投保的，因投保产生的保险费和其他相关费用由发包人承担。

2. 工伤保险

(1)发包人应依照法律规定参加工伤保险，并为在施工现场的全部员工办理工伤保险，交纳工伤保险费，且要求监理人及由发包人为履行合同聘请的第三方依法参加工伤保险。

(2)承包人应依照法律规定参加工伤保险，并为其履行合同的全部员工办理工伤保险，交纳工伤保险费，且要求分包人及由承包人为履行合同聘请的第三方依法参加工伤保险。

3. 其他保险

发包人和承包人可以为其施工现场的全部人员办理意外伤害保险并支付保险费，包括其员工及为履行合同聘请的第三方的人员，具体事项由合同当事人在专用合同条款中约定。

除专用合同条款另有约定外，承包人应为其施工设备等办理财产保险。

4. 持续保险

合同当事人应与保险人保持联系，使保险人能够随时了解工程实施中的变动，并确保按保险合同条款要求持续保险。

5. 保险凭证

合同当事人应及时向另一方当事人提交其已投保的各项保险凭证和保险单复印件。

6. 未按约定投保的补救

(1)发包人未按合同约定办理保险，或未能使保险持续有效的，承包人可代为办理，所需费用由发包人承担。发包人未按合同约定办理保险，导致未能得到足额赔偿的，由发包人负责补足。

(2)承包人未按合同约定办理保险，或未能使保险持续有效的，发包人可代为办理，所需费用由承包人承担。承包人未按合同约定办理保险，导致未能得到足额赔偿的，由承包人负责补足。

7. 通知义务

除专用合同条款另有约定外，发包人变更除工伤保险之外的保险合同时，应事先征得承包人同意，并通知监理人；承包人变更除工伤保险之外的保险合同时，应事先征得发包人同意，并通知监理人。

保险事故发生时，投保人应按照保险合同规定的条件和期限及时向保险人报告。发包人和承包人应当在知道保险事故发生后及时通知对方。

二、索赔

(一)承包人的索赔

1. 提出索赔的条件

根据合同约定，承包人认为有权得到追加付款和(或)延长工期的，应按以下程序向发包人提出索赔：

(1)承包人应在知道或应当知道索赔事件发生后28天内，向监理人递交索赔意向通知书，并说明发生索赔事件的事由；承包人未在前述28天内发出索赔意向通知书的，丧失要求追加付款和(或)延长工期的权利。

(2)承包人应在发出索赔意向通知书后28天内，向监理人正式递交索赔报告；索赔报告应详细说明索赔理由以及要求追加的付款金额和(或)延长的工期，并附必要的记录和证明材料。

(3)索赔事件具有持续影响的，承包人应按合理时间间隔继续递交延续索赔通知，说明持续影响的实际情况和记录，列出累计的追加付款金额和(或)工期延长天数。

(4)在索赔事件影响结束后28天内，承包人应向监理人递交最终索赔报告，说明最终要求索赔的追加付款金额和(或)延长的工期，并附必要的记录和证明材料。

2. 对承包人索赔的处理

(1)监理人应在收到索赔报告后14天内完成审查并报送发包人。监理人对索赔报告存在异议的，有权要求承包人提交全部原始记录副本。

(2)发包人应在监理人收到索赔报告或有关索赔的进一步证明材料后的28天内，由监理人向承包人出具经发包人签认的索赔处理结果。发包人逾期答复的，则视为认可承包人的索赔要求。

(3)承包人接受索赔处理结果的，索赔款项在当期进度款中进行支付；承包人不接受索赔处理结果的，按照“争议解决”条款的约定处理。

(二)发包人的索赔

1. 发包人索赔的提出

根据合同约定，发包人认为有权得到赔付金额和(或)延长缺陷责任期的，监理人应向承包人发出通知并附有详细的证明。

发包人应在知道或应当知道索赔事件发生后28天内通过监理人向承包人提出索赔意向通知书，发包人未在前述28天内发出索赔意向通知书的，丧失要求赔付金额和(或)延长缺陷责任期的权利。发包人应在发出索赔意向通知书后28天内，通过监理人向承包人正式递交索赔报告。

2. 对发包人索赔的处理

(1)承包人收到发包人提交的索赔报告后，应及时审查索赔报告的内容、查验发包人证明材料。

(2)承包人应在收到索赔报告或有关索赔的进一步证明材料后28天内，将索赔处理结果答复发包人。如果承包人未在上述期限内做出答复，则视为对发包人索赔要求的认可。

(3)承包人接受索赔处理结果的，发包人可从应支付给承包人的合同价款中扣除赔付的金额或延长缺陷责任期；发包人不接受索赔处理结果的，按照“争议解决”条款的约定处理。

(三)提出索赔的期限

(1)承包人按“竣工结算审核”的约定接收竣工付款证书后，应被视为已无权再提出在工程接收证书颁发前所发生的任何索赔。

(2)承包人按“最终结清”提交的最终结清申请单中，只限于提出工程接收证书颁发后发生的索赔。提出索赔的期限自接收最终结清证书时终止。

第六节　施工合同争议解决

一、施工合同常见争议

无论是国际市场上的大型建设项目，还是国内市场上的中、小型建设项目，在建设工程施工合同的履行过程中，发、承包双方发生争议的情况是很常见的，常见争议有以下几个方面：

1. 工程进度款支付、竣工结算及审价争议

尽管合同中已列出了工程量、约定了合同价款，但实际施工中会有很多变化，包括

设计变更、现场工程师签发的变更指令、现场条件变化如地质、地形等，以及计量方法等引起的工程数量的增减。这种工程量的变化几乎每天或每月都会发生，而且承包商通常在其每月申请工程进度付款报表中列出，希望得到(额外)付款，但常因与现场监理工程师有不同意见而遭拒绝或者拖延不决。这些实际已完的工程而未获得付款的金额，由于日积月累，在后期可能增大到一个很大的数字，使得发包人更加不愿支付了，因而造成更大的分歧和争议。

在整个施工过程中，发包人在按进度支付工程款时往往会根据监理工程师的意见，扣除那些他们未予确认的工程量或存在质量问题的已完工程的应付款项，这种未付款项累积起来往往可能形成一笔很大的金额，使承包商感到无法承受而引起争议，而且这类争议在工程施工的中、后期可能会越来越严重。承包商会认为由于未得到足够的应付工程款而不得不将工程进度放慢下来，而发包人则会认为在工程进度拖延的情况下更不能多支付给承包商任何款项，这就会形成恶性循环而使争端愈演愈烈。

更主要的是，大量的发包人在资金尚未落实的情况下就开始工程的建设，致使发包人千方百计要求承包商垫资施工、不支付预付款、尽量拖延支付进度款、拖延工程结算及工程审价进程，致使承包商的权益得不到保障，最终引起争议。

2. 工程价款支付主体争议

建筑施工企业被拖欠巨额工程款已成为整个建设领域中屡见不鲜的“正常事”。往往出现工程的发包人并非工程真正的建设单位，也并非工程的权利人的情况。在该种情况下，发包人通常不具备工程价款的支付能力，施工单位该向谁主张权利，以维护其合法权益会成为争议的焦点。在此情况下，施工企业应理顺关系，寻找突破口，向真正的发包方主张权利，以保证合法权利不受侵害。

3. 工程工期拖延争议

一项工程的工期延误，往往是由错综复杂的原因造成的。在许多合同条件中都约定了竣工逾期违约金。由于工期延误的原因可能是多方面的，因此要分清各方的责任往往十分困难。经常可以看到，发包人要求承包商承担工程竣工逾期的违约责任，而承包商则提出因诸多发包人的原因及不可抗力等影响，工期应相应顺延，有时承包商还就工期的延长要求发包人承担停工、窝工的费用。

4. 安全损害赔偿争议

安全损害赔偿争议包括相邻关系纠纷引发的损害赔偿、设备安全、施工人员安全、施工导致第三人安全、工程本身发生安全事故等方面的争议。其中，建设工程相邻关系纠纷发生的频率已越来越高，其牵涉主体和财产价值也越来越多，业已成为城市居民十分关心的问题。《建筑法》第三十九条为建筑施工企业设定了这样的义务：“施工现场对毗邻的建筑物、构筑物和特殊作业环境可能造成损害的，建筑施工企业应当采取安全防护措施。”

5. 中止合同及终止争议

中止合同造成的争议有：承包商因中止合同造成的损失严重而得不到足够的补偿；发包人对承包商提出的就中止合同的补偿费用计算持有异议；承包商因设计错误或发包人拖欠应支付的工程款而造成困难提出中止合同；发包人不承认承包商提出的中止合同的理由，也不同意承包商的责难及其补偿要求；等等。

除不可抗力外，任何终止合同的争议往往都是难以调和的。终止合同一般都会给某一方或者双方造成严重的损害。如何合理处置终止合同后双方的权利和义务，往往是这类争议的焦点。

【提示】 终止合同可能有以下几种情况：

(1)属于承包商责任引起的终止合同。

(2)属于发包人责任引起的终止合同。

(3)不属于任何一方责任引起的终止合同。

(4)任何一方由于自身需要而终止合同。

6. 工程质量及保修争议

工程质量方面的争议包括工程中所用材料不符合合同约定的技术标准要求，提供的设备性能和规格不符，或者不能生产出合同规定的合格产品，或者是通过性能试验不能达到规定的产量要求，施工和安装有严重缺陷等。这类质量争议在施工过程中主要表现为：工程师或发包人要求拆除和移走不合格材料，或者返工重做，或者修理后予以降价处置。对于设备质量问题，则常见于在调试和性能试验后，发包人不同意验收移交，要求更换设备或部件，甚至退货并赔偿经济损失。而承包商则认为缺陷是可以改正的，或者业已改正；对生产设备质量则认为是性能测试方法错误，或者制造产品所投入的原料不合格或者是操作方面的问题等，质量争议往往转变成为责任问题争议。

另外，在保修期的缺陷修复问题往往是发包人和承包商争议的焦点，特别是发包人要求承包商修复工程缺陷而承包商拖延修复，或发包人未经通知承包商就自行委托第三方对工程缺陷进行修复。在此情况下，发包人要在预留的保修金中扣除相应的修复费用，承包商则主张产生缺陷的原因不在承包商或因发包人未履行通知义务且其修复费用未经其确认而不予同意。

二、施工合同争议解决方式

1. 和解

合同当事人可以就争议自行和解，自行和解达成协议的经双方签字并盖章后作为合同补充文件，双方均应遵照执行。

2. 调解

合同当事人可以就争议请求建设行政主管部门、行业协会或其他第三方进行调解，调解达成协议的，经双方签字并盖章后作为合同补充文件，双方均应遵照执行。

3. 仲裁或诉讼

因合同及合同有关事项产生的争议，合同当事人可以在专用合同条款中约定以下一种方式解决争议：

(1)向约定的仲裁委员会申请仲裁；

(2)向有管辖权的人民法院起诉。

三、合同争议评审

合同当事人在专用合同条款中约定采取争议评审方式解决争议以及评审规则，并按下列约定执行：

1. 争议评审小组的确定

合同当事人可以共同选择 1 名或 3 名争议评审员，组成争议评审小组。除专用合同条款另有约定外，合同当事人应当自合同签订后 28 天内，或者争议发生后 14 天内，选定争议评审员。

选择 1 名争议评审员的，由合同当事人共同确定；选择 3 名争议评审员的，各自选定 1 名，第 3 名成员为首席争议评审员，由合同当事人共同确定或由合同当事人委托已选定的争议评审员共同确定，或由专用合同条款约定的评审机构指定第三名首席争议评审员。

除专用合同条款另有约定外，评审员报酬由发包人和承包人各承担一半。

2. 争议评审小组的决定

合同当事人可在任何时间将与合同有关的任何争议共同提请争议评审小组进行评审。争议评审小组应秉持客观、公正原则，充分听取合同当事人的意见，依据相关法律、规范、标准、案例经验及商业惯例等，自收到争议评审申请报告后 14 天内做出书面决定，并说明理由。合同当事人可以在专用合同条款中对本项事项另行约定。

3. 争议评审小组决定的效力

争议评审小组做出的书面决定经合同当事人签字确认后，对双方具有约束力，双方应遵照执行。

任何一方当事人不接受争议评审小组决定或不履行争议评审小组决定的，双方可选择采用其他争议解决方式。

第七节　施工分包合同管理

工程项目建设过程中，承包人会将承包范围内的部分工作采用分包形式交由其他企业完成，如设计分包、施工分包、材料设备供应的供货分包等。分包工程的施工，既是承包范围内必须完成的工作，又是分包合同约定的工作内容，涉及两个同时实施的合同，履行的管理更为复杂。

一、施工的专业分包与劳务分包

1. 施工分包合同示范文本

承包人与发包人订立承包合同后，基于某些专业性强的工程施工，自己的施工能力受到限制，可进行施工专业分包，或考虑减少本项目投入的人力资源，以节省施工成本而进行施工劳务分包。原中华人民共和国建设部和国家工商行政管理总局联合颁布了《建设工程施工专业分包合同(示范文本)》(GF—2003—0213)和《建设工程施工劳务分包合同(示范文本)》(GF—2003—0214)。

施工专业分包合同由协议书、通用条款和专用条款三部分组成。由于施工劳务分包合同相对简单，仅为一个标准化的合同文件，故对具体工程的分包约定采用填空的方式明确即可。

2. 施工专业分包与劳务分包的主要区别

施工专业分包由分包人独立承担分包工程的实施风险，用自己的技术、设备、人力资源完成承包的工作；施工劳务分包的分包人主要提供劳动力资源，使用常用(或简单)的自有施工机具完成承包人委托的简单施工任务。主要差异表现为以下几个方面条款的规定：

(1)分包人的收入。施工专业分包规定为分包合同价格，即分包人独立完成约定的施工任务后，有权获得的包括施工成本、管理成本、利润等全部收入；而施工劳务分包规定为劳务报酬，即配合承包人完成全部施工任务后应获得的劳务酬金。劳务报酬的约定可以采用以下三种方式之一：

1)固定劳务报酬(含管理费)；

2)不同工种劳务的计时单价(含管理费)按确认的工时计算；

3)约定不同工作成果的计件单价(含管理费)按确认的工程量计算。

【注意】 通常情况下，不管约定为何种形式的劳务报酬，均为固定价格，施工过程中不再调整。

(2)保险责任。施工专业分包合同规定，分包人必须为从事危险作业的职工办理意外伤害保险，并为施工场地内自有人员生命财产和施工机械设备办理保险，支付保险费用；而劳务施工分包合同则规定，劳务分包人不需单独办理保险，其保险应获得的权益包括在发包人或承包人投保的工程险和第三者责任险中，分包人也不需支付保险费用。

(3)施工组织。施工专业分包合同规定，分包人应编制专业工程的施工组织设计和进度计划，报承包人批准后执行。承包人负责整个施工场地的管理工作，协调分包人与施工现场承包人的人员和其他分包人施工的交叉配合，确保分包人按照经批准的施工组织设计进行施工。

施工劳务分包合同规定，分包人不需编制单独的施工组织设计，而是根据承包人制定的施工组织设计和总进度计划的要求施工。劳务分包人在每月底提交下月施工计划和劳动力安排计划，经承包人批准后严格实施。

(4)分包人对施工质量承担责任的期限。施工专业分包工程通过竣工验收后，分包人对分包工程仍需承担质量缺陷的修复责任，缺陷责任期和保修期的期限按照施工总承包合同的约定执行。

劳务分包合同规定，全部工程竣工验收合格后，劳务分包人对其施工的工程质量不再承担责任，承包人承担缺陷责任期和保修期内的修复缺陷责任。

由于施工劳务分包的分包人不独立承担风险，施工纳入承包人的组织管理之中，合同履行管理相对简单，因此以下仅针对施工专业分包加以讨论。

二、分包工程施工的管理职责

1. 发包人对施工专业分包的管理

发包人不是分包合同的当事人，对分包合同权利、义务如何约定也不参与意见，与分包人没有任何合同关系。但作为工程项目的投资方和施工合同的当事人，他对分包合同的管理主要表现为对分包工程的批准。接受承包人投标书内说明的某工程部分准备分包，即同意此部分工程由分包人完成。如果承包人在施工过程中欲将某部分的施工任务分包，则仍需经过发包人的同意。

2. 监理人对施工专业分包的管理

监理人接受发包人委托，仅对发包人与第三者订立合同的履行负责监督、协调和管理，因此，对分包人在现场的施工不承担协调、管理义务。然而分包工程仍属于施工总承包合同的一部分，仍需履行监督义务，包括对分包人的资质进行审查；对分包人用的材料、施工工艺、工程质量进行监督；确认完成的工程量等。

3. 承包人对施工专业分包的管理

承包人作为两个合同的当事人，不仅对发包人承担整个合同工程按预期目标实现的义务，而且对分包工程的实施负有全面管理责任。承包人派驻施工现场的项目经理对分包人的施工进行监督、管理和协调，承担如同主合同履行过程中监理人的职责，包括审查分包工程进度计划、分包人的质量保证体系，对分包人的施工工艺和工程质量进行监督等。

三、施工分包合同的订立

按照《建设工程施工专业分包合同(示范文本)》(GF—2013—0213)专用条款的规定，订立分包合同时需要明确的内容主要包括：

1. 分包工程的范围和时间要求

通过招标选择的分包人，工作内容、范围和工期要求已在招投标过程中确定，若是直接选择的分包人，以上内容则需明确写出。对于分包工程拖期违约应承担赔偿责任的计算方式和最高限额，也应在专用条款中约定。

2. 分包工程施工应满足施工总承包合同的要求

为了能让分包人合理预见分包工程施工中应承担的风险，以及保证分包工程的施工能够满足总承包合同的要求，承包人应让分包人充分了解总承包合同中除合同价格以外的各项规定，使分包人履行并承担与分包工程有关的承包人的所有义务与责任。当分包人提出要求时，承包人应向分包人提供一份总承包合同(有关承包工程的价格内容除外)的副本或复印件。

无论是承包人通过招标选择的分包人，还是直接选定分包人签订的合同均属于当事人之间的市场行为，因此，分包合同的承包价款不是简单地从总承包合同中切割。施工专业分包合同中明确规定，分包合同价款与总承包合同相应部分价款无任何连带关系，因此，总承包合同中涉及分包工程的价款无须让分包人了解。

3. 承包人为分包工程施工提供的协助条件

(1)提供施工图纸。分包工程的图纸来源于发包人委托的设计单位，可以一次性发放或分阶段发放，因此，承包人应依据主合同的约定，在分包合同专用条款内列明向分包人提供图纸日期和套数，以及分包人参加发包人组织图纸会审的时间。

专业工程施工经常涉及使用新工艺、新设备、新材料、新技术，可能出现分包工程的图纸不能完全满足施工需要的情况。如果承包人按照总承包合同的要求，委托分包人在其设计资质等级和业务允许的范围内，在原工程图纸的基础上进行施工图深化设计，设计的范围及发生的费用，应在专用条款中约定。

(2)施工现场的移交。在专用条款内约定，承包人向分包人提供施工场地应具备的条件、施工场地的范围和提供时间。

(3)提供分包人使用的临时设施和施工机械。为了节省施工总成本，允许分包人使用承包人为本工程实施而建立的临时设施和某些施工机械设备，如混凝土拌合站、提升装置或重型机械等。分包人使用这些临时设施和工程机械，有些免费使用，有些需要付费使用，因此，在专用条款内需约定承包人为分包工程的实施提供机械设备和设施以及承担费用。

四、施工分包合同履行管理

1. 承包人协调管理的指令

承包人负责整个施工场地的管理工作，协调分包人与同一施工场地的其他分包人及自己施工可能产生的交叉干扰，确保分包人按照批准的施工组织设计进行施工。

(1)承包人的指令。由于承包人与分包人同时在施工现场进行施工，因此承包人的协调管理工作主要通过发布一系列指示来实现。承包人随时可以向分包人发出分包工程范围内的有关工作指令。

(2)发包人或监理人的指令。发包人或监理人就分包工程施工的有关指令和决定应发送给承包人。承包人接到监理人就分包工程发布的指示后，将其要求列入自己的管理工作范围，并及时以书面确认的形式转发给分包人令他遵照执行。

为了准确地区分合同责任，分包合同通用条款内明确规定，分包人应执行经承包人确认和转发的发包人和监理人就分包范围内有关工作的所有指令，但不得直接接受发包人和监理人的指令。当分包人接到监理人的指示后不能立即执行，需得到承包人同意才可实施。合同内做出此项规定的目的：一是分包工程现场施工的协调管理由承包人负责，如果同一时间分包人分别接到监理人和承包人发出的两个有冲突的施工指令，则会造成现场管理的混乱；二是监理人的指令可能需要承包人对总包工程的施工与分包工程的施工进行协调后才能有序进行；三是分包人只与承包人存在合同关系，执行未经承包人确认的指令而导致施工成本增加和工期延误情况时，无权向承包人提出补偿要求。

2. 计量与支付

(1)工程量计量。无论监理人参与或不参与分包工程的工程量计量，承包人均需在每一计量周期通知分包人共同对分包工程量进行计量。分包人收到通知后不参加计量，承包人的计量结果有效，作为分包工程价款支付的依据；承包人不按约定时间通知分包人，致使分包人未能参加计量，计量结果无效。分包人提交的工程量报告中开列的工程量应作为分包人获得工程进度款的依据。

(2)分包合同工程进度款的支付。承包人依据计量确认的分包工程量，乘以总承包合同相应的单价计算的金额，纳入支付申请书内。获得发包人支付的工程进度款后，再按分包合同约定单价计算的款额支付给分包人。

3. 变更管理

分包工程的变更可能来源于监理人通知并经承包人确认的指令，也可能是承包人根据施工现场实际情况自主发出的指令。变更的范围和确定变更价款的原则与总承包合同规定相同。

分包人应在工程变更确定后11天内向承包人提出变更分包工程价款的报告，经承包人确认后调整合同价款；若分包人在双方确定变更后11天内未向承包人提出变更分包工程价款的报告，视为该项变更不涉及合同价款的调整。

4. 分包工程的竣工管理

(1)竣工验收。

1)发包人组织验收。分包工程具备竣工验收条件后，分包人向承包人提供完整的竣工资料及竣工验收报告。双方约定由分包人提供竣工图的，应在专用条款内约定提交日期和份数。

承包人应在收到分包人提供的竣工验收报告之日起3日内通知发包人进行验收，分包人应配合承包人进行验收。发包人未能按照总承包合同及时组织验收时，承包人应按照总承包合同规定的发包人验收的期限及程序自行组织验收，并视为分包工程竣工验收通过。

2)承包人验收。根据总承包合同无须由发包人验收的部分，承包人应按照总承包合同约定的程序自行验收。

3)分包工程竣工日期的确定。分包工程竣工日期为分包人提供竣工验收报告之日。需要修复的，为提供修复后竣工报告之日。

(2)分包工程的移交。

1)分包工程的竣工结算。分包工程竣工验收报告经承包人认可后14天内，分包人向承包人递交分包工程竣工结算报告及完整的结算资料。承包人收到分包人递交的分包工程竣工结算报告及结算资料后28天内进行核实，给予确认或者提出明确的修改意见。承包人应在确认竣工结算报告后7天内向分包人支付分包工程竣工结算价款。

2)分包工程的移交。分包人收到竣工结算价款之日起7天内，将竣工工程交付承包人。总体工程竣工验收后，再由承包人移交给发包人。

5. 索赔管理

分包合同履行过程中，当分包人认为自己的合法权益受到损害时，无论事件是发包人或监理人的责任，还是承包人应承担的义务，都只能向承包人提出索赔要求，并保持影响事件发生后的现场同期记录。

(1)应由发包人承担责任的索赔事件。分包人遇到不利外部条件等根据总包合同可以索赔的情况，分包人可按照总包合同约定的索赔程序通过承包人提出索赔要求。承包人分析事件的起因和影响，并依据两个合同判明责任后，在收到分包人索赔报告后21天内给予分包人明确的答复，或要求进一步补充索赔理由和证据。如果认为分包人的索赔要求合理，应及时按照主合同规定的索赔程序，以承包人的名义就该事件向监理人递交索赔报告。

承包人依据总包合同向监理人递交任何索赔意向通知和索赔报告要求分包人协助时，分包人应提供书面形式的相应资料，以便承包人能遵守总承包合同有关索赔的约定。如果分包人未予积极配合，使得承包人涉及分包工程的索赔未获成功，则承包人可在应支付给分包人的工程款中，扣除本应获得的索赔款项中适当比例的部分，即承包人受到的损失向分包人索赔。

(2)应由承包人承担责任的事件。索赔原因往往是承包人的违约行为或分包人执行承包人指令导致。分包人按规定程序提出索赔后，承包人与分包人依据分包合同的约定通过协商解决。

五、监理人对专业施工分包合同履行的管理

鉴于分包工程的施工涉及两个合同，监理人只需依据总承包合同的约定进行监督和管理。

1. 对分包工程施工的确认

监理人在复核分包工程已取得发包人同意的基础上，负责对分包人承担相应工程施工要求的资质、经验和能力进行审查，确认是否批准承包人选择的分包人。为了整体工程的施工协调，指示分包人进场开始分包工程施工的时间。

2. 施工工艺和质量

由于专业工程施工往往对施工技术有专门的要求，故监理人在审查承包人的施工组织设计时，应特别关注分包人拟采用的施工工艺和保障措施是否切实可行。涉及危险性较大工程部位的施工方法更应进行严格审查，以保证专业工程的施工达到合同规定的质量要求。

监理人在对分包工程进行旁站、巡视过程中，发现分包人忽视质量的行为和存在安全隐患的情况，应及时书面通知承包人，要求其监督分包人纠正。

总承包合同规定为分部移交的专业工程施工完毕，监理人应会同承包人和分包人进行工程预验收，并参加发包人组织的工程验收。

3. 进度管理

虽然由承包人负责分包工程施工的协调管理，对分包工程施工进度进行监督，但如果分包工程的施工影响到发包人订立的其他合同的履行，监理人需对承包人发出相关指令进行相应的协调。如分包工程施工与合同进度计划偏离较大而干扰了同时在现场其他承包人的施工；分包工程施工进度过慢影响到后续设备安装工程按计划实施等情况。

4. 支付管理

监理人按照总承包合同的规定对分包工程计量时，应要求承包人通知分包人进行共同计量。审查承包人的工程进度款时，要核对分包工程的合格工程量与计量结果是否一致。

对于分包人按照监理人的指示在分包工程使用计日工时，也应依据总包合同对计日工的规定，每天检查设备、人员的投入和产出情况。

5. 变更管理

监理人对分包工程的变更指示应发给承包人，由其协调和监督分包人执行。分包工程施工的变更完成后，按照总承包合同的规定对变更进行估价。

6. 索赔管理

监理人不应受理分包人直接提交的索赔报告，分包人的索赔应通过承包人的索赔来完成。

监理人审查承包人提交的分包工程索赔报告时，应按照总承包合同的约定区分合同责任。有些情况下，分包人受到的损失既有发包人应承担的风险或责任，也受承包人协调管

理不利的影响，监理人应合理区分责任的比例，以便确定工期顺延的天数和补偿金额。对于分包人因非自身原因受到损失，可能对承包人的施工也产生不利影响的情况，监理人同样应在合理判定责任归属的基础上，按照实际情况做出索赔处理决定。

本章小结

建设工程施工合同是发包人与承包人就完成具体工程项目的建筑施工、设备安装、设备调试、工程保修等工作内容，确定双方权利和义务的协议。施工合同当事人是发包人和承包人，双方按照所签订合同约定的义务，履行相应的责任。双方当事人互相协商并最后就各方的权利、义务达成一致后，签订建设工程施工合同，合同双方当事人在合同签订前要进行合同审查，通过合同审查，可以发现合同中存在的内容含糊、概念不清之处或自己未能完全理解的条款，加以仔细研究，并认真分析，采取相应的措施，以减少合同中的风险，减少合同谈判和签订中的失误，有利于合同双方合作愉快，促进建设工程项目施工的顺利进行。合同订立后，双方当时人应根据合同约定行使权利履行义务，如因各类原因导致合同变更、违约，当事人应承担相应责任。合同履行过程中，双方出现争议应采用和解、调解、仲裁或诉讼的方式解决。工程项目建设过程中，承包人会将承包范围内的部分工作采用分包形式交由其他企业完成，订立分包合同，明确双方当事人职责，双方当事人按合同规定履行分包合同。

思考题

一、填空题

1. 施工合同签订的原则指__________。

2. 当事人订立合同，有__________、__________和__________。

3. __________指承包人在投标函内承诺完成合同工程的时间期限，以及按照合同条款通过变更和索赔程序应给予顺延工期的时间之和。

4. 监理人发出的指示应送达__________。

5. 发包人应将合同价款支付至__________中约定的承包人账户。

6. 保险事故发生时，投保人应按照__________规定的条件和期限及时向保险人报告。

7. 施工合同争议解决方式有__________、__________、__________或__________。

8. 除专用合同条款另有约定外，合同评审员报酬由__________各承担一半。

二、选择题

1. 合同谈判时，谈判组员以(　　)人为宜。

A. 1～3　　B. 3～5　　C. 5～7　　D. 7～9

2. 发包人在收到承包人报送的确认资料后(　　)天内不予答复的视为认可，作为调整合同价格的依据。

A. 5　　B. 10　　C. 15　　D. 20

3. 更换总监理工程师的，监理人应提前(　　)天书面通知承包人。

A. 7　　B. 17　　C. 20　　D. 27

4. 监理人应按照(　　)的授权发出监理指示。

A. 承包人　　B. 发包人　　C. 监理工程师　　D. 项目经理

5. 监理人应在计划开工日期(　　)天前向承包人发出开工通知，工期自开工通知中载明的开工日期起算。

A. 7　　B. 17　　C. 20　　D. 27

6. 施工过程中对施工现场内水准点等测量标志物的保护工作由(　　)负责。

A. 承包人　　B. 发包人　　C. 监理工程师　　D. 项目经理

7. 承包人向监理人报送竣工验收申请报告，监理人应在收到竣工验收申请报告后(　　)天内完成审查并报送发包人。

A. 7　　B. 14　　C. 21　　D. 28

8. 除专用合同条款另有约定外，合同当事人应当在颁发工程接收证书后(　　)天内完成工程的移交。

A. 7　　B. 14　　C. 21　　D. 28

9. 承包人应当在签订暂估价合同后(　　)天内，将暂估价合同副本报送发包人留存。

A. 7　　B. 14　　C. 21　　D. 28

10. 因不可抗力导致合同无法履行连续超过(　　)天或累计超过(　　)天的，发包人和承包人均有权解除合同。

A. 48；140　　B. 84；140　　C. 48；240　　D. 84；240

11. 因承包人原因导致合同解除的，合同当事人应在合同解除后(　　)天内完成估价、付款和清算。

A. 7　　B. 14　　C. 21　　D. 28

12. 发包人累计扣留的质量保证金不得超过工程价款结算总额的(　　)。

A. 1%　　B. 2%　　C. 3%　　D. 4%

13. 承包人应在收到变更指示后(　　)天内，向监理人提交变更估价申请。

A. 7　　B. 14　　C. 21　　D. 28

14. 分包人应在工程变更确定后(　　)天内向承包人提出变更分包工程价款的报告，经承包人确认后调整合同价款。

A. 10　　B. 11　　C. 12　　D. 13

三、问答题

1. 合同管理的严格性主要体现在哪些方面？
2. 发包人参加谈判的目的是什么？
3. 劳务谈判的内容是什么？
4. 进行工程价格谈判时，应注意哪些问题？
5. 承包人申请竣工验收的条件是什么？
6. 颁发工程接收证书后，承包人应如何对施工现场进行清理？
7. 简述施工安全管理的程序。
8. 竣工决算申请单应包括哪些内容？

9. 什么是不可抗力?

10. 合同履行过程中，哪些情形属于承包人违约?

11. 保修期内，修复的费用应如何处理?

12. 简述合同变更的范围。

13. 劳务报酬的约定应采用哪些方式?

14. 如何进行分包工程的移交?

第八章 FIDIC 合同

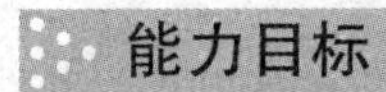

能力目标

通过本章内容的学习，具备利用 FIDIC 施工合同条件从事施工项目管理的初步能力。能够处理工程签证和简单的索赔事项。

知识目标

了解新版 FIDIC 合同条件及其应用；了解 FIDIC 施工合同中业主和承包商的主要权利、义务；熟悉 FIDIC 施工合同中控制性、制约性及管理性条款；掌握 FIDIC 施工合同条件下对质量、进度和造价的控制。

案例导入

鲁布革水电站 C1 合同中规定，所列出的计日工作所用施工设备的基本单价仅适用于连续租用时间小于或等于 20 小时的情况。同时规定，如果连续租用时间等于或超过 120 小时，则单价为基本单价的 75%。如果连续租用时间超过 20 小时而不足 120 小时，则用线性插入法在上述两个单价之间确定一个单价。计日工作所用施工设备的单价确定，如图 8-1 所示。

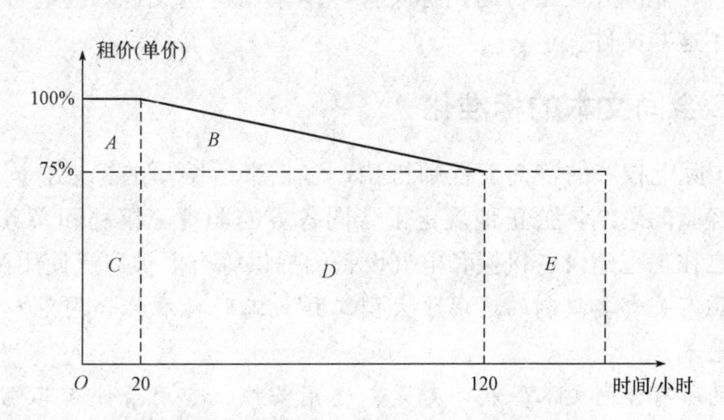

图 8-1　计日工作所用施工设备价格示意

工程中实际连续租用时间超过 120 小时，承包商要求付款额为 $A+B+C+D+E$，而工程师只批准支付 $C+D+E$。

请问：承包商提出自己要求付款额的理由和根据是什么？工程师应该做出怎样的反驳？

第一节　FIDIC 合同条件简介

一、FIDIC 组织简介

FIDIC 是一个国际性的非官方组织，用其法文名称“Fédération Internationale Des Ingénieurs Conseils”的五个单词首字母代表。其中文名称是“国际咨询工程师联合会”，英文名称是“International Federation of Consulting Engineers”。

作为一个国际性的非官方组织，FIDIC 的宗旨是将各个国家独立的咨询工程师行业组织联合成一个国际性的行业组织；促进还没有建立起这个行业组织的国家也能够建立起这样的组织；鼓励制定咨询工程师应遵守的职业行为准则，以提高为业主和社会服务的质量；研究和增进会员的利益，促进会员之间的关系，增强本行业的活力；提供和交流会员感兴趣和有益的信息，增强行业凝聚力。中国工程咨询协会于 1996 年被接纳为国际咨询工程师联合会(FIDIC)正式会员。

FIDIC 组织自成立以来，一直向国际工程咨询服务业提供有关资源，根据成员需求提供交流信息，发行出版物，举办咨询业界的会议、培训，建立了丰富的调停人、仲裁人和专家资源库，帮助发展中国家发展其咨询业。

FIDIC 下设五个专业委员会：业主(与国内把建设工程施工合同双方称为发包人、承包人不同，在 FIDIC 土木工程施工合同条件中，合同双方称为业主、承包商)/咨询工程师关系委员会(CCRC)，合同委员会(CC)，风险管理委员会(RMC)，质量管理委员会(QMC)，环境委员会(ENVC)。FIDIC 的各专业委员会编制了许多规范性的标准文件，不仅世界银行、亚洲开发银行、非洲开发银行的招标文件样本采用这些文件，还有许多国家的国际工程项目也常常采用这些文件。

二、FIDIC 合同文本的标准化

FIDIC 作为国际上权威的咨询工程师机构，多年来所编写的标准合同条件是国际工程界几十年来实践经验的总结，公正地规定了合同各方的职责、权利和义务，程序严谨，可操作性强。如今已在工程建设、机械和电气设备的提供等方面被广泛使用。

【提示】 我国有关部委编制的适用于大型工程施工的标准化合同范本都是以 FIDIC 编制的合同条件为蓝本。

FIDIC 出版的所有合同文本结构，都是以通用条件、专用条件和其他标准化的文件格式编制。

(1)通用条件。所谓通用，是指工程建设项目无论属于哪个行业，也不管处于何地，只要是土木工程类的施工均可适用。条款内容涉及：合同履行过程中业主和承包商各方的权利与义务，工程师(交钥匙合同中为业主代表)的权利和职责，各种可能预见到事件发生后的责任界限，合同正常履行过程中各方应遵循的工作程序，以及因意外事件而使合同被迫解除时各方应遵循的工作准则等。

(2)专用条件。专用条件是相对于通用而言的，要根据准备实施的项目的工程专业特点，以及工程所在地的政治、经济、法律、自然条件等地域特点，针对通用条件中条款的规定加以具体化。例如，可以对通用条件中的规定进行相应的补充完善、修订或取代其中的某些内容，以及增补通用条件中没有规定的条款。专用条件中条款序号应与通用条件中要说明条款的序号对应，通用条件和专用条件内相同序号的条款共同构成对某一问题的约定责任。如果通用条件内的某一条款内容完备、适用，则专用条件内可不再重复列此条款。

(3)标准化的文件格式。FIDIC 编制的标准化合同文本，除通用条件和专用条件以外，还包括标准化的投标书(及附录)和协议书的格式文件。

投标书的格式文件只有一页内容，是投标人愿意遵守招标文件规定的承诺表示。投标人只需填写投标报价并签字后，即可与其他材料一起构成有法律效力的投标文件。投标书附件列出了通用条件和专用条件内涉及工期和费用内容的明确数值，与专用条件中的条款序号和具体要求相一致，以使承包商在投标时予以考虑。这些数据经承包商填写并签字确认后，在合同履行过程中作为双方遵照执行的依据。

【提示】 协议书是业主与中标承包商签订施工承包合同的标准化格式文件，双方只要在空格内填入相应内容，并签字盖章后，合同即可生效。

三、新版 FIDIC 合同条件简介

为适应国际建筑市场的发展，FIDIC 于 1999 年出版了四份新的合同标准格式。新版 FIDIC 合同条件更具灵活性和易用性，如果通用合同条件中的某一条不适用于实际项目，那么可以简单地将其删除而不需要在专用条件中特别说明。编写通用条件中子条款的内容时，也充分考虑了其适用范围，使其适用于大多数合同(不过子条款并不是 FIDIC 合同的必要部分，用户可根据需要选用)。新红皮书、新黄皮书和银皮书均包括以下三部分：通用条件，专用条件编写指南，投标书、合同协议、争议评审协议。各合同条件的通用条件部分都有 20 个条款。绿皮书则包括协议书、通用条件、专用条件、裁决规则和应用指南(指南不是合同文件，仅为用户提供使用上的帮助)，合同条件共 15 条、52 款。

(一)《施工合同条件》(新红皮书)

1.《施工合同条件》的适用范围

新红皮书基本继承了原红皮书的“风险分担”的原则，即业主愿意承担比较大的风险。因此，业主希望做几乎全部设计(可能不包括施工图、结构补强等)；雇用工程师作为其代理人管理合同，管理施工以及签证支付；希望在工程施工的全过程中持续得到全部信息，并能做变更等；希望支付根据工程量清单或通过的工程总价。而承包商仅根据业主提供的图纸资料进行施工(当然，承包商有时要根据要求承担结构、机械和电气部分的设计工作)。那么，《施工合同条件》(新红皮书)正是这种类型业主所需的合同范本。

2.《施工合同条件》的主要特点

(1)框架。新红皮书放弃了原红皮书第 4 版的框架，而是继承了 1995 年橘皮书的格式，合同条件分为 20 个标题，与黄皮书、银皮书合同条件的大部分条款一致，同时加入了一些新的定义，以便于使用和理解。

(2)业主方面。新红皮书对业主的职责、权利、义务有了更严格的要求，如对业主资金安排、支付时间和补偿、业主违约等方面的内容进行了补充和细化。

(3)承包商方面。新红皮书对承包商的工作提出了更严格的要求，如承包商应将质量保证体系和月进度报告的所有细节都提供给工程师、在何种条件下将没收履约保证金、工程检验维修的期限等。

(4)索赔、仲裁方面。此方面增加了与索赔有关的条款并丰富了细节，加入了争端委员会的工作程序，由3个委员会负责处理那些工程师的裁决不被双方认可的争端。

(二)《生产设备和设计——施工合同条件》(新黄皮书)

1.《生产设备和设计——施工合同条件》的适用范围

《生产设备和设计——施工合同条件》特别适用于“设计—建造”建设履行方式。该合同范本适用于建设项目规模大、复杂程度高，承包商提供设计，业主愿意将部分风险转移给承包商的情况。《生产设备和设计——施工合同条件》与《施工合同条件》相比，最大的区别在于前者业主不再自己承担合同中的绝大部分风险，而将一定风险转移给承包商。因此，《生产设备和设计——施工合同条件》将满足业主以下几方面的需要：

(1)在一些传统的项目里，特别是电气和机械工作中，由承包商做大部分的设计，如业主提供设计要求，承包商提供详细设计。

(2)采纳设计—施工履行程序，由业主提交一个工程目的、范围和设计方面技术标准明确的“业主要求”，承包商来满足该要求。

(3)工程师进行合同管理，督导设备的现场安装以及签证支付。

(4)执行总价合同，分阶段支付。

2.《生产设备和设计——施工合同条件》的主要特点

(1)框架。借鉴1995年橘皮书的格式，合同结构类似于新红皮书，并与新红皮书、银皮书相统一。

(2)业主方面。对设计管理的要求更加系统、严格，通用条件中就专门有1条共7款关于设计管理工作的规定。同时，赋予了工程师较宽权利对设计文件进行审批；限制了业主在更换工程师方面的随意性，如果承包商对业主提出的新工程师人选不满意，则业主无权更换；业主对承包商的支付，采用以总价为基础的合同方式，对期中支付和费用变更的方式均有详细规定。

(3)承包商方面。承包商要根据合同建立一套质量保证体系，在设计和实施开始前，要将其全部细节送工程师审查；增加可供选择的“竣工后检验”，并严格“竣工检验”环节，以确保工程的最终质量；另外，新黄皮书的规定使承包商要承担更多的风险，如将原黄皮书中“工程所在国之外发生的叛乱、革命、暴动政变、内战、离子辐射、放射性污染等”由业主承担的风险改由承包商来承担。当然，因为设计工作是由承包商来提供的，所以设计方面的风险自然也由承包商承担。

(4)索赔、仲裁方面。新黄皮书与新红皮书一样，采用相同的工作程序来解决争端。

(三)《设计采购施工(EPC)/交钥匙项目合同条件》(银皮书)

1.《设计采购施工(EPC)/交钥匙项目合同条件》的适用范围

《设计采购施工(EPC)/交钥匙项目合同条件》是一种现代新型的建设履行方式。该合同范本适用于建设项目规模大、复杂程度高，承包商提供设计并承担绝大部分风险的情况。该合同范本与其他3个合同范本的最大区别在于，在《设计采购施工(EPC)/交钥匙项目合同条件》下，业主只承担工程项目很小的风险，而将绝大部分风险转移给承包商。这是由于作为这些项目(特别是私人投资的商业项目)投资方的业主，在投资前关心的是工程的最终价格和最终工期，以便他们能够准确地预测在该项目上投资的经济可行性。所以，他们希望少承担项目实施过程中的风险，以避免追加费用和延长工期。因此，《设计采购施工(EPC)/交钥匙项目合同条件》可满足业主如下几个方面的需求：

(1)承包商承担全部设计责任，合同价格具有高度确定性，以及时间不允许逾期。

(2)不卷入每天的项目工作中去。

(3)多支付承包商建造费用，但作为条件承包商须承担额外的工程总价及工期的风险。

(4)如无工程师的介入，项目的管理严格采纳双方当事人的方式。

另外，使用EPC合同的项目的招标阶段给予承包商充分的时间和资料，使其全面了解业主的要求并进行前期规划、风险评估的估价；业主也不得过度干预承包商的工作；业主的付款方式应按照合同支付，而无须像新红皮书和新黄皮书里规定的那样，工程师核查工程量并签认支付证书后才付款。

《设计采购施工(EPC)/交钥匙项目合同条件》特别适宜于下列项目类型：

(1)民间主动融资PFI(Private Finance Initiative)，或公共/民间伙伴PPP(Public/Private Partnership)，或BOT(Build Operate Transfer)及其他特许经营合同的项目。

(2)发电厂或工厂且业主期望以固定价格的交钥匙方式来履行项目。

(3)基础设计项目(如公路、铁路、桥、水或污水处理厂、水坝等)或类似项目，业主提供资金并希望以固定价格的交钥匙方式来履行项目。

(4)民用项目且业主希望采纳固定价格的交钥匙方式来履行项目，通常项目的完成包括所有家具、设备的调试。

2.《设计采购施工(EPC)/交钥匙项目合同条件》的主要特点

(1)风险。EPC合同明确划分了业主和承包商的风险，特别是承包商要独自承担发生最为频繁的“外部自然力”这一风险。

(2)管理方式。由于业主承担的风险已大大减少，因此没有必要专门聘请工程师来代表其对工程进行全面、细致的管理。EPC合同中规定，业主或委派业主代表直接对项目进行管理，人选的更迭不需经过承包商同意；业主或业主代表对设计的管理比新黄皮书宽松，但是对工期和费用索赔管理是极为严格的，这也是EPC合同订立的初衷。

(四)《简明合同格式》(绿皮书)

1.《简明合同格式》的适用范围

FIDIC编委会编写绿皮书的宗旨在于使该合同范本适用于投资规模相对较小的民用和土木工程，例如：

(1)造价在500 000美元以下以及工期在6个月以下。

(2)工程相对简单，不需专业分包合同。

(3)重复性工作。

(4)施工周期短。

承包商根据业主或业主代表提供的图纸进行施工。当然，《简明合同格式》也适用于部分或全部由承包商设计的土木电气、机械和建筑设计的项目。类似银皮书关于管理模式的条款，"工程师"一词也没有出现在合同条件里。这是因为在相对直接和简单的项目中，工程师的存在没有必要性。当然，如果业主愿意，仍然可以任命工程师。

鉴于绿皮书短小、简单、易于被用户掌握，编委会强烈希望绿皮书能够被非英语系国家翻译成其母语，从而得到广泛应用。此外，对发展中国家、欠发达国家和在世界范围邀请招标的项目，绿皮书也被推荐使用。

2.《简明合同格式》的主要特点

(1)简单。正如绿皮书的名字一样，本合同格式的最大特点就是简单，合同条件中的一些定义被删除了而另一些被重新解释；专用条件部分只有题目没有内容，仅当业主认为有必要时才加入内容；没有提供履约保函的建议格式；同时，文件的协议书中提供了一种简单的"报价和接受"的方法以简化工作程序，即将投标书和协议书格式合并为一个文件，业主在招标时在协议书上写好适当的内容，由承包商报价并填写其他部分，如果业主决定接受，就在该承包商的标书上签字，当返还的协议书到达承包商处时，合同即生效。

(2)业主方面。合同条件中关于"业主批准"的条款只有两款，从而在一定程度上避免了承包商将自己的风险转移给业主；通过简化合同条件，将承包商索赔的内容都合并在一个条款中；同时，提供了多种变更估价和合同估价方式以供选择。

(3)承包商方面。在竣工时间、工程接收、修补缺陷等条款方面，也和其他合同文本有一定的差异。

第二节　一般权利和义务条款

一、施工合同中的部分重要概念

(一)合同与合同文件

合同指合同协议书、中标函、投标函、合同条件、规范、图纸、资料表以及合同协议书或中标函中列出的其他文件。这里的合同实际上是全部合同文件的总称。

(1)合同协议书。业主发出中标函的28日内，接到承包商提交的有效履约保证后，双方签署的法律性标准化格式文件。

(2)中标函。业主签署的对投标书的正式接受函，可能包含作为备忘录记载的合同签订前谈判时可能达成一致并共同签署的补遗文件。

(3)投标函。承包商填写并签字的法律性投标函和投标函附录，包括报价和对招标文件及合同条款的确认文件。

(4)合同专用条件。

(5)合同通用条件。

(6)规范。这里所说的规范指承包商履行合同义务期间应遵循的准则，也是工程师进行合同管理的依据，即合同管理中通常所称的技术条款。

(7)图纸。图纸包括项目实施过程中的工程图纸以及由业主按照合同发出的任何补充和修改的图纸。

(8)资料表。资料表包括合同中名为资料表的文件，由承包商填写并随投标书一起提交的资料文件，此文件可包括工程量表、数据、列表、费率或价格表。

(二)合同履行中涉及的几个时间概念

(1)基准日期。基准日期指投标截止日期前第28天的日期。

(2)开工日期。按合同规定，开工日期若在合同中没有明确规定具体的时间，则开工日期应在承包商收到中标函后的42日内，由工程师在这个日期前7日通知承包商，承包商在开工日后应尽可能快地施工。

(3)合同工期。合同工期是所签合同内注明的完成全部工程或分步移交工程的时间，加上合同履行过程中非承包商责任导致变更和索赔事件发生后工程师批准顺延工期之和。合同内约定的工期指承包商在投标书附录中承诺的竣工时间。合同工期的日历天数作为衡量承包商是否按合同约定期限履行施工义务的标准。

(4)施工期。施工期指从工程师按合同约定发布的“开工令”中指明的应开工之日起到工程接收证书注明的竣工日止的日历天数。用施工期与合同工期比较，判定承包商的施工是提前竣工还是延误竣工。

(5)缺陷通知期。缺陷通知期指自工程接收证书中写明的竣工日开始到工程师颁发履约证书为止的日历天数。设置缺陷通知期的目的是检验工程在动态运行条件下是否达到了合同技术规范的要求。因此，在这段时期内，承包商除应继续完成在接收证书上写明的扫尾工作外，还应对工程由于施工原因所产生的各种缺陷负责维修，维修费用由缺陷责任方承担。

【提示】 合同工程的缺陷通知期及分阶段移交工程的缺陷通知期，应在专用条件内具体约定。次要部位工程通常为半年，主要工程及设备大多为一年，个别重要设备也可以约定为一年半。

(6)合同有效期。合同有效期包括施工期、缺陷通知期等。自合同签字之日起到承包商提交给业主的“结清单”生效日为止，施工承包合同对业主和承包商均具有法律约束力。颁发履约证书只是表示承包商的施工义务终止，合同约定的权利、义务并未完全结束，还剩有管理和结算等手续。结清单生效是指业主已按工程师签发的最终支付证书中的金额付款，并退还承包商的履约保函。结清单一经生效，承包商在合同内享有的索赔权利也自行终止。

(三)合同价格

通用条件中分别定义了“接受的合同款额”和“合同价格”的概念。“接受的合同款额”指业主在“中标函”中对实施、完成和修复工程缺陷所接受的金额，来源于承包商的投标报价并对其确认。“合同价格”则指按照合同各条款的约定，承包商完成建造和保修任务后，对所有合格工程有权获得的全部工程款。最终结算的合同价可能与中标函中注明的接受合同款额不相等。

1. 合同类型特点

《施工合同条件》适用于大型复杂工程采用单价合同的承包方式。为了缩短建设周期，通常在初步设计完成后就开始施工招标，在不影响施工进度的前提下陆续发放施工图。因此，承包商一般据以报价的工程量清单中各项工作内容项下的工程量为概算工程量。合同履行过程中，承包商实际完成的工程量可能多于或少于清单中的估计量。单价合同的支付原则是，按承包商实际完成工程量乘以清单中相应工作内容的单价，结算该部分工作的工程款。

2. 可调价合同

大型复杂工程的施工期较长，通用条件中包括合同工期内因物价变化对施工成本产生影响后计算调价费用的条款，每次支付工程进度款时均要考虑约定可调价范围内项目当地市场价格的涨落变化。而这笔调价没有包含在中标价格内，仅在合同条款中约定了调价原则和调价费用的计算方法。

3. 发生应由业主承担风险责任的计算方法

合同履行过程中，可能因业主的行为或其他应由业主承担风险责任的事件发生后，导致承包商增加施工成本，合同相应条款都规定业主应对承包商受到的实际损害给予补偿。

4. 承包商的质量责任

合同履行过程中，如果承包商没有完全或正确地履行合同义务，业主可凭工程师出具的证明，从承包商应得工程款内扣减该部分给业主带来损失的款额。合同条件内明确规定的情况如下：

(1)不合格材料和工程的重复检验费用由承包商承担。工程师对承包商采购的材料和施工的工程通过检验后发现质量没达到规定的标准，承包商应自费改正并在相同条件下进行重复检验，重复检验所发生的额外费用由承包商承担。

(2)承包商没有改正忽视质量的错误行为。当承包商不能在工程师限定的时间内将不合格的材料或设备移出施工现场，以及在限定时间内没有或无力修复缺陷工程时，业主可以雇用其他人来完成，该项费用应从承包商处扣回。

(3)折价接收部分有缺陷工程。某项处于非关键部位的工程施工质量未达到合同规定的标准，如果业主和工程师经过适当考虑后确信该部分的质量缺陷不会影响总体工程的运行安全，为了保证工程按期发挥效益，可以与承包商协商后折价接收。

5. 承包商延误竣工或提前竣工

(1)延误竣工。签订合同时双方需约定日拖期赔偿和最高赔偿限额。如果因承包商的原因使竣工时间迟于合同工期，将按日拖期赔偿额乘以延误天数计算拖期违约赔偿金，但以约定的最高赔偿限额为赔偿业主延迟发挥工程效益的最高款额。

如果合同内规定有分阶段移交的工程，在整个合同工程竣工日期以前，工程师已对部分阶段移交的工程颁发了工程移交证书，且证书中注明的该部分工程竣工日期未超过约定的分阶段竣工时间，则全部工程剩余部分的日拖期违约赔偿额应相应折减。折减的原则是，将拖延竣工部分的合同金额除以整个合同工程的总金额所得比例乘以拖期赔偿额，但不影响约定的最高赔偿限额。

(2)提前竣工。承包商通过自己的努力使工程提前竣工是否应得到奖励，在施工合同条件中列入可选择条款一类。业主要看提前竣工的工程或区段是否能让其得到提前使用的收益，而决定该条款的取舍。如果招标工作内容仅为整体工程中的部分工程且这部分工程的提前完成不能单独发挥效益，则没有必要鼓励承包商提前竣工，可以不设奖励条款。若选用奖励条款，则需要在专用条件中具体约定奖金的计算办法。

【说明】 当合同内约定有部分区段工程的竣工时间和奖励办法时，为了使业主能够在完成全部工程之前占有并启用工程的某些区段使其提前发挥效益，约定的区段完工日期应固定不变。也就是说，不因该区段的施工过程中出现非承包商应负责原因，工程师批准顺延合同工期而对计算奖励的应竣工时间予以调整(除非合同中另有规定)。

6. 包含在合同价格之内的暂定金额

某些项目的工程量清单中包括"暂定金额"款项，尽管这笔款额计入合同价格，但其使用却归工程师控制。暂定金额实际上是一笔业主方的备用金，工程师有权依据工程进展的实际需要，将用于施工或提供物资、设备以及技术服务等内容的开支，作为供意外用途的开支。工程师有权全部使用、部分使用或完全不用。工程师可以发布指示，要求承包商或其他人完成暂定金额项内开支的工作。因此，只有当承包商按工程师的指示完成暂定金额项内开发的工作任务后，才能从其中获得相应支付。由于暂定金额是用于招标文件规定承包商必须完成的承包工作之外的费用，承包商报价时不将承包范围内发生的间接费、利润、税金等摊入其中，因此承包商未获得暂定金额的支付并不损害其利益。

(四)指定分包商

1. 指定分包商的概念

指定分包商是指由业主和工程师挑选或指定的，进行与工程实施、货物采购等工作有关的特定工作内容的分包商。合同条款规定，业主有权将部分工程项目的施工任务或涉及提供材料、设备、服务等工作内容发包给指定分包商实施。

合同内规定有承担施工任务的指定分包商，大多因业主在招标阶段划分合同包时，考虑到某部分施工的工作内容有较强的专业技术要求，一般承包单位不具备相应的能力，但如果以一个单独的合同对待又限于现场的施工条件或合同管理的复杂性，工程师无法合理地进行协调管理，为避免各独立合同之间的干扰，只能将这部分工作发包给指定分包商实施。由于指定分包商是与承包商签订分包合同，因而在合同关系和管理关系方面与一般分包商处于同等地位，对其施工过程中的监督、协调工作纳入承包商的管理之中。

2. 指定分包商的特点

指定分包商与一般分包商相比，主要差异体现在以下几个方面：

(1)选择分包单位的权力不同。承担指定分包工作任务的单位由业主或工程师选定，而一般分包商则由承包商选择。

(2)分包合同的工作内容不同。指定分包工作属于承包商无力完成，不属于合同约定应由承包商必须完成范围之内的工作，即承包商投标报价时没有摊入间接费、管理费、利润、税金的工作，因此不损害承包商的合法权益。而一般分包商的工作则为承包商承包工作范围的一部分。

(3)工程款的支付开支项目不同。为了不损害承包商的利益，给指定分包商的付款应从暂列金额内开支。而对一般分包商的付款，则从工程量清单中相应工作内容项内支付。

(4)业主对分包商利益的保护不同。尽管指定分包商与承包商签订分包合同后，按照权利义务关系，分包商直接对承包商负责，但由于指定分包商终究是业主选定的，而且其工程款的支付从暂列金额内开支，因此在合同条件内列有保护指定分包商的条款。通用条件规定，承包商在每个月末报送工程进度款支付报表时，工程师有权要求他出示以前已按指定分包合同给指定分包商付款的证明。如果承包商没有合法理由而扣押了指定分包商上个月应得工程款，业主有权按工程师出具的证明从本月应得款内扣除这笔金额直接付给指定分包商。对于一般分包商则无此类规定，业主和工程师不介入一般分包合同履行的监督。

(5)承包商对分包商违约行为承担责任的范围不同。除非由于承包商向指定分包商发布了错误的指示要承担责任外，对指定分包商的任何违约行为给业主或第三者造成损害而导致索赔或诉讼，承包商不承担责任。如果一般分包商有违约行为，业主可将其视为承包商的违约行为，按照主合同的规定追究承包商的责任。

3. 指定分包商的选择

特殊专项工作的实施要求指定分包商拥有某方面的专业技术或专门的施工设备、独特的施工方法。业主和工程师往往根据所积累的资料、信息，也可能依据以前与之交往的经验，对其信誉、技术能力、财务能力等比较了解，通过议标方式选择。若没有理想的合作者，也可以就这部分承包商不善于实施的工作内容，采用招标方式选择指定分包商。

业主选择指定分包商的基本原则是：必须保护承包商的合法利益不受侵害。因此，当承包商有合法理由时，有权拒绝某一单位作为指定分包商。

【注意】 为了保证工程施工的顺利进行，业主选择指定分包商时应首先征求承包商的意见，不能强行要求承包商接受其有理由反对的，或是拒绝与承包商签订保障承包商利益不受损害的分包合同的指定分包商。

二、业主的权利和风险分担

(一)业主的权利

《施工合同条件》第 2 条关于业主的权利有以下四项：

1. 进入现场的权利

进入现场的权利是指承包商进入和占用施工现场的权利，就是业主向承包商提供现场的义务。其主要内容为：业主应按投标函附录规定的时间向承包商提供现场，如果投标函附录没有规定，则依据承包商提交给业主的进度计划，按照施工要求的时间来提供。业主提供现场的时间以不影响开工或按工程师批准的施工进度计划进行施工准备为原则。本款中同时规定，如果业主没有在规定的时间内提供现场，致使承包商受到损失(包括经济和工期两个方面)，承包商应通知工程师，提出经济和工期索赔，而且还可以增加合理的利润。

如果合同规定业主还应向承包商提供有关设施，如道路、基础、构筑物、设备等，则业主也应按合同规定的方式和时间提供。另外本款还提到，承包商对现场可能没有专用权，即同一场地上还可能有其他承包商。

2. 许可证、执照或批准

国际工程中，承包商的若干工作可能涉及许可证等工程所在国的有关机构批复的文件，而有业主的协助往往能较顺利地取得这些文件，因此，国际工程合同条件中往往有业主协助承包商获得这些文件的规定。本款规定：如果业主能做到，应帮助承包商获得工程所在国(一般是建设单位国)的有关法律文本，在承包商申请业主国法律要求的许可证、执照或批准时给予协助，这些文件可能包括承包商的劳工许可证、物资进出口许可证、营业执照、安全及环保等方面的许可。

【注意】 取得任何执照和批准等的责任在承包商一方，这里规定的是业主"合理协助"，至于协助到什么程度，往往取决于承包商与业主的关系协调程度和项目的进展情况。

3. 建设单位的人员

顺利地实施和完成合同工程是业主和承包商的共同目的，工程现场作业的复杂性也要求合同各方人员在施工现场必须密切配合，才能使现场施工有序进行。

为了保证项目各方的合作，本款规定：

(1)业主应保证其人员配合承包商的工作；

(2)业主应保证其人员遵守关于项目安全与环保的规定。

4. 业主的资金安排

当今国际工程市场上，业主拖欠承包商工程款的现象时有发生，这不仅直接损害承包商的经济利益，也影响到承包商履约的积极性。为了减少工程款拖欠现象的发生，提高合同双方的履约水平，本项对业主的资金安排提出了相关规定：如果承包商提出要求，业主应在 28 日内向承包商提供合理证据，证明其工程款资金到位，有能力按合同规定向承包商支付；如果业主对自己的资金安排要做出大的变动，应通知承包商，并说明详细情况。

一般情况下，业主提供的合理证据应为银行证明之类的文件。本款的规定是业主的资金要有一定的透明度，也就是规定了承包商对业主的资金情况有一定的知情权，以此来增强承包商履约的信心。

业主的权利除了本条规定的四项外，还有"规范和图纸""支付"两项，是在其他条款中规定的，它们同样重要。

(二)业主的风险分担义务

国际工程的实施是十分复杂的管理过程，而且一般履约时间很长，涉及不同国家合同双方的经济利益乃至公司的声誉，因而在工程实施过程中合同双方常常会发生矛盾和争端。为了使工程实施顺利进行，在工程实施之前签订一份公平合理的合同就非常重要。而一份好的合同条件应该是既鼓励合同双方合作完成项目，又对各方的职责和义务有明确的规定和要求，其中一个重要的原则就是在业主和承包商之间合理分配风险。

所谓风险分担，就是将工程实施过程中所有可能预见及不可预见的各种风险都表明在合同的条款中。然而由于工程建设外部环境可变因素多，将各种风险都表明得十分准确清晰几乎不可能，也就是说有些风险分担是隐含在合同条件的非风险条款中的。严格地说，业主与承包商的风险划分贯穿在整个合同的规定之中，任何合同条件条款所规定的风险只是较为明显的基本风险。

《施工合同条件》中关于业主承担的风险包括下列几项：

(1)战争以及敌对行为；

(2)工程所在国内部起义、恐怖活动、革命等内部战争和活动；

(3)非承包商(包括其分包商)人员造成的骚乱和混乱等；

(4)军火和其他爆炸性材料、放射性物质造成的离子辐射或污染等造成的威胁，但承包商使用此类物质导致的情况除外；

(5)飞机以及其他飞行器造成的压力波；

(6)业主占有或使用部分永久工程(合同明文规定的除外)；

(7)业主方负责的工程设计；

(8)一个有经验的承包商也无法合理预见并采取措施来防范的自然力的作用。

【提示】 在“费用变更的调整”“支付货币”等条款中包含经济风险；在“立法变更的调整”条款中包含法律风险。

三、承包商的义务和权利

(一)承包商的义务

在 FIDIC《施工合同条件》规定的工程施工管理模式中，业主、工程师、承包商三位一体决定着项目建设过程的成败，而工程的具体实施者是承包商，所以，合同条件中对承包商的义务规定得多而具体。

1. 承包商的一般义务

承包商应根据合同和工程师的指令进行施工和修复缺陷，应提供实施工程期间所需的一切人员、物品、合同规定的永久设备和文件，并对现场作业及施工方法的安全性和可靠性负责，对其文件、临时工程以及永久设备和材料的设计负责。工程师随时可以要求承包商提供施工方法和安排等内容，如果承包商随后要修改，应事先通知工程师；如果合同要求承包商负责设计某部分永久工程，则承包商应按合同规定的程序向工程师提交有关设计的文件，文件应符合规范和图纸并用合同规定语言书写，同时要提交工程师为了协调所需要的附加资料。承包商应对其设计的部分负责，并在竣工检验开始之前向工程师提交竣工文件和操作维护手册，否则对该部分工程不能认为已完工和进行验收。

2. 履约保证

承包商应自费按投标函规定的金额和货币办理履约保证，并在收到中标函之后的 28 日内将履约保证提交给业主且同时抄报给工程师。开出履约保证的机构应得到业主的批准，并来自工程所在国或建设单位所属国家批准的其他辖区。履约保证格式应采用专用条件后所附的范例格式或业主批准的其他格式。承包商应保证，在工程全部竣工和修复缺陷之前，履约保证保持一直有效并能被执行，如果履约保证中条款规定了有效期，而承包商在有效期届满之前的 28 日前仍拿不到履约证书，应将履约保证的有效期相应延长到工程完工和缺陷修复为止，业主在收到工程师签发的履约证书 21 日内将履约保证退还给承包商。

3. 承包商的代表

这里所说的“承包商的代表”相当于我国建设工程中的施工项目经理，即代表承包商在施工现场行使职权的个人。本条款就是专门规定对承包商代表的要求。

承包商应任命承包商的代表并赋予其在执行合同中的一切必要权利。承包商的代表可以在合同中事先指定，也可以在开工之前提出人选请工程师批准，若工程师不同意，则承包商须另提出人选供工程师选择。没有工程师的同意，承包商不得私自更换承包商的代表。承包商的代表应把其全部时间用于在现场管理其队伍的工作，如果需要临时离开项目现场，应指派他人代其履行有关职责，替代人选应经工程师同意。承包商的代表应代表承包商接收工程师的各项指令，承包商的代表可以将他的权利和职责委托给其有能力的下属，并可随时撤回，但此类委托和撤回必须通知工程师后才会生效，被委托的权利和职责在通知中写清楚，承包商的代表和被委托权利的关键职员应能流利地使用合同规定的主导语言来交流。

4. 分包商

承包商不得将整个工程分包出去，承包商应为分包商的一切行为和过失负责，承包商的材料供应商以及合同中已经指明的分包商无须经工程师同意，其他分包商则须经过工程师的同意。承包商应至少提前 28 日通知工程师分包商计划开始分包工作的日期以及开始现场工作的日期。承包商与分包商签订分包合同时应加入有关规定，使得分包合同能够在特定的情况下转让给建设单位。

5. 分包合同权益的转让

如果有关的缺陷通知期届满之日分包商的义务还没有结束，工程师可以在该日期之前指示承包商将从此类义务中获得的权益转让给建设单位，承包商应照办，如果在转让中没有特别说明，承包商不对分包商在转让之后实施的工作向业主负责。

【提示】“有关的缺陷通知期”指的是主合同下涉及分包工作内容的缺陷通知期。

6. 合作

如果在现场或现场附近还有其他方的人员工作，如业主的人员、建设单位的其他承包商的人员、某些公共当局的工作人员，承包商应按照合同规定或工程师的指令为他们提供合理的工作机会，如果工程师的指令导致了承包商某些不可预见的费用，则该指令构成了变更。承包商向上述人员提供的服务可能包括让对方使用承包商的设备、临时工程，以及负责他们进入现场的安排。根据合同，如果要求业主按照承包商的文件给予承包商占用某些基础、结构、厂房或通行手段，承包商应按照合同中规定的方式向工程师提供此类文件。

7. 放线

承包商应按照合同规定的或工程师通知的原始数据放线，并负责工程各个部分的准确定位，如果工程的位置、标高、尺寸、准线等出了差错，承包商应负责修正；如果业主提供的原始数据出现错误，则业主方应负责，但承包商在使用这些数据之前应“使用合理的努力”来核实这些数据的准确性；如果业主提供的原始数据出现问题，一个有经验的承包商也无法合理发现，并且无法避免有关延误和费用，则承包商应通知工程师，并按照索赔条款索赔工期、费用和利润。工程师接到承包商的通知之后，应和双方商定或自行决定此类错误承包商是否事先可合理发现，若不能，应同意承包商延长工期、费用和利润索赔的要求。

8. 安全措施

承包商应遵守一切适用的安全规章，努力保持现场井然有序，避免出现障碍物对人身安全造成威胁。在工程被业主验收之前，承包商应在现场提供围栏、照明、保安等。如果承包商的施工影响到公众以及毗邻财产的所有者或用户的安全，则必须提供必要的防护设施。

9. 质量保证

承包商应编制一套质量保证体系，表明其遵守合同的各项要求。该质量保证体系应依据合同规定的各项内容来编制，工程师有权审查该体系各个方面的内容。在每项设计和实施开始之前，所有具体工作程序和执行文件应提交给工程师，供其参阅。在向工程师提交任何技术文件时，该文件中应有承包商自己内部已经批准的明确标志。执行质量保证体系并不解除承包商在合同中的任何义务和责任。

10. 现场数据

业主应将自己掌握的现场水文、地质及环境情况的一切相关数据在基准日期之前提供给承包商，供其参考。业主在基准日期之后获得的一切数据也应同样提供给承包商。在时间和费用允许的条件下，承包商应在投标前调查清楚影响投标的各种风险因素和意外事件等，还应对现场及其周围环境进行调查，同时对建设单位提供的有关数据和其他资料等进行查阅和核实。承包商了解的内容具体包括以下几点：

(1)现场地形条件和地质条件；

(2)水文气候条件；

(3)工程范围以及完成相应工作量所需要的各类物质；

(4)工程所在国的法律及行业惯例，包括雇用当地工人的习惯做法；

(5)承包商对各项施工条件的需求，包括现场交通条件、人员和食宿、水电以及有关设施。

11. 道路通行权、设施使用权及避免干扰

承包商应自费获得所需要的特别或临时道路的通行权，包括进入现场的道路等，如果承包商施工需要，也应自费去获得现场以外的设施的使用权，并自担风险。不管这些道路是公共道路或者是业主和他人的私人道路，承包商不得干扰公众的便利，也不得干扰人们对任何道路的正常使用，但如果因施工不得已而为之，则应该控制在必要和恰当的范围内。如果因承包商不必要和不恰当地干扰他人招致任何赔偿或损失，则应由承包商自行承担，业主方不受由此招致的任何影响，如各类赔偿费、法律方面的费用等。

12. 进场路线、货物运输、承包商的设备

承包商应了解清楚进场路线，并了解清楚此类道路的适宜性。承包商应努力避免来回运输对道路和桥梁可能造成的损害，应使用合适的运输工具和合适的路线。承包商对其使用的通道自行负责维修，并在经政府主管部门同意之后，沿进场道路设置警示牌和路标。业主对因使用有关进场道路引起的索赔不负责任，也不保证一定有适宜的通行道路，如果没有现成的适宜道路供承包商使用，承包商自己承担为此付出的费用。

承包商应提前21日将准备运进现场的永久设备和其他重要物品通知工程师。一切货物包装、装卸、运输、接收、储存和保护，均由承包商负责，如果货物的运输导致其他方提出索赔，承包商应保证业主不会因此受到损失，并自行去和索赔方谈判，支付有关索赔款。

承包商应对自己的一切施工设备负责，承包商的施工设备运到现场之后，就应视为专用于该工程，没有工程师的同意，承包商不得将任何主要设备运出现场，但来往运输承包商人员的交通车辆的进出不受此限。

13. 环境保护

承包商采取一切的合理措施保护现场内外的环境，并控制好其施工产生的噪声、污染等，以减少对公众人身财产造成的损害。承包商应保证其施工活动向空气中排放的散发物、地面排污等既不超过规范中规定的指标，也不超过相关法律规定的指标。

14. 电、水和燃气

除明文规定外，承包商应自己负责提供施工所需要的水、电、燃气等服务设施。为了施工，承包商有权使用现场已有的水、电、燃气等设施，自担风险，但应按合同规定的价格和条件支付给业主费用。承包商应负责提供计量仪器来计量其耗量，其耗量以及应支付给业主的使用费由工程师根据有关规定与双方商定或自行决定，承包商应向业主支付此类款项。

15. 进度报告、现场安排、承包商的现场作业

月进度报告由承包商编写，并提交给工程师，一式 6 份。第一份月进度计划报告覆盖的时间范围是从开工之日起到第一个日历月末，之后每月提交一次，提交的时间为下月 7 日以前，月进度报告一直持续到承包商完成一切扫尾工作为止。

承包商应负责将没有得到授权的人员阻止于现场以外，有权进入现场的人员仅限于业主的人员、承包商的人员，以及业主或工程师通知承包商允许进入现场的其他承包商的人员。

承包商应将自己的施工作业限制在现场范围以内，在工程师同意后，也可另外征地作为附加工作区域，承包商的设备和人员只准处于这些区域，不得越界到毗邻土地。施工过程中，承包商应保证现场井井有条，没有不必要的障碍物，施工设备和材料应妥善存放。验收证书签发后，承包商应清理好相关现场，使现场处于“整洁和安全”状态。

16. 文物和遗址

在现场发现的任何有价值的文物和遗址应归于建设单位看管，处置权也属于业主。承包商应采取合理措施，防止他人肆意移动和损害发现的文物。承包商在现场发现文物后，应立即通知工程师，工程师应签发处理该文物的指令。若承包商因上述情况遭受延误和多开支了费用，工程师收到索赔后，应按程序进行理赔工作。

(二)承包商的权利

1. 承包商终止合同的权利

(1)在合同的履行过程中，如果出现了以下情况，承包商可以选择终止合同来维护自己的利益。

1)业主不提供资金证明，承包商发出暂停工作的通知，而通知发出后 42 日内，仍没有收到任何合理证据。

2)工程师在收到报表和证明文件后 56 日内没有签发有关支付证书。

3)承包商在期中支付款到期后的 42 日内仍没有收到该笔款项。

4)业主严重不履行其合同义务。

5)业主不按合同规定签署合同协议书，或违反合同转让的规定。

6)工程师暂停工程的时间超过 84 日，而在承包商的要求下在 28 日内又没有同意复工，如果暂停的工作影响到整个工程时，承包商有权终止合同。

7)业主已经破产、被清算或已经无法再控制其财产等。

(2)责任承担。承包商终止合同的责任在业主，因而业主应承担一切责任，如支付违约金、赔偿金等，承包商在合同中应有的权利不受影响。当然承包商此时也应尽一定的义务，如停止下一步的工作，应保护生命财产和工程的安全，凡是得到了支付的承包商的文件、永久设备、材料，都应移交给业主。

2. 承包商索赔的权利

如果业主履行合同不当或出现应由业主承担责任的风险事件，给承包商造成损失的，承包商可就损失向业主进行工期或者费用的索赔。

第三节　控制性条款

一、施工质量控制条款

1. 承包商的质量体系

通用条件规定，承包商应按照合同的要求建立一套质量管理体系，以保证施工符合合同要求。在每一工作阶段开始实施之前，承包商应将所有工作程序的细节和执行文件提交工程师，供其参考。工程师有权审查质量体系的任何方面，包括月进度报告中包含的质量文件，对不完善之处可以提出改进要求。由于保证工程的质量是承包商的基本义务，因而其遵守工程师认可的质量体系施工，并不能解除依据合同应承担的任何职责、义务和责任。

2. 现场资料

承包商的投标书表明其在投标阶段对招标文件中提供的图纸、资料和数据进行过认真审查和核对，并通过现场考察和质疑，已取得了对工程可能产生影响的有关风险、意外事故及其他情况的全部必要资料。承包商对施工中涉及以下相关事宜的资料应有充分的了解：

(1)现场的现状和性质，包括资料提供的地表以下条件。

(2)水文和气候条件。

(3)为实施和完成工程及修复工程缺陷约定的工作范围和性质。

(4)工程所在地的法律、法规和雇用劳务的习惯做法。

(5)承包商要求的通行道路、食宿、设施、人员、电力、交通、供水及其他服务。

业主同样有义务向承包商提供基准日后得到的所有相关资料和数据。无论是招标阶段提供的资料还是后续提供的资料，业主应对资料和数据的真实性和正确性负责，但对承包商依据资料的理解、解释或推论导致的错误不承担责任。

3. 对工艺、材料、设备的质量控制

(1)承包商应以合同中规定的方法，按照公认的良好惯例，以恰当、熟练和谨慎的方式，使用适当装备的设施以及安全材料，进行永久设备的制造、材料的制造和生产，并实施所有其他工程。

在工程中或为工程使用某种材料之前，承包商应向工程师提交：制造商的材料标准样本和合同中规定的样本(由承包商自费提供)，以及工程师指示作为变更增加的样本等资料，以获得同意。每件样本都应标明其原产地以及在工程中的预期使用部位。

(2)合同条件规定承包商自有的施工机械、设备、临时工程和材料(不包括运送人员和材料的运输设备)，一经运抵施工现场后就被视为专门为本合同工程施工所用。没有工程师的同意，承包商不得将任何主要的承包商的设备移出现场。

某些使用台班数较少的施工机械在现场闲置期间，如果承包商的其他工程需要使用，可以向工程师申请暂时运出。当工程师依据施工计划考虑该部分机械暂时不用同意运出时，应同时指示何时必须运回以保证本工程施工之用，要求承包商遵照执行。对后期不再使用的设备，经工程师批准后承包商可以提前撤出工地。

【提示】 若工程师发现承包商使用的施工设备影响了工程进度或施工质量，有权要求承包商增加或更换施工设备，由此增加的费用和工期延误责任由承包商承担。

4. 工程质量的检查和检验

为了保证工程的质量，通用条件对质量的检查与检验分别做了不同的要求和规定。

(1)工程质量检查。业主的人员有权在一切合理的时间内进入现场以及项目设备和材料的制造基地检查、测量永久性设备和材料的用材及制造工艺和进度，承包商应予以配合协助，即规定了业主的人员有权进入现场进行跟踪检查。任何一项隐蔽工程在隐蔽之前，承包商应通知工程师验收，工程师不得无故延误，如果工程师不进行检查应及时通知承包商。如果承包商没有通知工程师检查，工程师有权要求承包商自费打开已经覆盖的工程供其检查，并自己恢复原状。

(2)工程质量检验。合同明文规定要检验的项目均应检验，同时还可能包括工程师要求的额外检验，即超出约定的检验，检验相关的费用应由此额外检验的结果来判定，若合格，则业主承担责任，不合格则承包商承担责任。承包商应为检验提供服务，主要包括人员、设施仪器、消耗品等。

对于永久设备、材料及工程的其他部分检验，承包商与工程师应提前商定检验的时间和地点，若工程师参加检验，应在此时间前24小时告知承包商，若工程师不参加，承包商可以自行检验，查验结果有效，等同于工程师在场。

在检验中若发现设备、材料、工艺有缺陷或不符合合同的要求，工程师可以要求承包商更换或修改，承包商应按要求予以更换或修改，直到达到规定的要求；若承包商更换的材料或设备需重新检验的，应当在同一条件下重新检验，所需的检验费用应由承包商承担。

对于检查、检验过的材料、设备或工艺等，若事后工程师发现仍存在问题，则工程师有权做出指示，要求对此做出补救工作，若承包商不执行工程师的指示，业主可以雇人来完成相关的工作，此费用一般从承包商的保留金中开支。即工程师的认可和批准，不解除承包商的任何合同责任和义务，承包商是质量的责任人，他应向业主提供符合合同约定的工程。

二、施工进度控制条款

1. 开工

承包商应在合同约定的日期或接到中标函后的42日内(合同未作约定)开工，工程师则应至少提前7日通知承包商开工日期。

2. 进度计划

承包商在收到开工通知后的28日内，按工程师要求的格式和详细程度提交施工进度计划，说明为完成施工任务而打算采用的施工方法、施工组织方案、进度计划安排，以及按季度列出根据合同预计应支付给承包商费用的资金估算表。

合同履行过程中，一个准确的施工计划对合同涉及的有关各方都有重要的作用，不仅要求承包商按计划施工，而且工程师也应按计划做好保证施工顺利进行的协调管理工作，同时也是判定业主是否延误移交施工现场、迟发图纸以及其他应提供的材料、设备，成为影响施工进度计划并应承担责任的依据。

3. 暂停施工

建设工程项目施工过程中，工程师可随时指示承包商暂停进行部分或全部工程施工。暂停期间，承包商应保护、保管以及保障该部分或全部工程免遭任何损蚀、损失或损害。工程师还应通知停工原因。

如果工程师提出暂停施工是业主或非承包商的原因，给承包商造成了工期和费用损失，则业主应给予补偿；相反，若暂停施工是由承包商的原因造成的，则承包商得不到相应的补偿。

暂停施工已持续 84 日以上，承包商可要求工程师同意复工。若发出请求后 28 日内工程师未给予许可，则承包商可以把暂停影响到的工程视为变更和调整条款中所述的删减。如果此类暂停施工影响到整个工程，承包商可向业主提出终止合同的通知。

4. 追赶施工进度

工程师认为整个工程或部分工程的施工进度滞后于合同内竣工要求的时间时，可以下达赶工指示。承包商应立即采取经工程师同意的必要措施加快施工进度。发生这种情况时，也要根据赶工指令的发布原因，决定承包商的赶工措施是否应该给予补偿。在承包商没有合理理由延长工期的情况下，如果这些赶工措施导致业主产生了附加费用，承包商除向业主支付误期损害赔偿费(如有时)外，还应支付该笔附加费用。

5. 顺延合同工期

通用条件的条款中规定可以给承包商合理延长合同工期的条件，通常可能包括以下几种情况：

(1)延误发放图纸。

(2)延误移交施工现场。

(3)承包商依据工程师提供的错误数据导致放线错误。

(4)不可预见的外界条件。

(5)施工中遇到文物和古迹而对施工进度的干扰。

(6)由非承包商原因检验导致施工的延误。

(7)发生变更或合同中实际工程量与计划工程量出现实质性变化。

(8)施工中遇到有经验的承包商不能合理预见的异常不利气候条件影响。

(9)由于传染病或政府行为导致工期的延误。

(10)施工中受到业主或其他承包商的干扰。

(11)施工涉及有关公共部门原因引起的延误。

(12)业主提前占用工程导致对后续施工的延误。

(13)非承包商原因使竣工检验不能按计划正常进行。

(14)后续法规调整引起的延误。

(15)发生不可抗力事件的影响。

三、施工费用控制条款

(一)预付款

1. 动员预付款

动员预付款是指业主为了帮助承包商解决施工前期开展工作时的资金短缺，从未来的工程款中提前支付的一笔款项。合同工程是否有预付款，以及预付款的金额多少、支付(分期支付的次数及时间)和扣还方式等均要在专用条款内约定。通用条件内针对预付款金额不少于合同价 22%的情况规定了管理程序。

(1)预付款的支付。预付款的数额由承包商在投标书内确认。承包商需首先将银行出具的履约保函和预付款保函交给业主并通知工程师，工程师在 21 日内签发"预付款支付证书"，业主按合同约定的数额和外币比例支付预付款。预付款保函金额始终保持与预付款等额，即随着承包商对预付款的偿还逐渐递减保函金额。

(2)预付款的扣还。预付款在分期支付工程进度款的支付中按百分比扣减的方式偿还。

1)起扣：自承包商获得工程进度款累计总额达到合同总价(减去暂列金额)10%那个月起扣。

2)每次支付时的扣减额度：本月证书中承包商应获得的合同款额(不包括预付款及保留金的扣减)中扣除 25%作为预付款的偿还，直至还清全部预付款。即

每次扣还金额=(本次支付证书中承包商应获得的款额－本次应扣的保留金)×25%

2. 设备和材料的预付款

由于合同条件是针对包工包料承包的单价合同编制的，因此规定由承包商自筹资金采购工程材料和设备，只有当材料和设备用于永久工程后，才能将这部分费用计入工程进度款内结算支付。通用条件的条款规定，为了帮助承包商解决订购大宗主要材料和设备所占用资金的周转，订购物资经工程师确认合格后，按发票价值的 80%作为材料预付的款额，包括在当月应支付的工程进度款内。双方也可以在专用条款内修正这个百分比，目前施工合同的约定通常在 60%～90%。

(1)承包商申请支付材料预付款。

(2)工程师核查提交的证明材料。预付款金额为经工程师审核后实际材料价格乘以合同约定的百分比，包括在月进度付款签证中。

(3)预付材料款的扣还。材料不宜大宗采购后在工地储存时间过久，避免材料变形或锈蚀，应尽快用于工程。通用条款规定，当已预付款项的材料或设备用于永久工程，构成永久工程合同价格的一部分后，在计量工程量的承包商应得款内扣除预付的款项，扣除金额与预付金额的计算方法相同。专用条款内也可以约定其他扣除方式。如每次预付的材料款在付款后的约定月内(最长不超过 6 个月)，每个月平均扣回。

(二)保留金

保留金是按合同约定从承包商应得的工程进度款中相应扣减的一笔金额保留在业主手中，作为约束承包商严格履行合同义务的措施之一。当承包商有违约行为使业主受到损失时，可从该项金额内直接扣除损害赔偿费。

1. 保留金的扣留

承包商在投标书附录中按招标文件提供的信息和要求确认每次扣留保留金的百分比和

保留金限额。每次月进度款支付时扣留的百分比一般为5%～10%，累计扣留的最高限额为合同价的2.5%～5%。

每次中期支付时扣除保留金的方法为：从首次支付工程进度款开始，用该月承包商完成合格工程应得款加上因后续法规政策变化的调整和市场价格浮动变化的调价款为基数，乘以合同约定保留金的百分比作为本次支付时应扣留的保留金。逐月累计扣到合同约定的保留金最高限额为止。

2. 保留金的返还

工程师颁发了整个工程的接收证书后，业主将保留金的前一半支付给承包商。在缺陷通知期期满颁发履约证书后，退还剩余的保留金。

如果颁发的接收证书只是限于一个区段或工程的一部分，则应就相应百分比的保留金开具证书并给予支付。这个百分数应该是将估算的区段或部分的合同价值除以最终合同价格的估算值计算得出比例的40%。在这个区段的缺陷通知期期满后，应立即就保留金后一半的相应百分比开具证书并给予支付。这个百分数应该是将估算的区段或部分的合同价值除以最终合同价格的估算值计算得出的比例的40%。

3. 保留金保函代换保留金

合同内以履约保函和保留金两种手段作为约束承包商忠实履行合同义务的措施，当承包商严重违约而使合同不能继续顺利履行时，业主可以凭借履约保函向银行获取损害赔偿；而因承包商的一般违约行为令业主蒙受损失时，通常利用保留金补偿损失。履约保函和保留金的约束期均是承包商负有施工义务的责任期限(包括施工期和保修期)。

【提示】 当保留金已累计扣留到保留金限额的60%时，为了使承包商有较充裕的流动资金用于工程施工，可以允许承包商提交保留金保函代换保留金。业主返还保留金限额的50%，剩余部分待颁发履约证书后再返还。保函金额在颁发接收证书后不递减。

(三)支付款的调整

1. 因法律改变的调整

在基准日期之后，因工程所在国的法律发生变动(包括适用新的法律、废除或修改现有法律)或对此类法律的司法解释或政府官方解释发生变化，从而影响了承包商履行合同义务，导致工程施工费用的增加或减少，则应对合同价款进行调整。若立法改变导致费用增加，则承包商可以通过索赔来要求增加费用和延长工期；若导致费用降低，则业主应签证说明费用降低，同样可以通过索赔来要求减少对承包商的支付。

2. 因物价浮动的调整

长期合同订有调价条款时，每次支付工程进度款均应按合同约定的方法计算价格调整费用。如果工程施工因承包商责任延误工期，则在合同约定的全部工程应竣工日后的施工期间，不再考虑价格调整，各项指数应采用竣工日当月值；对不属于承包商责任的施工延期，在工程师批准的展延期限内仍应考虑价格调整。

(四)工程量计量

工程量清单中所列的工程量仅是对工程的估算量，不能作为承包商完成合同规定施工义务的结算依据。每次支付工程月进度款前，均需通过测量来核实实际完成的工程量，以计量值作为支付依据。

采用单价合同的施工工作内容应以计量的数量作为支付进度款的依据，而总价合同按总价承包的部分可以将图纸工程量作为支付依据，仅对变更部分予以计量。

(五)工程进度款支付

1. 承包商提供报表

承包商应按工程师批准的格式，在每个月的月末提交一式 6 份的本月支付报表。内容包括提出本月已完成合格工程的应付款要求和对应扣款的确认。一般包括以下几个方面：

(1)本月完成的工程量清单中工程项目及其他项目的应付金额(包括变更)。

(2)法律、法规变化引起的调整应增加和减扣的任何款额。

(3)作为保留金扣减的任何款额。

(4)预付款的支付(分期支付的预付款)和扣还应增加和减扣的任何款额。

(5)承包商采购用于永久工程的设备和材料应预付和扣减款额。

(6)根据合同或其他规定(包括索赔、争端裁决和仲裁)，应支付的任何其他应增加和扣减的款额。

(7)对所有以前的支付证书中证明的款额的扣除或减少(对已付款支付证书的修正)。

2. 工程师签证

工程师接到报表后，对承包商完成的工程形象、项目、质量、数量以及各项价款的计算进行核查。若有疑问，可要求承包商共同复核工程量。工程师在收到承包商的支付报表后 28 日内，按核查结果以及总价承包分解表中核实的实际完成情况签发支付证书。工程师可以不签发证书或扣减承包商报表中部分金额的情况包括：

(1)合同内约定有工程师签证的最小金额时，本月应签发的金额小于签证的最小金额，工程师不出具月进度款的支付证书。本月应付款接转下月，超过最小签证金额后一并支付。

(2)承包商提供的货物或施工的工程不符合合同要求，可扣发修正或重置相应的费用，直至修正或重置工作完成后再支付。

(3)承包商未能按合同规定进行工作或履行义务，并且工程师已经通知了承包商，则可以扣留该工作或义务的价值，直至工作或义务履行。工程进度款支付证书属于临时支付证书，工程师有权对以前签发过的证书中发现的错误、遗漏或重复的支付款，经双方复核同意后，将增加或扣减的金额纳入本次签证中。

3. 业主支付

承包商的报表经过工程师认可并签发工程进度款的支付证书后，业主应在接到证书后及时给承包商付款。业主的付款时间不应超过工程师收到承包商的月进度付款申请单后的 56 日。如果逾期支付将承担延期付款的违约责任，延期付款的利息按银行贷款利率加 3% 计算。

(六)变更估价

承包商按照工程师的变更指示实施变更工作后，往往会涉及对变更工程的估价问题。对变更工作进行估价，如果工程师认为合适，可以使用工程量表中的费率和价格。如果合同中未包括适用于该变更工作的费率和价格，可在合理范围内以合同中费率和价格为估价基础。变更工作的内容在工程量表中没有同类工作的费率和价格，要求工程师与业主、承包商协商后确定新的费率或价格。

1. 变更估价的原则

变更工程的价格或费率，往往是双方协商时的焦点。计算变更工程应采用的费率或价格，可分为三种情况：

(1)变更工作在工程量表中有同种工作内容的单价，应以该费率计算变更工程费用。实施变更工作未导致工程施工组织和施工方法发生实质性变动，不应调整该项目的单价。

(2)工程量表中虽然列有同类工作的单价或价格，但对具体变更工作而言已不适用，则应在原单价或价格的基础上制定合理的新单价或价格。

(3)变更工作的内容在工程量表中没有同类工作的费率和价格，应按照与合同单价水平相一致的原则，确定新的费率或价格。任何一方不能以工程量表中没有此项价格为借口，将变更工作的单价定得过高或过低。

2. 删减原定工作后对承包商的补偿

工程师发布删减工作的变更指示后承包商不再实施部分工作，合同价格中包括的直接费部分没有受到损害，但摊销在该部分的间接费、税金和利润则实际不能合理回收。因此，承包商可以就其损失向工程师发出通知并提供具体的证明资料，工程师与合同双方协商后确定一笔补偿金额加入合同价内。

第四节　制约性条款

一、业主对承包商的制约

业主(或建设单位)对承包商的制约大都是由监理工程师执行的。其目标是保证承包商按期按质地建成并交付工程产品。在 FIDIC 通用合同条件中涉及业主对承包商的制约归纳为以下几个方面。

1. 履约担保

(1)承包商必须在接到中标通知后的 28 日内向业主开具履约保函(5%～10%合同金额)，该保函不可撤销，有效期直到缺陷责任期(保修期)满才终止。一旦业主确认承包方严重违约，就有权没收该保证金，作为损失的抵偿。该保函(或保证金)如未被索赔，在最终竣工验收后退还承包商。

(2)业主有权从承包商应得的月结算工程款中扣留 10%作为保留金，以保证承包商继续维护已完工程，直到工程竣工。经初步验收后退还 5%，仍扣留 5%，以保证在缺陷责任期间，承包商对已完工程可能出现的缺陷负责维修，业主可以雇用他人进行修补，并从保证金中扣除该费用。直到最终验收之后，方全部退还承包商。

2. 履约责任不得转让

(1)承包商未经业主同意不得将合同或合同的任何部分，以及其中的权益转让给另一方，从而解除自己的合同责任。实际上，业主一般是不会同意此种转让的。因此，一旦发生此种转让，就可以按承包商违约处理。

(2)承包商不得将整个工程分包出去，只允许部分分包，但需经监理工程师事先同意。部分分包一般指将专业性强的部分或分项工程分包给专业施工队伍。不应为了弥补承包商自身实力不足而将一些主体工程化整为零，分包给非专业性的队伍。否则，以违约论处。

(3)分包商应按合同要求实施工程，分包不能减免承包商履行合同的职责。分包商的人员、装备、材料、施工计划，均应纳入承包商计划，并视同承包商所有。分包商对承包商负责，承包商对业主负责。监理工程师一般通过承包商管理分包商，也可直接在现场对分包商下达指令，但事前或事后应通报承包商。分包商完成的工程验收，仍由监理工程师对承包商进行。业主只对承包商支付工程款，分包商则从承包商处得到应有的报酬。

(4)承包商或分包商为实施工程，从材料供应商或保险公司等所得到的权益如果延续至保修期满之后，则应将该权益转让给业主。

总之，承包商要负责整个工程的实际管理，承担全部实施工程的职责，否则视为违约。

3. 对承包商人员、施工装备和工程设备、材料的监控

承包商的人员、施工装备和工程设备、材料，均应在监理工程师的监控之下。

(1)监理工程师认为承包商的某些人员不称职，可随时责令其退出现场，且不得重新在本工程任用；承包商的工地主管不得随意离开工地，不得违反各级政府法令、法规，以及有关团体或单位的规章、专利权。

(2)施工装备、材料、工程用设备要符合要求；一进场就视为本工程专用，未经工程师许可，不得运出工地。当证明承包商无力履行合同(如资不抵债、破产)时，其自有装备、分包商装备、临时工程均须留在工地，业主或业主雇用的其他承包商认为合适时可以有偿使用这些设备或材料，以保证工程尽快继续实施。否则，视为承包商违约。

(3)监理工程师有权对承包商拟用的材料、工程设备进行检验，其费用由承包商承担。监理工程师有权拒绝接受不合格材料、工程设备，并责令将其运出工地。如果承包商不遵照上述指令，将被视为违约。

4. 保证进度和工期

(1)承包商应按期开工，否则视为违约。

(2)承包商要按要求进度施工，如有延误，应采取补救措施，否则可按违约终止合同，或进行分割。

(3)承包商未能按期提供施工图纸而影响工期，应承担相应责任；未能如期竣工，或未按计划(如网络计划)完成某一区的任务，可以按规定费率罚款。

5. 各项保证工程质量措施

(1)当监理工程师通过检验认为施工质量不合格，有权拒绝签认，要求返工，或者要求修补缺陷。

(2)承包商未能及时返工或修补缺陷，将被认为违约。监理工程师有权另行雇用他人完成，其费用由承包商承担，即所谓“分割”。

(3)监理工程师要求对已完工程的某个部分进行额外检验、开孔，承包商应立即照办。如果检验结果证明该部分工程不合格，并证明属于承包商责任，则检验费用由承包商负担。

6. 其他额外费用

(1)承包商未按合同要求办理保险或保险不能回收部分所发生的费用，应由承包商承担或分担。

(2)承包商不得将施工对交通或毗邻地区造成干扰，以及将由于运输损害交通设施所造成的损失转嫁给业主。否则，业主将向承包商进行索赔。

(3)由于承包商超过法定工作时间安排加班加点，使业主增加监理费用，应由承包商承担该费用。

二、承包商对业主的制约

承包商对业主制约的目标是维护自身的合法权益。在保证按期按质完成工程的同时，索取由于业主或工程师，以及客观条件造成的费用或工期的损失，或由于增加费用应得的补偿。这种补偿数额往往是较多的，可能达到合同金额的10%或者更多，往往超过承包商合理的利润。如果得不到补偿，承包商是难以承受的，因而这种索赔是合理合法的、正常的。当然，承包商编制的索赔金额往往与实际损失或增加的费用有出入，这就需要认真核实，科学计算。同时，为了减少索赔，业主和监理工程师都应采取措施，避免主观原因引起的延误。

FIDIC通用合同条件中涉及承包商索赔及其处理的条款与承包商对业主的制约条款在数量上似乎相当，但实际上没有后者强硬，归纳为以下几个方面：

(1)业主或工程师职责范围内的延误。

1)业主未能及时办妥并移交工程占用地权和拆迁，以致不能按期开始动工或按进度施工。

2)监理工程师未能及时提供必要的施工图纸或延误批准承包商所作施工图，从而影响施工进度。

3)由于业主或监理工程师的原因，根据监理工程师指示暂时停工，以及监理工程师未能及时下达复工令。

4)业主的违约。其包括延迟支付工程款、破产或由于其他客观原因不能履行合同义务。

(2)额外工作的补偿。

1)监理工程师指示的额外检验，覆盖后的开孔费用。

2)在施工过程中或缺陷责任期内，监理工程师指示承包商对非承包商责任造成的工程缺陷进行调查的费用，如水灾、交通事故等原因造成的破坏。

3)工程变更包括工程性质变更、设计变更、单价变更(工程内容变更)或者由于工程性质或工程量变更引起的单价调整，以及工程变更造成合同的总价增减超过15%的管理费补偿。

(3)由于特殊风险造成的损失及由于无法控制的原因解除履约。

(4)其他损失。

1)特别异常的气候(按专用合同条件可能规定的标准确定)。

2)文物的保护和挖掘造成工期延误或增加的工作量。

3)外界障碍或特殊地质水文条件造成的延误或增加的工作量。

4)由于变更设计造成的延误和额外费用。

5)业主的干扰和计划变化，如由于建设项目报批手续或资金未到位等原因推迟开工、中途停建或业主要求提前完工等。

6)市场价格变化引起的价格调整(按专用合同条件的规定处理)。

第五节　管理性条款

一、合同转让与分包

无论是国际工程还是国内工程，业主和承包商都不会轻易同意对方将已签订好的合同转让给第三方，尤其是业主方。因为承包商是经过资格预审、投标、评标和决标等严格的招标筛选程序最终被业主选中的，合同的签订意味着双方的相互信任，而合同的转让与招标投标的目的是相违背的。但是国际工程承包过程相对国内工程更复杂一些，特别是在有关担保、保险方面，所以，FIDIC《施工合同条件》对合同转让的规定与国内《建设工程施工合同条件》的规定有所不同。

FIDIC《施工合同条件》关于合同转让有如下规定：

(1)任何一方都不应将合同的全部或任何部分的任何利益或权益转让给他人。只有在另一方同意的情况下，一方才能根据同意的内容进行相应的转让。

(2)一方(主要指承包商)可以将自己享有合同款的权利作为向银行提供的担保，将其转让给银行。

只有以上两种情况是合乎合同规定的转让，否则即被视为违约。然而，对于大型复杂的工程项目，涉及多种专业和技术，而任何一家承包商都有自己的专业技术长处与不足，如果合同中的全部工作都必须由承包商自己来完成，这样对于工程实施也不利，所以，FIDIC《施工合同条件》规定了关于工程分包的内容与限制，即允许承包商根据其资金、技术和设备能力等方面的实际情况，将部分工作内容交给分包商实施，但主体工程、主要工程部位和主要工程量必须由中标的承包商自己来完成。这和国内的有关合同条件是相近的。一般情况下，在招标阶段业主都要求承包商在他的投标书中具体说明准备把哪部分工程分包出去，有时还要求提供拟分包商的名称和情况，以便在评标时加以审查。

FIDIC《施工合同条件》对于分包商的规定已在“承包商的义务”条款中表明，在此不再赘述。

二、工程的变更与调整

在国际工程中，由于大型项目的复杂性和施工的长期性，业主在招标阶段所确定的方案及设计方提交的工程施工图往往存在某些方面的不足或设计深度不够，随着工程的进展和工程外部条件的变化，业主常常需要对工程的范围、技术要求等进行必要的修改。这些修改与调整就形成了工程变更。变更涉及的范围包括以下内容：

(1)合同中某些单项工作的工程量的改变；

(2)合同中单项工作的质量或其他特性的改变；

(3)工程某部分的标高、位置或尺寸的改变；

(4)必须由承包商来做的某项工作的删减；

(5)对原永久工程增加任何必要的工作、永久设备、材料，包括各类检验、钻孔和勘探工作；

(6)工程实施的顺序和时间安排的变动。

如果没有得到工程师的变更指令，承包商不得对永久工程做任何改动。变更指令由工程师签发，承包商应按变更指令来实施变更。与国内工程施工不同的是：工程师在签发指令之前可以要求承包商提交建议书，承包商应尽快答复，若无法提交建议书则应说明。建议书应包括变更工作的实施方法和计划、工程总体进度计划因变更而必须进行的调整、对变更工作的费用估算等。作为对承包商合理化建议的鼓励，FIDIC《施工合同条件》中特别有一款叫“价值工程”，其中规定：如果承包商的建议节省了工程费用，承包商应得到节省费用的一半作为报酬，旨在激励承包商主动提出合理化措施，以促进工程的进展并使合同双方都获益。

除上述内容外，因变更、立法变动及费用波动而带来的价格调整，也属于变更的范围。

三、合同争端处理

在国际工程承包活动中，由于合同双方各自所处的法律背景、经济制度甚至文化意识形态诸多方面都存在着各种各样的差异，工程施工过程中产生一些争端也是难以避免的。所以任何一个合同条件都必须给出一个争议解决的机制，否则双方出现争议时就找不到解决的方式，合同最终也难以圆满履行。传统的FIDIC合同条件规定，解决合同争议或纠纷的程序是：首先由工程师对争议事项做出决定(在新版合同条件中仍然可以看到，在涉及工程量、支付、索赔处理等方面，由工程师根据合同，并在与双方磋商后予以决定)；对工程师的决定，任何一方不同意时，业主和承包商可通过进一步协商解决，如果仍不能达成一致，则只能提交仲裁来解决。

多年的工程实践证明，工程师是受雇于业主方的，是代表业主管理合同的，不能保证每一个工程师都是公正无偏的，工程师的决定不被承包商接受只有提交仲裁，而仲裁过程往往是需要花费时间和费用的，频繁地动用仲裁条款对双方都不利。鉴于此，新版合同条件对于合同争议的处理规定较以前有了较大改进，合同争议处理方式如下：

工程师作为合同实施的管理者，还兼有“临时裁判”的特殊角色，这是合同赋予它的权力之一。合同同时规定：工程师根据合同决定某事宜时，应与双方商量，力争使双方达成一致意见；若达不成一致意见，应结合实际情况，公平处理，并将决定通知双方且说明理由。

即便如此，仍有一方不同意工程师的决定，便进入第二道程序：任何一方可以将事端以书面形式提交争端裁定委员会，由争端裁定委员会根据相应条款裁定。争端裁定委员会是双方在投标函附录中规定的日期前共同任命的(一般为 3 人，甲、乙方各 1 人，共同聘请 1 人)。如果未能获得争端裁定委员会的决定，则双方在开始仲裁之前，努力友好解决争端。

不经过友好解决阶段不能开始仲裁。若争端裁定委员会的决定没有成为终局决定，且双方也没有友好解决对该决定的争端，该争端应最终按仲裁方式解决；仲裁规则应采用国际商会仲裁规则，除非双方另有约定。

【说明】 合同争端的处理可分为四个步骤：工程师决定→争端裁定委员会裁定→友好解决→提请第三方仲裁。

四、违约责任及施工索赔

FIDIC《施工合同条件》中虽没有单列违约责任的条款，但合同双方的违约责任贯穿于合同条件的始终，双方管理人员应当牢记己方的义务和责任，以合作的态度去处理问题，以高水平的质量和管理求得合同双方共同受益，从而达到“双赢”的共同目的。合同条件中责任的约定以采用竞争性招标选择承包商为前提，合同履行中建立以工程师为核心的管理模式，作为一个有经验的承包商在投标阶段能否合理预见为界限，力求使当事人双方的权利和义务达到总体的平衡，风险分担尽可能合理。因而，任何业主和承包商都应以积极的态度、诚信的作风履行合同，致力于提高自己的信誉。

业主和承包商各自的权利和义务在相应条款中都有详细的规定，一方不按合同履行自己的义务，则另一方就获得了合同规定的向对方索取赔偿经济损失的权利。

合同条件中规定了业主从承包商处索取赔偿的程序：如果业主认为根据合同的规定有权向承包商索赔某些款项和要求延长缺陷通知期的时间，业主或工程师应向承包商发出通知并附详细说明书。详细说明书包括业主索赔所依据的条款、索赔金额与延长缺陷通知期时间的理由。此类通知发出后，工程师可以决定承包商支付业主的赔偿款和缺陷通知期的延长时间，可以从合同价格和支付证书中扣除业主获得的索赔额。

合同条件中“承包商的索赔”条款内容较多，关键的几条是：

(1)若承包商认为按照合同有权索赔工期和额外款项，应在知道或本应知道该事件发生后 28 日内向工程师发出通知，否则将失去一切索赔的权利。

(2)承包商应提供合同要求的其他通知以及支持索赔的证据，还应在现场或工程师接收的其他地点保持用来证明索赔的必要同期记录，工程师有权查阅此类记录并可指示承包商进行进一步的记录。

(3)承包商在得知索赔事件发生后的 42 日内向工程师提供完整的索赔报告，包括索赔依据、工期和款额；最终的索赔报告在索赔事件结束后的 28 日内提交。

(4)工程师收到每项索赔报告后的 42 日内应给予答复和批准，若不批准则应说明详细原因，且可以要求承包商提交进一步的证据，但此情况下也应将原则性的答复在上述时间内给出。

在国际工程承包市场上，索赔是承包商获得盈利的一个重要手段。索赔成功与否不但取决于客观事件的情况，也取决于承包商索赔的技巧和信心。正确的手段，充分的依据，对合同条件的熟练掌握，都是索赔成功的重要因素。

本章小结

FIDIC是一个国际性的非官方组织，其中文名称是“国际咨询工程师联合会”，FIDIC出版的所有合同文本结构，都是以通用条件、专用条件和其他标准化文件的格式编制。新版FIDIC合同条件规定了施工质量控制条款、施工进度控制条款和施工费用控制条款，学习本章时，应重点掌握FIDIC施工合同条件下对质量、进度和造价的控制。

思考题

一、填空题

1. FIDIC下设五个专业委员会，即__________、__________、__________、__________、__________。

2. 指定分包商是指__________。

3. 业主选择指定分包商的基本原则是__________。

二、选择题

1. 下列关于进入现场的权利的描述错误的是(　　)。

A. 进入现场的权利是承包商进入和占用施工现场的权利

B. 进入现场的权利是业主向承包商提供现场的义务

C. 业主提供现场的时间仅以不影响开工为原则

D. 进入现场的权利的主要内容为：业主应按投标函附录规定的时间向承包商提供现场，如果投标函附录没有规定，则依据承包商提交给业主的进度计划，按照施工要求的时间来提供

2. 承包商应至少提前(　　)日通知工程师分包商计划开始分包工作的日期以及开始现场工作的日期。

A. 7　　B. 14　　C. 21　　D. 28

3. 承包商应提前(　　)日将准备运进现场的永久设备和其他重要物品通知工程师。

A. 7　　B. 14　　C. 21　　D. 28

4. 通用条件内针对预付款金额不少于合同价(　　)的情况规定了管理程序。

A. 12%　　B. 22%　　C. 32%　　D. 42%

5. 当保留金已累计扣留到保留金限额的(　　)时，为了使承包商有较充裕的流动资金用于工程施工，可以允许承包商提交保留金保函代换保留金。

A. 20%　　B. 40%　　C. 60%　　D. 80%

6. 工程师在收到承包商的支付报表后(　　)日内，按核查结果以及总价承包分解表中核实的实际完成情况签发支付证书。

A. 7　　B. 14　　C. 21　　D. 28

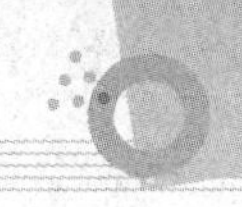

7. 如果逾期支付将承担延期付款的违约责任，延期付款的利息按银行贷款利率加(　　)计算。

A. 2%　　B. 3%　　C. 4%　　D. 5%

三、问答题

1. FIDIC 的宗旨是什么？

2.《设计采购施工(EPC)/交钥匙项目合同条件》能够满足业主哪些方面的需求？

3. 指定分包商与一般分包商的区别是什么？

4. FIDIC 的合同中，变更涉及哪些范围？

参考文献

References

[1] 张静．建设工程招投标与合同管理[M]．武汉：华中科技大学出版社，2018.
[2] 邵晓双，李东．工程项目招投标与合同管理[M]．2版．武汉：武汉大学出版社，2017.
[3] 周艳冬．工程项目招投标与合同管理[M]．3版．北京：北京大学出版社，2017.
[4] 樊宗义，倪宝艳，徐向东．工程项目招投标与合同管理[M]．北京：水利水电出版社，2017.
[5] 张杰，林雄财．工程招投标与合同管理[M]．重庆：黄河水利出版社，2016.
[6] 黄琨，张坚．工程项目招投标与合同管理[M]．上海：华东理工大学出版社，2016.
[7] 张李英．工程招投标与合同管理[M]．厦门：厦门大学出版社，2016.
[8] 陈天鹏．工程项目招投标与合同管理[M]．哈尔滨：哈尔滨工业大学出版社，2016.
[9] 刘海春．招投标与合同管理项目工作手册[M]．北京：中国建筑工业出版社，2015.
[10] 李洪军，杨志刚，源军，等．工程项目招投标与合同管理[M]．2版．北京：北京大学出版社，2014.